程序员书库

HOW COMPUTERS REALLY WORK

A HANDS-ON GUIDE TO THE INNER WORKINGS OF THE MACHINE

计算机是如何工作的

人人都能懂的计算机软硬件工作原理

[美] 马修·贾斯蒂斯（Matthew Justice）著　贺莲 译

机械工业出版社
CHINA MACHINE PRESS

图书在版编目（CIP）数据

计算机是如何工作的：人人都能懂的计算机软硬件工作原理 /（美）马修·贾斯蒂斯（Matthew Justice）著；贺莲译. —北京：机械工业出版社，2023.11

（程序员书库）

书名原文：How Computers Really Work: A Hands-On Guide to the Inner Workings of the Machine

ISBN 978-7-111-74013-1

Ⅰ. ①计…　Ⅱ. ①马… ②贺…　Ⅲ. ①电子计算机－基本知识　Ⅳ. ① TP3

中国国家版本馆 CIP 数据核字（2023）第 190898 号

机械工业出版社（北京市百万庄大街 22 号　邮政编码 100037）

策划编辑：刘　锋　　　　责任编辑：刘　锋　　张秀华

责任校对：牟丽英　　许婉萍　　责任印制：郜　敏

三河市国英印务有限公司印刷

2023 年 12 月第 1 版第 1 次印刷

186mm×240mm・18.25 印张・393 千字

标准书号：ISBN 978-7-111-74013-1

定价：109.00 元

电话服务

客服电话：010-88361066

010-88379833

010-68326294

网络服务

机　工　官　网：www.cmpbook.com

机　工　官　博：weibo.com/cmp1952

金　　书　　网：www.golden-book.com

机工教育服务网：www.cmpedu.com

封底无防伪标均为盗版

Preface 前　言

你是否好奇计算机是如何工作的？获得对计算机的广泛理解通常是一个漫长而曲折的过程。问题不在于缺乏相关文档，在网络上快速地搜索一下就能找到很多致力于解释计算机工作原理的书籍和网站。编程、计算机科学、电子学、操作系统……那里有大量的信息。这是件好事，却会让人望而生畏。那么，你应该从哪里开始呢？一个主题是如何联系到另一个主题的？本书的目的是为大家提供一个切入点，方便大家学习计算机的关键概念，并了解这些概念是如何结合在一起的。

在我担任工程经理时，我面试了很多软件开发方面的求职者。通过与他们的交谈，我了解到他们知道如何编写代码，但是相当一部分人似乎并不了解计算机实际上是如何工作的。他们知道如何让计算机执行命令，但并不理解幕后的情况。对这些采访结果的反思，以及我自己努力学习计算机的经历，促使我撰写了这本书。

我的目标是用一种易于理解、可动手操作的方式呈现计算机的基础知识，让抽象概念更加真实。本书并没有深入介绍每个主题，而是主要介绍计算机的基础概念，并将这些概念联系起来。我希望大家能在脑海中勾勒出计算机是如何工作的，这样就能深入挖掘感兴趣的主题了。

计算机无处不在，随着我们的社会越来越依赖于技术，我们需要广泛理解计算机的人才。我希望本书能帮助大家获得广阔的视野。

本书读者

本书适合想要了解计算机工作原理的任何人。读者不必具备与所述主题相关的预备知识，因为本书是从零开始介绍的。如果你已经有编程或电子学方面的背景，那么本书可以帮助你扩展其他领域的知识。本书是为以下这些自学者编写的，他们熟悉基础数学和科学，且熟练使用计算机和智能手机，但仍然对它们的工作原理存有疑问。本书的内容对教师也有用，我相信书中的内容设计非常适合课堂讲解。

本书内容

本书把计算机看作一个技术栈。现代计算设备（如智能手机）就是由技术层组成的。这个栈的底层是硬件，顶层是应用程序，顶层与底层之间是多个技术层。层次模型的优点在于，每一层都受益于较低层的全部功能，但任意给定层都只需要建立在其下面一层上就可以了。在介绍了一些基础概念后，我们将自下而上地逐层讲解该技术栈，从电子电路开始，一直推进到驱动网络和应用程序运行的技术。以下是各章所包含的内容。

第 1 章涵盖计算机的基础概念，比如模拟和数字、二进制数字系统和 SI（国际单位制）前缀。

第 2 章探索如何用二进制表示数据和逻辑状态，介绍逻辑运算符。

第 3 章解释电学和电路的基本概念，包括电压、电流和电阻。

第 4 章介绍晶体管和逻辑门，并总结第 2 章和第 3 章的概念。

第 5 章展示如何用数字电路执行加法运算，进一步揭示数字是如何在计算机中表示的。

第 6 章介绍存储器设备和时序电路，演示如何用时钟信号进行同步。

第 7 章介绍计算机的主要组成部分：处理器、存储器和输入 / 输出。

第 8 章展示处理器执行的低级机器码，介绍汇编语言——一种人类可读形式的机器码。

第 9 章介绍不依赖于特定处理器的编程语言，包含 C 语言和 Python 语言的代码示例。

第 10 章介绍操作系统系列以及操作系统的核心功能。

第 11 章讲解互联网的工作原理及常用网络协议套件。

第 12 章解释网络的工作原理及核心技术：HTTP、HTML、CSS 和 JavaScript。

第 13 章概述一些现代计算机主题，如 app、虚拟化和云计算。

阅读本书时，你将会看到用于解释概念的电路图和源代码。这些都是教学工具，主要是为了直白地讲解内容，而不是为了说明工程师在设计硬件和软件时需要考虑的性能、安全性等因素。换句话说，本书中的电路和代码虽然能帮助你领会计算机是如何工作的，但它们不见得是最好的例子。同样，书中的技术示例也偏向于简单，不够完整。有时，我会省去某些细节，以免介绍得太复杂。

关于练习和设计任务

本书几乎每章都配有练习和实践设计任务。这些练习是让你动脑或用纸笔来解决的问题。实践设计任务不仅是脑力练习，还经常涉及电路搭建或计算机编程。

做这些设计任务需要购买一些硬件（附录 B 给出了所需组件的列表）。之所以要加这些设计任务，是因为我相信最好的学习方法就是自己去尝试。如果想从本书获得最大收益，那么一定要去完成这些实践设计任务。尽管如此，即使你一个电路都不搭建，一行代码都不输入，也可以继续跟进书中所呈现的内容。

附录 A 中给出了练习的答案，相应章末给出了每个设计任务的详细资料。附录 B 包含了启动这些设计的信息，在需要时，设计文本可以为你指明方向。

各设计任务所用源代码可以从 https:// www.howcomputersreallywork.com/code/ 获得。你还可以在 https://nostarch.com/how-computers-really-work/ 上访问本书，了解相关更新内容。

我的计算机之旅

我对计算机的痴迷可能是从小时候玩电子游戏开始的。每当我去拜访祖父母时，我都会连着几小时玩我阿姨的 Atari 2600 游戏机上的 *Frogger*、*Pac-Man* 和 *Donkey Kong*。后来，当我上五年级的时候，我的父母在圣诞节把任天堂娱乐系统当作礼物送给我，我好激动！虽然我喜欢玩《超级马里欧兄弟》和《双截龙》游戏，但随着时间的推移，我开始好奇电子游戏和计算机是如何工作的。可惜的是，我的任天堂游戏机并没有为我提供许多关于其内部情况的线索。

大约是在同一时期，我家购买了第一台“真正的”计算机——苹果 IIGS，它为我打开了一扇新的大门，让我去探索这些机器究竟是如何工作的。幸运的是，我的初中开设了一门关于苹果 II 计算机的 BASIC 编程课程，我很快就发现我对探索编程的需求是无止境的！我会在学校写好代码，把它复制到软盘带回家，然后在家里继续编程。在整个初中和高中阶段，我学到了更多关于编程的知识，我确认自己非常喜欢它。我还开始意识到，尽管 BASIC 和其他类似的编程语言能相对容易地告诉计算机做什么，但它们还是隐藏了很多关于计算机工作原理的细节，我希望在这方面能更加深入。

我在大学学习的是电气工程，我开始了解电子电路和数字电路。我学习了 C 语言和汇编语言课程，终于了解了计算机是如何执行指令的。计算机工作原理的底层细节也开始变得有意义起来。在大学，我还开始学习被称为“万维网”（World Wide Web）的新事物，我甚至还制作了自己的网页（这在当时似乎很了不起）！我开始编写 Windows 应用程序，并开始接触 UNIX 和 Linux。这些内容有时似乎与数字电路和汇编语言的硬件具体细节相去甚远，我很想知道它们是如何结合在一起的。

大学毕业后，我很幸运地在 Microsoft 公司找到一份工作。在那里的 17 年中，从调试 Windows 内核到开发 Web 应用程序，我从事过各种软件工程工作。这些经历使我对计算机有了更广、更深的理解。我和许多非常聪明且知识渊博的人一起共事，我认识到，关于计算机总是有学不完的知识。理解计算机是如何工作的，已经成为我一生的追求，我希望能通过本书把我学到的一些东西传递给大家。

致　谢 Acknowledgements

非常感谢我的妻子 Suzy，她是我的非正式编辑，给我提供了宝贵的反馈意见。她通读了本书的多版草稿，仔细地检查了每个字和每个概念，帮助我完善了自己的思路并清晰地把它们表达出来。在从本书设想到完成这一过程中，她都鼓励并支持着我。

感谢我的女儿 Ava 和 Ivy，她们阅读了本书早期的草稿，帮助我从年轻学习者的视角来审视我的作品。她们帮助我避免了混淆性语言表述，并告诉我哪里需要花更多的时间进行解释。

我还想感谢我的父母 Russell 和 Debby Justice，他们总是信任我并给我提供许多学习的机会。我对文字的热爱来自我的母亲，而我的工程思维则来自我的父亲。

感谢 No Starch 出版社的整个团队，尤其是 Alex Freed、Katrina Taylor 和我的文字编辑 Rebecca Rider。这是我第一次写书，No Starch 出版社的编辑在整个过程中给予我耐心的指导。他们发现了我没有考虑到的改进机会，并帮助我清楚地表达自己的想法。我对出版团队能带来的价值有了新的认识。

我要感谢本书的技术审稿人 John Hewes、Bryan Wilhelm 和 Bill Young，他们仔细检查了本书的细节。他们的贡献使本书内容更加准确、完整，每个人都给出了独特的见解，并分享了宝贵的专业知识。

感谢 Microsoft 公司多年来指导我以及和我合作的所有人员。很幸运能与他们这些才华横溢、聪明博学的人一起工作，由于篇幅所限，不能一一列出。我之所以能写出这样一本书，是因为一些杰出的微软人愿意花时间与我分享他们的知识。

About the Tech Reviewers 技术审稿人简介

Bill Young 博士是得克萨斯大学奥斯汀分校计算机科学系的教学副教授。在 2001 年入职得克萨斯大学之前，他在该行业已经拥有 20 年的经验。他虽然专门研究形式化方法和计算机安全，但经常教授计算机体系结构等课程。

Bryan Wilhelm 是软件工程师。他拥有数学和计算机科学学位，并且已经在 Microsoft 公司工作了 20 年，从 Windows 内核调试到商业应用程序开发都属于其工作范围。他喜欢阅读、科幻电影和古典音乐。

John Hewes 从小就开始搭建电路，十几岁的时候就从事电子项目设计。之后，他获得了物理学学位，并继续发展他对电子学的兴趣，作为科学技术人员，他还帮助在校生完成他们的项目。John 曾在英国教授电子学和物理学的高级知识，并为 11~18 岁的孩子开设了校园电子俱乐部，并建立了支持该俱乐部的网站 http://www.electronicsclub.info/。他相信，不论年龄和能力，每个人都可以享受构建电子项目的乐趣。

目　录 Contents

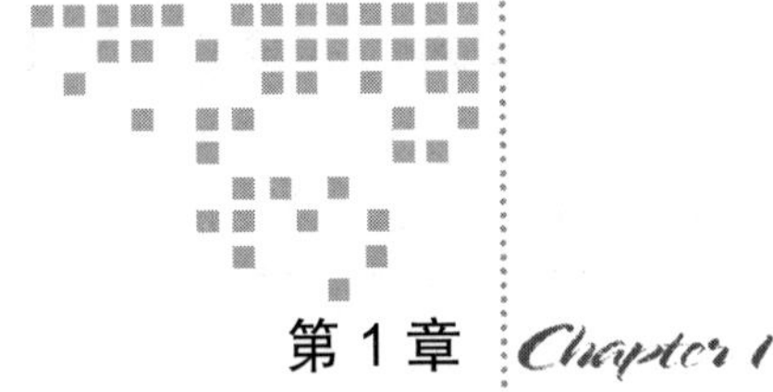

第 1 章 Chapter 1

计算机的概念

现在，计算机无处不在：家里、学校、办公室——你可能在自己的口袋里、手腕上，甚至冰箱上发现计算机。当前，找到和使用计算机比以往任何时候都更容易，但却很少有人真正了解计算机是如何工作的。这并不奇怪，因为学习计算机的困难过程会让人难以应对。本书的目标是：以一种任何有好奇心并有一点技术的人都能跟得上的方式来展示计算机的基本原理。在深入研究计算机工作原理之前，我们先花点时间来熟悉计算机的一些主要概念。

本章我们首先讨论计算机的定义，然后介绍模拟数据和数字数据之间的差异，之后探索数字系统和用于描述数字数据的术语。

1.1 计算机的定义

让我们从一个基本问题开始：什么是计算机？当人们听到"计算机"这个词的时候，大多数人会想到笔记本计算机或台式计算机——有时也被称为个人计算机或 PC。这是本书会涉及的一类设备，但是让我们的思考角度更广一些。想一想智能手机。智能手机当然也是计算机，它们执行与 PC 同类型的操作。事实上，对现在的很多人来说，智能手机是他们主要的计算机设备。如今的大多数计算机用户还依赖互联网，互联网由服务器支持，服务器是另一类计算机。每当浏览网站或使用连接到互联网的 app 时，其实都在与一个或多个连接到全球网络的服务器进行交互。电子游戏机、健身追踪器、智能手表、智能电视……这些都是计算机！

计算机是可以被编程并执行一组逻辑指令的电子设备。有了这个定义，就会发现许多现代设备实际上都是计算机！

练习 1-1：发现你家里的计算机

花点时间，看看在你家里能识别出多少台计算机。当我和家人一起做这个任务的时候，我们快速识别出了大概30台设备！

1.2 模拟和数字

你可能听说过计算机被描述为数字设备。这与诸如机械时钟的模拟设备相反。但是，这两个术语究竟是什么意思？理解模拟与数字之间的差异是理解计算机的基础，所以，让我们仔细来看看这两个概念。

1.2.1 模拟方法

看看你的周围并挑选出一个对象。问问自己：它是什么颜色的？有多大？有多重？回答这些问题其实就是在描述这个对象的属性，或者说数据。现在，再挑一个不同的对象并回答同样的问题。如果对更多的对象重复这个过程，你就会发现其中的每个问题都有无数潜在的答案。你可以选择一个红色的对象、一个黄色的对象，或一个蓝色的对象，甚至是三原色混合颜色的对象。这种类型的变化不仅适用于颜色。对于给定的属性，在我们这个世界的各个对象之间所发现的属性变化可能是无限的。

口头描述对象是一回事，但是，想更精确地测量它的一个属性则是另一回事。例如，如果想测量一个对象的重量，需要把它放到秤上。这个秤会根据其上放置的对象的重量，顺着数字刻度轴移动指针，直到达到与重量对应的位置才停止。从秤上读取该数字，就得到了该对象的重量。

这种测量很常见，但是让我们再思考一下我们是如何测量这个数据的。秤上指针的位置不是实际的重量，它是重量的一种表示形式。指针指向的数字刻度轴为我们提供了一种简单的方式将代表重量的指针位置和重量的数值进行转换。换句话说，虽然重量是对象的一个属性，但在这里我们可以通过别的东西（指针在数字刻度轴上的位置）来理解这个属性。指针的位置会按照秤上对象的重量成比例地变化。因此，秤可以作为一种模拟方法，我们可以通过秤的指针在数字刻度轴上的位置来理解对象的重量。这就是我们把这种测量方法称为模拟方法的原因。

模拟测量工具的另一个例子是水银温度计。水银的体积会随着温度的上升而增大。温度计制造商利用这个特性把水银放进玻璃管中，玻璃管上不同的刻度对应不同温度下水银的预期体积。因此，水银在玻璃管中的位置就可以用来表示温度。注意，对于这两个例子（秤和温度计），当我们进行测量时，我们可以把仪器上的刻度转换成特定的数值。但是，我们从仪器上读到的值只是一个近似值。指针和水银的真实位置可以是仪器最小刻度之间的任何地方，我们向上或向下舍入到最近的刻度值。所以，虽然看上去这些工具似乎只能产生一组有限的测量值，但这种限制来源于数字转换，而不是模拟方法本身。

在人类历史的大多数时间里，人类都是用模拟方法进行测量的。但是，人们并不仅仅使用模拟测量方法，他们还设计了用模拟方式存储数据的巧妙方法。留声机唱片使用调制沟槽作为已录制音频的模拟表示。沟槽的形状随其路径而变化，变化方式与音频波随时间的变化相对应。沟槽不是音频，但它是原始声音波形的模拟。胶片相机与之类似，它把胶片短暂地曝光于来自相机镜头的光线，从而导致胶片发生化学变化。胶片的化学性质不是图像，但它表示了所捕获的图像，是图像的模拟。

1.2.2 数字化

所有这些与计算机有什么关系呢？事实证明，数据的模拟表示对于计算机来说是难以处理的。模拟系统类型是如此丰富多样，以至于创造一个能理解全部这些系统的通用计算设备几乎是不可能的。例如，创造一台能测量水银体积的机器与创造一台能读唱片沟槽的机器是完全不同的任务。此外，计算机还需要能高度可靠和准确地表示某些类型的数据，比如数字数据集和软件程序。数据的模拟表示难以精确测量，而且精度会随着时间衰减，在被复制的时候可能失去保真度。计算机需要一种方式来表示所有类型的数据，且格式能被准确地处理、存储和复制。

如果我们不想把数据表示为可能无限变化的模拟值，那么该怎么办呢？我们可以采用数字方法。数字系统把数据表示成一系列符号，其中每个符号都代表一组有限值中的一个。现在，这个描述听起来有点格式化和令人困惑，这里没有深入讲解数字系统的理论，而是解释这在实践中意味着什么。在几乎所有的现代计算机中，数据都被表示为两个符号的组合，这两个符号就是 0 和 1。虽然数字系统可以使用两个以上的符号，但是增加符号会提高系统的复杂度和成本。只采用两个符号能简化硬件并提高可靠性。大多数现代计算机中的所有数据都是用 0 和 1 的序列来表示的。从此刻开始，当谈及数字计算机时，你可以认为我说的系统只处理 0 和 1，而不是其他一些符号集。

有一点需要强调：计算机上所有的数据都是以 0 和 1 的形式存储的。你最近用智能手机拍的一张照片也是如此吗？是的，设备把这张照片存储为 0 和 1 的序列。从网上下载的歌曲呢？ 0 和 1 的序列。在计算机上编写的文档呢？ 0 和 1 的序列。安装的 app 呢？也是 0 和 1 的序列。访问的网站呢？还是 0 和 1 的序列。

我们只用 0 和 1 便可表示自然界中的无限值，这听起来似乎是有局限性的。怎么把音乐录音或精细的照片精简为 0 和 1 呢？很多人发现，用有限的“词汇”表示复杂的思想是违反直觉的。这里的关键是数字系统使用的是 0 和 1 的序列。例如，一张数字照片通常是由数百万个 0 和 1 组成的。

那么，这些 0 和 1 到底是什么呢？你可能会看到其他用来描述这些 0 和 1 的术语，如假和真、关和开，以及低和高等。这是因为计算机不能按字面意思来存储数字 0 或 1。它存储的是一系列的项（entry），每一项都只有两种可能的状态。每一项都像电灯的开关一样，要么开，要么关。实际上，这些 1 和 0 的序列是以各种方式存储的。在 CD 或 DVD 上，0 和 1 是以盘片上凸起（0）或平坦（1）的形式表示的。在闪存驱动器中，1 和 0 以电荷的形式存储。硬盘驱动器通过磁化与否来存储 0 和 1。正如你将在第 4 章看到的，数字电路用电平来存储 0 和 1。

在我们继续介绍后面的内容之前，关于“模拟”最后需要注意的一点是：它通常只用来表示“非数字”。例如，工程师可能会说“模拟信号”，其含义是信号是连续变化的，不符合数字值特性。换句话说，它是非数字信号，但并不一定代表其他东西的模拟。所以，当你看到“模拟”这个词的时候，要考虑到它并不一定总是你想的意思。

1.3 数字系统

到目前为止，我们已经确定计算机是处理 0 和 1 的数字机器。对许多人来说，这个概念看起来有些奇怪，他们习惯用 0 到 9 来表示数字。如果我们限制自己只使用 2 个符号，而不是 10 个符号，那我们怎么表示大的数字呢？要回答这个问题，我们需要回顾一下小学的数学知识：数字系统。

1.3.1 十进制数

我们通常用所谓的十进制位值记数法（decimal place-value notation）来书写数字。让我们来分析一下。位值记数法（或按位记数法）是指被书写数字的每个位置都代表一个不同的数量级，十进制（或以 10 为基数）是指数量级的因数是 10，每个位置可以是 0～9 这十个不同符号中的一个，参见图 1-1 的位值记数法示例。

在图 1-1 中，该数字用十进制位值记数法写作 275。5 在个位上，代表它的值是 5×1=5。7 在十位上，代表它的值是 7×10=70。2 在百位上，代表它的值是 2×100=200。所有位置代表的值的总和为 5+70+200=275。

2	7	5
百位	十位	个位

图 1-1　十进制位值记数法表示的 275

很容易吧？你可能在一年级就明白了。但是，让我们仔细研究一下为什么最右边的是个位？为什么下一个位置是十位？这是因为我们采用的是十进制，或者以 10 为基数，所以每个位置的权重就是 10 的幂，如图 1-2 所示，最右边的位置是 10 的 0 次幂，也就是 1，下一个位置是 10 的 1 次幂，也就是 10，再下一个位置是 10 的 2 次幂，也就是 100。

2	7	5
10^2	10^1	10^0
10×10	10	1

图 1-2　在十进制位值记数法中，每个位置的权重都是 10 的幂

如果需要用十进制表示大于 999 的数，就在左边再增加一位，即千位，它的权重等于 10 的 3 次幂

（10 × 10 × 10），也就是 1000。继续按这个模式扩展，我们就可以得到任意大的数字。

我们已经知道了为什么不同的位置有不同的权重，让我们继续深挖一下为什么每个位置都使用符号 0～9？当使用十进制时，我们只有 10 个符号，因为根据定义，每个位置只能表示 10 个不同的值。0～9 是目前所使用的符号，但其实可以使用任何一组 10 个具有唯一性的符号，这其中的每个符号对应一个特定的数值。

大多数人喜欢把以 10 为基数的十进制系统作为数字系统。据说这是因为我们有 10 个手指和 10 个脚趾，但不管理由是什么，现代世界的大多数人阅读、书写和思考数字时都使用十进制。当然，这只是我们集体选择用来表示数字的一种约定。正如我们前面提到的，这种约定不适合应用在计算机上，计算机只使用了两个符号。让我们看看在限定两个符号的同时，如何运用位值系统。

1.3.2　二进制数

只包含两个符号的数字系统是以 2 为基数，或是二进制的。二进制系统仍然是位值系统，所以其基本机制与十进制系统相同，但是它也有一些变化。首先，每个位置的权重是 2 的幂，而不是 10 的幂。其次，每个位置只能是 2 个（而不是 10 个）符号中的一个，这两个符号就是 0 和 1。图 1-3 举例说明了如何用二进制表示一个数。

图 1-3 中给出了一个二进制数：101。对你来说，这个数看起来可能挺像一百零一，但在二进制中，它实际表示的是 5！如果你想口头表达出来，那么可以读作“二进制一零一”。

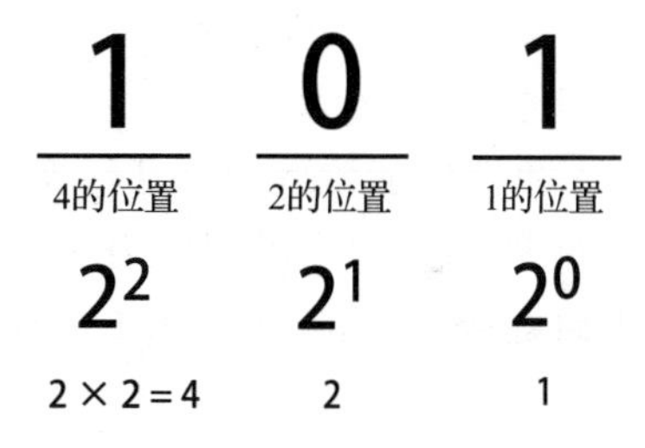

图 1-3　用二进制位值记数法表示的十进制数 5

就像十进制一样，每个位置都有一个等于基数各次幂的权重。当基数等于 2 时，最右边的位置是 2 的 0 次幂，值为 1；下一个位置是 2 的 1 次幂，值为 2；再下一个位置是 2 的 2 次幂，值为 4。另外，和十进制相同的是，要得到总的数值，就要用每个位置上的符号乘以位值权重，然后再把结果加起来。所以，从右边开始，就有（1 × 1）+（0 × 2）+（1 × 4）= 5。

现在，你可以自己尝试把二进制数转换成十进制数了。

练习 1-2：将二进制转换成十进制

把下列用二进制表示的数转换成等价的十进制数。

10（二进制）= ________（十进制）

111（二进制）= ________（十进制）

1010（二进制）= ________（十进制）

你可以通过附录 A 中的答案检查结果。你做对了吗？最后一小题可能有点棘手，因为它在左边多引入了一位，即 8 的位置。现在，尝试一下从十进制转换成二进制。

练习 1-3：将十进制转换成二进制

把下列用十进制表示的数转换成等价的二进制数。

3（十进制）= ________（二进制）

8（十进制）= ________（二进制）

14（十进制）= ________（二进制）

我希望这些题你也答对了！很快你就会发现同时处理十进制和二进制会造成混淆，因为一个像 10 这样的数，在十进制中表示的是 10，在二进制中表示的是 2。本书从现在开始，如果有混淆的苗头，那么二进制数将用 0b 开头。之所以选择 0b 作为前缀，是因为有几种编程语言采用了这种方法。前导字符 0 表示数字值，b 是二进制（binary）的缩写。例如，0b10 代表二进制的 2，而 10 没有前缀，则代表十进制的 10。

1.4 位和字节

十进制数中的单个位或符号称为数字（digit）。像 1247 这样的十进制数就是一个四位数。类似地，二进制数中的单个位或符号称为位（bit）。每个位都可以是 0 或 1。像 0b110 这样的二进制数就是一个 3 位数。

单个位能传递的信息很少：要么关，要么开；要么 0，要么 1。我们需要用位序列来表示更复杂的东西。为了让这些位序列更易于管理，计算机把 8 位分成一组——称为字节。下面是一些位和字节的例子（因为都是二进制，所以省略了前缀 0b）：

1　这是一个位

0　这还是一个位

11001110　这是一个字节或 8 位

00111000　这也是一个字节

10100101　这还是一个字节

0011100010100101　这是两个字节或 16 位

注意　4 位数（即半个字节）有时被称为半字节（写为 nybble 或 nyble）。

一个字节能存储多少数据呢？考虑这个问题的另一个思路是：用 8 位可以得到多少个不同的 0/1 组合？在回答这个问题之前，我们用 4 位来说明，这样更容易看明白。

在表 1-1 中，我列出了 4 位数中所有可能的 0/1 组合，还给出了与该数字对应的十进制表示。

如表 1-1 所示，我们可以用 4 位数表示 16 个不同的 0/1 组合，范围从十进制的 0 到 15。查看位的组合列表有助于说明这一点，但是我们还有几种方法可以解释这个问题，而不用枚举每种可能的组合。

表 1-1　4 位数的所有可能值

二进制	十进制
0000	0
0001	1
0010	2
0011	3
0100	4
0101	5
0110	6
0111	7
1000	8
1001	9
1010	10
1011	11
1100	12
1101	13
1110	14
1111	15

通过把所有位都设置为 1，我们可以确定 4 位能表示的最大数字，即 0b1111。这就是十进制的 15。如果把表示的 0 也算上，那么得到的总数就是 16。另一种简便的方法是取 2 的位数次幂，这里位数为 4，那么总共有 $2^4 = 2 \times 2 \times 2 \times 2 = 16$ 个 0/1 组合。

研究 4 位数是一个好的开始，不过我们前面谈论的是字节，它有 8 位。按照上面的方法，我们可以列出全部的 0/1 组合，但是我们跳过这一步，直接采用简便方法，计算 2 的 8 次方，可以得到 256，这就是一个字节所含的不同组合的数量。

现在，我们知道了一个 4 位数可以有 16 种 0/1 组合，一个字节可以有 256 种组合。这和计算机有什么关系呢？假设一个计算机游戏有 12 个关卡，那么这个游戏只需要 4 位就可以轻松地保存当前关卡号。如果游戏有 99 个关卡，那么 4 位就不够用了，4 位最多只能表示 16 个关卡！但是，一个字节就能很好地处理 99 个关卡的需求。计算机工程师有时需要考虑用多少位或多少字节来保存数据。

1.5　前缀

表示复杂的数据类型需要大量的位。像数字 99 这样简单的对象只需要一个字节，而数字格式的视频则可能需要数十亿位。为了更易于表示数据的大小，我们使用了诸如 G 和 M 之类的前缀。国际单位制（SI）也被称为公制，定义了一组标准前缀。这些前缀用于描述可以被量化的对象，并不仅限于位。在后面关于电路的章节中，我们还会看到它们。表 1-2 列出了一些常见的 SI 前缀及其含义。

表 1-2　常见 SI 前缀

前缀名	前缀符号	值	以 10 为基数
太	T	1 000 000 000 000	10^{12}
吉	G	1 000 000 000	10^{9}

（续）

前缀名	前缀符号	值	以 10 为基数
兆	M	1 000 000	10^{6}
千	k	1000	10^{3}
厘	c	0.01	10^{-2}
毫	m	0.001	10^{-3}
微	μ	0.000 001	10^{-6}
纳	n	0.000 000 001	10^{-9}
皮	p	0.000 000 000 001	10^{-12}

有了这些前缀，如果我们想说“30 亿字节”，就可以用缩写 3 GB 表示。或者，如果我们想表示 4000 位，我们就可以说 4 kb。注意，B 代表字节，b 代表位。

你会发现这种约定一般用于表示位和字节的数量，可惜的是，这在技术上通常也是不正确的。其原因在于：在处理字节时，大多数软件实际是以 2 为基数的，而不是以 10 为基数，如果计算机告诉你文件的大小为 1 MB，那么它实际有 1 048 576 字节！这约等于 10^{6}，但不完全等于。看起来像是个奇怪的数，不是吗？这是因为我们是按十进制来看的。在二进制中，同样的数字表示为 0b100000000000000000000，它是 2^{20}。表 1-3 展示了在处理字节时如何解释 SI 前缀。

表 1-3　SI 前缀应用于字节时的含义

前缀名	前缀符号	值	以 2 为基数
太	T	1 099 511 627 776	2^{40}
吉	G	1 073 741 824	2^{30}
兆	M	1 048 576	2^{20}
千	K	1024	2^{10}

位和字节另一个会混淆的地方和网络传输速率有关。互联网服务提供商通常以每秒位数作为单位，基数为 10。因此，如果互联网连接传输速率为 50 Mb/s，那么就意味着每秒只能传送大约 6 MB 数据。也就是说，每秒 50 000 000 位，除以每字节 8 位，得到每秒 6 250 000 字节，用 6 250 000 除以 2^{20}，得到每秒大约 6 MB。

二进制数据的 SI 前缀

为了解决由前缀多义性导致的混乱，2002 年引入了一组新的前缀（在 IEEE 1541 标准中）用于二进制场景。当处理 2 的幂时，Ki 用于代替 K，Mi 用于代替 M，以此类推。这些新的前缀对应于以 2 为基数的值，用于之前不正确使用旧前缀的场合。例如，由于 KB 可能被解释为 1000 或 1024 个字节，因此这个标准就建议使用 KiB 来表示 1024 个字节，而KB则保留其原始意义，即KB等于1000个字节[⊖]。

这看上去是个好主意，但是直到撰写本书的时候，这些符号还未得到广泛使用。表1-4列出了新的前缀及其含义。

表1-4 IEEE 1541-2002二进制数据的前缀

前缀名	前缀符号	值	以2为基数
二进制太	Ti	1 099 511 627 776	2^{40}
二进制吉	Gi	1 073 741 824	2^{30}
二进制兆	Mi	1 048 576	2^{20}
二进制千	Ki	1024	2^{10}

这个差异很重要，因为在实践中，大多数软件在显示文件大小的时候使用的是旧的SI前缀，但在计算大小的时候却是以2为基数的。换句话说，如果你的设备说一个文件的大小是1 KB，那么它的意思是说有1024字节。此外，存储设备制造商在为它们的设备容量打广告的时候，则倾向于以10为基数来表示容量大小。这就意味着，广告宣称为1 TB的硬盘可能包含10^{12}字节，但是当你把它连接到计算机时，则会显示其容量大约为931 GB（10^{12}除以2^{30}）。由于新前缀使用率不高，因此本书将继续使用旧的SI前缀。

1.6 十六进制

在结束用二进制思考这个话题之前，我还要提一下另一个数字系统：十六进制。我们“正常的”数字系统是十进制系统，或者说以10为基数的系统。计算机使用的是二进制系统，即以2为基数的系统。十六进制系统以16为基数！十六进制（缩写为hex）系统也是一种位值系统，其中的每个位置都表示16的幂，每个位置的符号都可以是16个符号中的一个。

和所有的位值系统一样，最右边的位置仍是1的位置，其左边第一位是16的位置，然后是256（16×16）的位置，之后是4096（16×16×16）的位置，以此类推。非常简单！但是，每个位置可以放置的16个符号是哪些呢？通常，我们有表示数字0~9的10个符号。要表示其他值，还需要另外6个符号。我们可以随机选择一些符号，比如&、@和#，但是这些符号没有明显的顺序。相反，采用A、B、C、D、E和F（大小写均可）才是标准做法。在这个方案中，A代表10，B代表11，以此类推，直到F，它代表的是15。这样是对的，我们需要一些符号来表示从0到基数减1的数字。因此，其他6个符号是A～F。为了清晰

⊖ 行业内已习惯用KB表示1024字节。——编辑注

起见，标准的做法是用前缀 0x 来表示十六进制。表 1-5 列出了 16 个十六进制符号，以及它们十进制和二进制的值。

表 1-5 十六进制符号

十六进制	十进制	二进制（4 位）	十六进制	十进制	二进制（4 位）
0	0	0000	8	8	1000
1	1	0001	9	9	1001
2	2	0010	A	10	1010
3	3	0011	B	11	1011
4	4	0100	C	12	1100
5	5	0101	D	13	1101
6	6	0110	E	14	1110
7	7	0111	F	15	1111

当需要表示的值大于十进制的 15 或十六进制的 0xF 时会怎么样呢？和十进制一样，我们增加一位。0xF 的后面是 0x10，这就是十进制的 16。然后是 0x11、0x12、0x13，以此类推。现在看一下图 1-4，便可以看到更大的十六进制数 0x1A5。

图 1-4 给出了十六进制数 0x1A5，它的十进制值是多少呢？最右边位置的值为 5，旁边位置的权重为 16，位置上有个 A，A 代表十进制的 10，因此，中间位置为 16 × 10=160。最左边位置的权重为 256，位置上有个 1，所以这个位置的值为 256。总数值用十进制表示为 5 + 160 + 256 = 421。

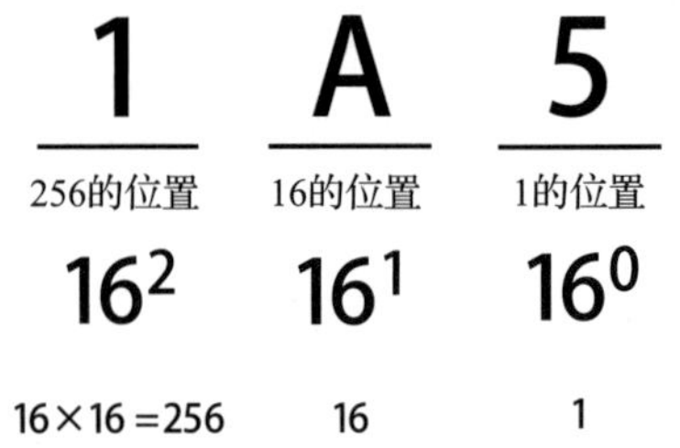

图 1-4 按位值分解十六进制数 0x1A5

为了强调这一点，这个例子展示了像 A 这样的新符号是如何根据其出现的位置而有不同的值的。0xA 是十进制的 10，0xA0 则是十进制的 160，因为 A 出现在 16 的位置上。

现在，你可能会说："太棒了，但是这有什么用呢？"我很高兴你有这样的疑问。计算机不使用十六进制，大多数人也不使用。但是，十六进制对于那些要处理二进制数的人来说却是很有用的。

使用十六进制有助于克服处理二进制数的两个常见困难。首先，大多数人都不擅长阅读较长的 0/1 序列。之后，这些位要一起运行。对于人类而言，处理 16 个或更多的位很困难且容易出错。其次，尽管人类善于处理十进制数，但十进制和二进制之间的转换并不容易。对于大多数人来说，很难在看到一个十进制数后，就能很快说出该数用二进制表示时哪些位是 1，哪些位是 0。但是，将十六进制转换成二进制要简单得多。表 1-6 给出了 2 个 16 位二进制数及其对应的十六进制与十进制表示。注意，为了清晰起见，我在二进制数值中添加了空格。

表 1-6　16 位二进制数及其十六进制和十进制表示

	例 1	例 2
二进制	1111 0000 0000 1111	1000 1000 1000 0001
十六进制	F00F	8881
十进制	61 455	34 945

先看表 1-6 中的例 1。它的二进制表示是个明确的序列：前 4 位全是 1，之后的 8 位全是 0，最后的 4 位全是 1。从十进制角度来看，这个序列是模糊的。从 61 455 来看，完全不清楚哪些位是 0，哪些位是 1。而十六进制序列是二进制序列的镜像。第一个十六进制符号是 F（即二进制中的 1111），之后的两个十六进制符号是 0，最后一个十六进制符号是 F。

接着看例 2，前 3 个 4 位组都是 1000，最后一个 4 位组是 0001。这在二进制中看着很简单，但在十进制中看着就很难了。十六进制提供了更清晰的表示，十六进制符号 8 对应于二进制的 1000，十六进制符号 1 对应于 0001！

我希望你能看出一种模式：二进制中每 4 位对应于十六进制中的 1 个符号。如果你还记得 4 位是半个字节的话，那么便可知道一个字节可以表示成两个十六进制符号。一个 16 位的二进制数可以用 4 个十六进制符号表示，一个 32 位的二进制数用 8 个十六进制的符号表示，以此类推。让我们以图 1-5 中的 32 位二进制数为例。

8A52FF00

1000 1010 0101 0010 1111 1111 0000 0000

图 1-5　每个十六进制符号映射为二进制中的 4 位

在图 1-5 中，我们可以按每次半字节的节奏来消化这个相当长的数字，这是用十进制表示的相同数字（2 320 695 040）无法办到的。

由于二进制与十六进制之间的转换相对容易，因此许多工程师通常会同时使用它们，只在必要时才会转换成十进制。后续在有意义的情况下，本书将会使用十六进制。

尝试不经过转换成十进制的中间步骤，把二进制转换成十六进制。

练习 1-4：将二进制转换成十六进制

把下列用二进制表示的数字转换成等价的十六进制数。如果可以的话，不要先转换成十进制。本题的目标是直接从二进制转换成十六进制。

10（二进制）= ____________（十六进制）

11110000（二进制）= ____________（十六进制）

一旦你掌握了将二进制转换成十六进制的方法，就尝试一下从十六进制转换成二进制。

练习 1-5：将十六进制转换成二进制

把下列用十六进制表示的数字转换成等价的二进制数。如果可以的话，不要先转换成十进制。本题的目标是直接从十六进制转换成二进制。

1A（十六进制）= ____________（二进制）

C3A0（十六进制）= ____________（二进制）

1.7 总结

本章讨论了一些计算机的基本概念。你知道了计算机是可以通过编程来执行一组逻辑指令的电子设备。你还了解了现代计算机是数字设备而不是模拟设备，并明白了二者之间的区别：模拟系统是那些用变化范围较大的值来表示数据的系统，而数字系统则是用符号序列表示数据的系统。之后，我们探究了现代数字计算机是如何只依赖于 0 和 1 两个符号的，并了解了仅含有两个符号的数字系统，即以 2 为基数的系统（或二进制系统）。我们还介绍了位、字节和标准 SI 前缀，利用它们，你可以更容易地描述数据的大小。最后，你了解到对使用二进制的人来说，十六进制非常有用的原因。

第 2 章将更仔细地研究二进制是如何用于数字系统的。我们将介绍如何使用二进制来表示各种类型的数据，以及二进制逻辑是如何工作的。

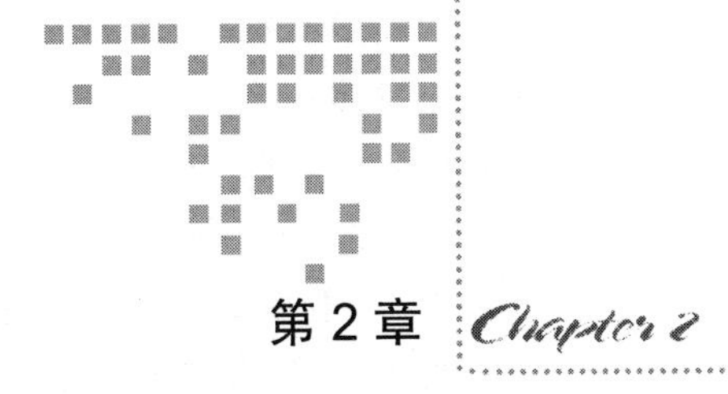

第2章 Chapter 2

二 进 制

在第1章中，我们把计算机定义为一种电子设备，通过编程它可以执行一组逻辑指令。然后，我们大致了解了计算机中所有的内容（从它使用的数据到它执行的指令）是如何以二进制0和1的形式存储的。本章将阐述究竟要如何使用0和1来表示各种类型的数据。我们还将介绍如何把二进制应用于逻辑运算。

2.1 数字化表示数据

前面讲的是用二进制存储数字，具体来说，前面涉及的是如何存储正整数和零。但是，计算机是以“位”的形式来存储所有数据的，包括负整数、小数、文本、颜色、图像、音频和视频等。现在考虑一下如何用二进制来表示各种类型的数据。

2.1.1 数字文本

下面从文本开始说明如何用位0/1表示除数字以外的数据。在计算机中，文本是指字母、数字和相关符号的集合，也被称为字符。文本一般用于表示词、句子、段落等。文本不包括格式（粗体、斜体）。为便于讨论，我们把字符集限制为英文字母和相关字符。在计算机程序设计中，术语“字符串”通常也被用于指代文本字符序列。

记住文本的定义，我们需要表示的究竟是什么？我们需要表示A到Z，区分字母大小写意味着A和a是不同的符号。我们还需要表示像逗号和句号这样的标点符号，以及空格。我们也需要表示数字0～9。这里的数字可能会令人困惑，其实它指的是表示数字0～9的符号或字符，这与存储数字0～9是不同的。

像刚才描述的那样，如果把所有需要表示的不同符号加在一起，大约有100个字符。

如果要用唯一的位序列来表示每个字符，每个字符需要多少位呢？ 6 个位能给出 64 种不同的组合，这不够。7 个位能给出 128 种不同的组合，足够用来表示 100 个左右的字符。不过，由于计算机通常是以字节为单位处理的，因此只有取整并使用完整的 8 位（即一个字节）来表示每个字符才有意义。用一个字节可以表示 256 个不同的字符。

那么，怎么用 8 位来表示每个字符呢？如你所想，已经存在用二进制表示文本的标准方法，我们马上就会讲到。但在这之前，有一点很重要，那就是：我们可以造出任何想要表示每个字符的方案，只要运行在计算机上的软件知道我们的方案即可。也就是说，在表示特定类型的数据时，有些方案优于其他方案。软件设计人员更喜欢常用操作易于执行的方案。

假设你要创造自己的方案，这个方案用位组来表示字符。你可能决定用 0b00000000 来表示字符 A，用 0b00000001 来表示字符 B，以此类推。这种把数据转换成数字格式的过程称为编码；解释这个数字数据的过程称为解码。

练习 2-1：创建自己的方案来表示文本

定义一种用 8 位数字来表示大写字母 A 到 D 的方案，然后用你的方案把单词 DAD 编码成 24 位数字。这里的正确答案不止一个，示例答案请参阅附录 A。额外小练习：用十六进制表示编码的 24 位数字。

2.1.2 ASCII

幸运的是，我们已经有几种标准方法来数字化表示文本，所以我们不必再自己发明了！美国信息交换标准码（American Standard Code for Information Interchange，ASCII）便是一种格式，每个字符 7 位，可以表示 128 个字符，不过每个字符通常用一个完整字节（8 位）存储。使用 8 位而不是 7 位意味着有一个额外的前导位，该位为 0。ASCII 处理英文字符，另一个被称为 Unicode 的标准可以处理几乎所有语言所使用的字符，其中也包括英文字符。下面重点介绍 ASCII。表 2-1 给出了 ASCII 字符子集的二进制和十六进制值。前 32 个字符没有显示，它们是控制符，比如回车符和换行符，它们最初用于控制设备而不是存储文本。

练习 2-2：ASCII 编码和解码

（1）根据表 2-1 把下列单词编码为 ASCII 二进制和十六进制值，每个字符一个字节。记住，大写字母和小写字母的值不同。

- Hello
- 5 cats

（2）根据表 2-1 解码如下单词。每个字符用一个 8 位 ASCII 值表示，为了清晰起见增加了空格。

- 01000011 01101111 01100110 01100110 01100101 01100101

❑ 01010011 01101000 01101111 01110000

（3）根据表 2-1 解码如下单词。每个字符用一个 8 位的十六进制值表示，为了清晰起见增加了空格。

❑ 43 6C 61 72 69 6E 65 74

表 2-1 ASCII 字符 0x20 到 0x7F

二进制	十六进制	字符	二进制	十六进制	字符	二进制	十六进制	字符
00100000	20	[Space]	01000000	40	@	01100000	60	`
00100001	21	!	01000001	41	A	01100001	61	a
00100010	22	"	01000010	42	B	01100010	62	b
00100011	23	#	01000011	43	C	01100011	63	c
00100100	24	$	01000100	44	D	01100100	64	d
00100101	25	%	01000101	45	E	01100101	65	e
00100110	26	&	01000110	46	F	01100110	66	f
00100111	27	'	01000111	47	G	01100111	67	g
00101000	28	(	01001000	48	H	01101000	68	h
00101001	29	)	01001001	49	I	01101001	69	i
00101010	2A	*	01001010	4A	J	01101010	6A	j
00101011	2B	+	01001011	4B	K	01101011	6B	k
00101100	2C	,	01001100	4C	L	01101100	6C	l
00101101	2D	-	01001101	4D	M	01101101	6D	m
00101110	2E	.	01001110	4E	N	01101110	6E	n
00101111	2F	/	01001111	4F	O	01101111	6F	o
00110000	30	0	01010000	50	P	01110000	70	p
00110001	31	1	01010001	51	Q	01110001	71	q
00110010	32	2	01010010	52	R	01110010	72	r
00110011	33	3	01010011	53	S	01110011	73	s
00110100	34	4	01010100	54	T	01110100	74	t
00110101	35	5	01010101	55	U	01110101	75	u
00110110	36	6	01010110	56	V	01110110	76	v
00110111	37	7	01010111	57	W	01110111	77	w
00111000	38	8	01011000	58	X	01111000	78	x
00111001	39	9	01011001	59	Y	01111001	79	y
00111010	3A	:	01011010	5A	Z	01111010	7A	z
00111011	3B	;	01011011	5B	[	01111011	7B	{
00111100	3C	<	01011100	5C	\	01111100	7C	|
00111101	3D	=	01011101	5D	]	01111101	7D	}
00111110	3E	>	01011110	5E	^	01111110	7E	~
00111111	3F	?	01011111	5F	_	01111111	7F	[Delete]

用数字格式表示文本相当简单，像ASCII这样，系统把每个字符或符号映射成一个唯一的位序列，然后，计算设备解释这个位序列并把合适的符号显示给用户。

2.1.3 数字颜色和图像

前面讲解了如何用二进制表示数字和文本，现在探索另一种类型的数据：颜色。任何具有彩色图像显示器的计算设备都要具备一些描述颜色的系统。如你所想，和文本一样，我们已经有了一些存储颜色数据的标准方式。我们稍后将介绍这些系统，但首先我们先来自己设计一下用数字描述颜色的系统。

我们把颜色局限在黑色、白色和灰色。这种有限的颜色集称为灰度。如同处理文本一样，我们先确定想要表示的不同灰色的数量。为简单起见，我们选择黑色、白色、深灰色和浅灰色，一共4种灰度。表示4种颜色需要多少位呢？只需要2位。2位数可以表示4种不同的值，因为2^2等于4。

练习2-3：创建自己的系统来表示灰度

定义一种方式来数字化表示黑色、白色、深灰色和浅灰色。这里的正确答案不止一个，示例答案请参阅附录A。

设计好用二进制表示灰度的系统后，便可以在这个基础之上创建自己的系统来描述简单的灰度图像。图像本质上是二维平面上的颜色排列。这些颜色通常排列在一个网格上，网格由单一颜色的小方块构成，这种小方块被称为像素。图2-1就是一幅简单的图像。

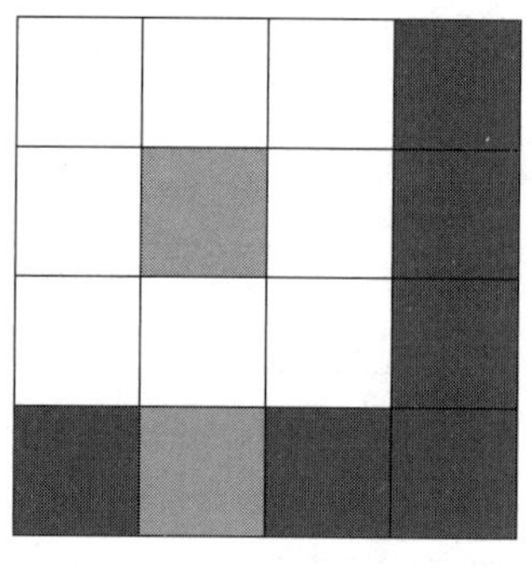

图2-1 一幅简单的图像

图2-1中的图像长度为4个像素，高度为4个像素，一共是16个像素。如果你眯起眼睛并发挥想象力，你可能会看见一朵白色的花和一片黑色的天空。这个图像只包含三种颜色：白色、浅灰色和深灰色。

注意 图2-1由一些非常大的像素构成，以显示一个点。现代电视、计算机显示器和智能手机屏幕也可以被视为像素网格，但是每个像素非常小。例如，高分辨率显示器一般都是1920×1080像素（长度 × 高度），总共大约有200万像素！再比如，数码照片常常包含超过1000万像素。

练习2-4：创建自己的方法来表示简单图像

（1）在练习2-3表示灰度颜色的系统基础上，设计一种方法来表示由这些颜色构成的图像。如果想要更简单，你可以假设图像始终是4×4像素的，就像图2-1一样。

（2）使用第 1 步得到的方法，写出图 2-1 中花朵图像的二进制表示。

（3）向朋友解释你表示图像的方法，然后把你的二进制数据给你的朋友看，看看他们是否能在不看原图的情况下画出图像。

这里不存在唯一正确的答案，示例答案请参阅附录 A。

在练习 2-4 的第 2 步中，你就像计算机程序，负责把图像编码成二进制数据。在第 3 步中，你朋友就像负责反向操作的计算机程序，把二进制数据解码为图像。希望他能破译你的二进制数据并画出一朵花！如果他成功了，那么太棒了，你们一起演示了软件是如何编码和解码数据的！如果进展得没有这么顺利，最后画出来的像腌菜而不像花朵，那也行。此时，你们就演示了有时软件会有缺陷，从而导致意想不到的结果的情况。

2.1.4 表示颜色和图像的方法

正如前面提到的，业内已经定义了用数字方式表示颜色和图像的标准方法。对于灰度图像，一个常用方法是每个像素使用 8 位表示，总共允许表示 256 种灰度。每个像素的值通常代表光的强度，0 表示没有光（全黑色），255 表示完全光（全白色），0～256 之间的值就代表从全黑到全白的各种灰度。图 2-2 显示了使用 8 位编码方案的各种灰度。

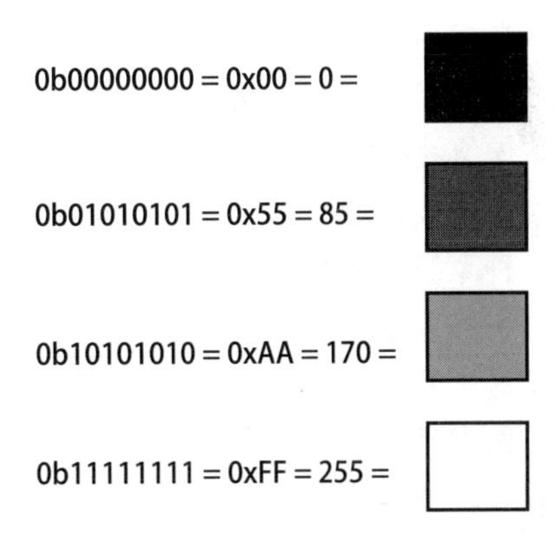

图 2-2 用 8 位表示的灰度（显示为二进制、十六进制和十进制）

表示除灰度以外的颜色的方法与之类似。虽然可以使用 8 位数来表示灰度，但是 RGB 方法使用 3 个 8 位数来表示红色、绿色和蓝色的强度，这 3 个数合起来表示一种颜色。每个颜色分量都需要分配 8 位，这就意味着需要 24 位来表示整体颜色。

注意 RGB 以加色模型为基础，颜色是红光、绿光和蓝光混合而成的。这与绘画中的减色模型相反，后者的颜色分量是红色、黄色和蓝色。

比如，RGB 中表示红色是把 8 个红色位全部置 1，表示其他两种颜色的 16 位全部置 0。如果你想表示黄色（黄色是红色和绿色的混合色，没有蓝色），那么可以把红色和绿色位全部置 1，把蓝色位全部置 0，如图 2-3 所示。

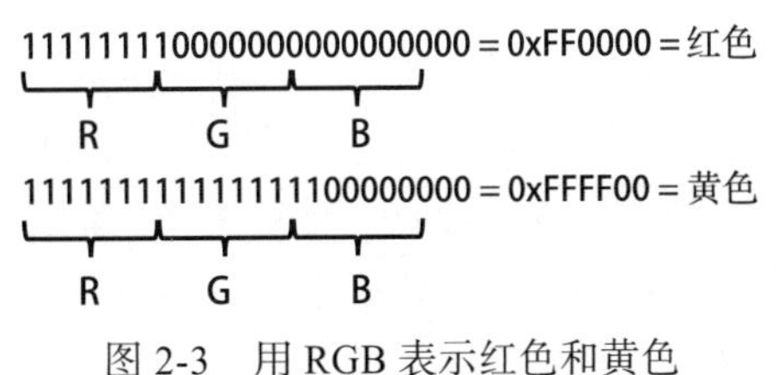

图 2-3 用 RGB 表示红色和黄色

在图 2-3 的两个例子中，被包含的颜色都设为 1，但 RGB 系统也允许红、蓝和绿组成色为部分强度。每个组成色可以从 00000000（十进制的 0 或十六进制的 0）变化到 11111111（十进制的 255 或十六进制的 FF）。值越小表示对应颜色的光越暗，值越大表示光越亮。有了这种灵活性，我们就可以表示几乎所有可以想象到的颜色。

除了有表示颜色的标准方法之外，还有多种常用方法来表示整幅图像。如图 2-1 所示，我们可以用像素网格来构造图像，其中的每个像素都被设置为特定的颜色。现有多种图像格式，位图（bitmap）是其中一种简单的图像表示方法，位图中保存了每个像素的 RGB 颜色数据。与位图相比，其他图像格式（比如 JPEG 和 PNG）使用了压缩技术来减少存储图像所需的字节数。

2.1.5 解释二进制数据

现在来看另一个二进制值：011000010110001001100011。你觉得它表示的是什么？如果我们假设它是一个 ASCII 文本字符串，它表示的就是“abc”。它也可能表示一个 24 位的 RGB 颜色，这使得它成为一个灰度值。它还可能表示一个正整数，即十进制数 6 382 179。图 2-4 给出了该值的各种解释。

图 2-4　011000010110001001100011 的解释

那么，到底指哪个呢？它可以是其中的任何一种意思，也可能完全是其他的意思。这完全取决于解释这个数据的上下文。文本编辑程序会假设这个数据是文本，而图像查看器则会假设它是图像中某个像素的颜色，计算器会假设它是一个数字。每个程序都被编写成期待特定格式的数据，所以单个二进制值在不同的上下文中会有不同的含义。

前面演示了如何用二进制数据表示数字、文本、颜色和图像。由此，你可以对存储其他类型数据（比如音频和视频）的方法做出一些有根据的猜想。对于可数字化的数据类型，并没有具体限制。而数字表示也并不总是原始数据的完美复制，但在许多情况下，这并不是问题。能把任意事物解释成 0/1 序列是非常有用的，因为一旦我们建造了一个处理二进制数据的设备，我们就可以通过软件让它处理任何类型的数据！

2.2 二进制逻辑

我们已经了解了用二进制表示数据是有其实用性的，但计算机所做的不只是存储数据，它也允许我们处理数据。有了计算机的帮助，我们可以阅读、编辑、创建、转换、共享并用其他方式操作数据。计算机使我们能利用硬件以多种方法来处理数据，我们可以通过编程来执行一系列简单指令——比如“两个数相加”或“检查两个值是否相等”。实现这些指令的计算机处理器基本上都是以二进制逻辑为基础的，这是一种描述逻辑语句的系统，其中的变量取值只能二选一：真或假。现在，我们来研究一下二进制逻辑，在此过程中，我们将再次看到计算机中的所有事物是如何归结到1和0的。

让我们考虑一下二进制为什么天然就适合进行逻辑运算。通常，当人们说到逻辑时，他们的意思是推理，即对已知条件进行思考以得出有效的结论。当一组事实被呈现时，逻辑推理可以让我们确定另一个相关陈述是否是事实。逻辑是关于真理的——什么是真，什么是假。同样，一个位的值也只能二选一：1或0。因此，一个位可以被用来表示一个逻辑状态：真（1）或假（0）。

我们来看一个逻辑语句的例子：

```
GIVEN a shape has four straight sides,
AND GIVEN the shape has four right angles,
I CONCLUDE that the shape is a rectangle.
```

这个例子有两个条件（4条边、4个直角），这两个条件都为真，结论才为真。对于这种情况，我们用逻辑运算符AND（“与”）把两个语句连接在一起。如果任意一个条件为假，那么结论也为假。表2-2给出了相应的逻辑结论。

表2-2 判断是否为矩形的逻辑语句

4条边	4个直角	是否为矩形
假	假	假
假	真	假
真	假	假
真	真	真

对于表2-2，我们可以对每一行做如下解释：

- 如果图形没有4条边，也没有4个直角，那么它不是矩形。
- 如果图形没有4条边，但有4个直角，那么它不是矩形。
- 如果图形有4条边，但没有4个直角，那么它不是矩形。
- 如果图形有4条边，也有4个直角，那么它是矩形！

这种类型的表被称为真值表：展示所有可能的条件组合（输入）及其逻辑结论（输出）的表格。表2-2是专门为关于矩形的语句编写的，但实际上，同样的表适用于任何用AND连接的逻辑语句。

表2-3更加通用，它使用A和B来表示两个输入条件，输出表示逻辑结果。具体说来，输出是A AND B的结果。

表2-4做了一点修改。因为本书是关于计算机的，所以把“假”表示为0，“真”表示为1，就像计算机一样。

表2-3 AND真值表

A	B	输出
假	假	假
假	真	假
真	假	假
真	真	真

表2-4 AND真值表（用0和1表示）

A	B	输出
0	0	0
0	1	0
1	0	0
1	1	1

当你处理使用 0 和 1 的数字系统时，表 2-4 是 AND 真值表的标准形式。计算机工程师用这样的表来表示组件在面对一组特定输入时的行为。现在，让我们来看一下它是如何处理其他逻辑运算符和更复杂的逻辑语句的。

假设你现在工作的商店只给两类顾客（儿童和戴太阳镜的人）打折。其他人都没有资格享受折扣。如果你想把商店的折扣规则声明为一个逻辑表达式，你可以这样说：

```
GIVEN the customer is a child,
OR GIVEN the customer is wearing sunglasses,
I CONCLUDE that the customer is eligible for a discount.
```

这里有两个条件（儿童、戴太阳镜），至少有一个条件必须为真，结论才为真。在这种情况下，我们用逻辑运算符 OR（“或”）把两个语句连接在一起。只要任意一个条件为真，那么结论就为真。我们可以将其表示为一个真值表，如表 2-5 所示。

表 2-5 OR 真值表

A	*B*	输出
0	0	0
0	1	1
1	0	1
1	1	1

观察表 2-5 中的输入和输出，我们可以很快地看出：当顾客是儿童（$A=1$），或者当顾客戴太阳镜（$B=1$）时，顾客能获得折扣（输出 = 1）。注意，表 2-4 和表 2-5 的 *A*、*B* 输入列的值是完全相同的。这是有意义的，因为这两个表都有两个输入，所以可能有一样的输入组合。不同的是输出列。

下面看用 AND 和 OR 组成的更复杂的逻辑语句。在这个例子中，假设我在阳光灿烂且温暖的每一天都要去海滩，并且假设我还在每年生日的时候去海滩。实际上，我总是只在这些特定条件下才会去海滩——我的妻子说我在这方面非常固执。结合这些条件，我们得到如下逻辑语句：

```
GIVEN it is sunny AND GIVEN it is warm,
OR GIVEN it is my birthday,
I CONCLUDE that I am going to the beach.
```

我们来标记输入条件，并为这个表达式编写一个真值表。这个例子的条件有：

条件 *A* 阳光灿烂

条件 *B* 天气温暖

条件 *C* 今天是我的生日

逻辑表达式如下：

```
(A AND B) OR C
```

如同在代数表达式中一样，给 *A* AND *B* 加上括号意味着表达式的这部分应该先求值。表 2-6 给出了这个逻辑表达式的真值表。

表 2-6 比简单的 AND 真值表要复杂一点，但它仍然是可以理解的。表格的形式使其便

于查找特定条件并查看结论。例如，第三行告诉我们如果 $A=0$（阳光不灿烂），$B=1$（天气温暖），$C=0$（今天不是我的生日），那么输出为0（今天我不会去海滩）。

表 2-6 (*A* AND *B*) OR *C* 真值表

A	*B*	*C*	输出
0	0	0	0
0	0	1	1
0	1	0	0
0	1	1	1
1	0	0	0
1	0	1	1
1	1	0	1
1	1	1	1

这种逻辑是计算机经常要处理的。实际上，如前所述，计算机的基本功能可以浓缩为一组逻辑运算。虽然简单的 AND 运算符看上去与智能手机或笔记本计算机的功能相去甚远，但所有数字计算机都是基于逻辑运算的。

练习 2-5：为逻辑表达式编写真值表

表 2-7 给出了一个逻辑表达式的 3 个输入。对于表达式 (*A* OR *B*) AND *C*，给出该真值表的输出。

表 2-7 (*A* OR *B*) AND *C* 真值表

A	*B*	*C*	输出
0	0	0	
0	0	1	
0	1	0	
0	1	1	
1	0	0	
1	0	1	
1	1	0	
1	1	1	

除了 AND 和 OR，数字系统设计中还有其他几种常用的逻辑运算符。下面将介绍每一种运算符并给出其真值表。第 4 章会再次用到这些知识。

逻辑运算符 NOT（“非”）的输出与输入条件相反。也就是说，如果 *A* 是真，那么输出就不为真，反之亦然。如表 2-8 所示，NOT 只有一个输入。

表 2-8 NOT 真值表

A	输出
0	1
1	0

运算符 NAND（“与非”）的意思 NOT AND，因此其输出是对 AND 结果取反的结果。如果两个输入都为真，则结果为假，否则，结果为真，如表 2-9 所示。

NOR（“或非”）运算符的意思是 NOT OR，因此其输出是对 OR 结果取反的结果。如果两个输入都为假，则结果为真，否则，结果为假，如表 2-10 所示。

表 2-9 NAND 真值表

A	B	输出
0	0	1
0	1	1
1	0	1
1	1	0

表 2-10 NOR 真值表

A	B	输出
0	0	1
0	1	0
1	0	0
1	1	0

XOR 的意思是异或，意味着只有单个（互斥）输入为真，结果才为真。也就是说，仅当 A 为真或仅当 B 为真时，输出为真，如果两个输入都为真，则结果为假，如表 2-11 所示。

表 2-11 XOR 真值表

A	B	输出
0	0	0
0	1	1
1	0	1
1	1	0

对二值变量（取真或假）逻辑功能的研究被称为布尔代数或布尔逻辑。George Boole 在 19 世纪初描述了这种逻辑方法，那时还没有数字计算机。他的成果被证明是数字电子学（包括计算机）的发展基础。

2.3 总结

本章讨论了如何用二进制表示数据和逻辑状态。你已经了解了如何使用 0/1 来表示各种类型的数据。我们以文本、颜色和图像为例研究了二进制格式数据。我们还介绍了各种逻辑运算符，比如 AND 和 OR，以及如何用真值表来表示逻辑语句。理解这些内容是非常重要的，因为当代计算机中的复杂处理器都是基于复杂的逻辑系统的。

在第 4 章讨论数字电路时，我们将继续探讨二进制问题，但为了让你做好准备，我们将在第 3 章先介绍电路的基本原理，探索电学定律，看看电路是如何工作的，熟悉电路中的一些基本组件。你甚至将有机会搭建自己的电路！

第 3 章 Chapter 3

电　　路

我们已经在概念层面讨论了计算机的某些方面，现在让我们转换方向，讨论一下计算机的物理基础。让我们先回顾一下计算机的定义：计算机是一种电子设备，可以通过编程来执行一组逻辑指令。

计算机是遵循人类设计的规则的设备，但在根本上，计算机必须按照另一组规则（即自然法则）行事。计算机只是一台机器，和所有机器一样，它利用自然法则完成任务。尤其是，现代计算机是电子设备，所以电学定律是构造这些设备的自然基础。要全面了解计算机，你需要掌握电学和电路知识，这就是本章所涉及的内容。让我们从电学术语和概念开始，学习一些电学定律和电路图，并搭建一些简单的电路。

3.1　电学术语

为了学习电路，你首先要熟悉几个关键的概念和术语。现在，我将介绍这些电学概念，并解释它们之间的关系。本节包含许多细节，因此我们先从表 3-1 的概述开始，然后再进行详细说明。

表 3-1　关键电学术语

术语	解释	计量单位	水类比
电荷	使物体受到力的作用	库仑（C）	水
电流	电荷流	安培（A）	通过管道的水流
电压	两点之间的电势差	伏特（V）	水压
电阻	电流通过材料的难易程度的度量	欧姆（Ω）	管道的宽度

表 3-1 简单解释了每个术语，列出了其计量单位，并把每个术语都与水基系统中的模拟物联系起来（见本章后面的图 3-2）。即使现在不能理解也不用担心，后面会更深入地介绍每个术语。

3.1.1 电荷

你在学校可能已经学过原子是由带正电的质子、带负电的电子和不带电的中子组成的。电荷使物体受力；异性电荷相吸，同性电荷相斥。在解释电路概念时，我喜欢用水流过管道来打比方。在这个类比中，电荷就像水，导线就像管道。

电荷的计量单位是库仑。质子或电子上的电荷只是单个库仑所代表的电荷量的一小部分。

3.1.2 电流

与电流特别相关的是电荷的转移或运动。电荷通过导线类似于水流通过管道。在日常用法中，我们会说“电流在流动”，虽然更准确地说是电荷在流动，而电流是对电荷流动强度的度量。

当在公式中表示电流时，使用符号 I 或 i。电流的计量单位是安培，简称“安”，单位符号是 A。1 A = 1 C/s。假设有两根导线，第一条流经电流为 5 A，第二条流经电流为 1 A。由于安培代表电荷速率，因此电荷通过第一条导线的速度是第二条导线的 5 倍。

3.1.3 电压

既然电荷流经导线就像水流经管道一样，那就让我们进一步扩展一下这个类比。到目前为止，我们有水（电荷）、一条简单的管道（导线）以及水流速度（电流）。在此基础上，我们再加一个水泵，它与管道相连，使水流过管道。水压越高，水流经管道的速度越快。放到电路中，水泵代表电源，是电能的来源，比如电池。

在这个类比中，水压代表一个新概念：电压。如同水压影响水流经管道的速度一样，电压会影响电流——电荷流经电路的速度。为了理解电压，请回忆一下物理课上讲过的势能，它代表做功的能力，单位为焦耳（J）。对电来说，做功意味着把电荷从一点移动到另一点。电势是单位电荷的势能，以 J/C 为单位。电压被定义为两点间的电势差。也就是说，电压是把单位电荷从一点移动到另一点所需的功。

当在公式中表示电压时，使用符号 V 或 v。电压的单位为伏特，单位符号为 V。电压总是在两点（比如电池的正负极端子）之间测量。在此上下文中，端子意味着电连接点。电压越高，使电荷通过电路从一个端子移动到另一个端子的“压力”越大，因此，当电压源连接到电路时，电流就越大。不过，即使没有电流，电压也存在，比如一个 9 V 的电池，即使它没有连接任何东西，它两端的电压也是 9 V。

3.1.4 电阻

管道的宽度是影响水流的另一个因素。很宽的管道可以让水流不受限地流动，而很窄的管道就会阻碍水流。如果把这个类比用于电路，那么管道的宽度就代表电路中的电阻。电阻是对电流经过导体的难度的度量，导体是允许电流经过的材料。材料的电阻越大，电流流经它的难度越大。

当在公式中表示电阻时，使用符号 R。电阻的单位是欧姆，单位符号为 Ω。铜线的电阻非常低，我们假设它没有电阻，这意味着电流可以自由地流经它。电路使用被称为“电阻”的电子元件在需要的地方引入特定量的电阻。图 3-1 给出了典型电阻的图片。

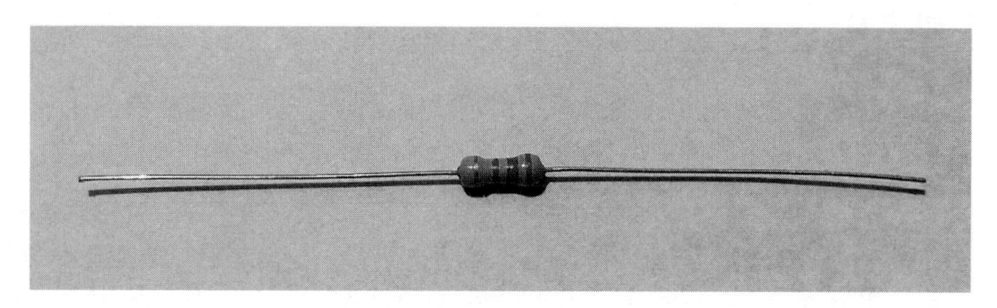

图 3-1 电阻

3.1.5 水类比

既然我们已经介绍了关键的电学概念，现在我们来回顾一下用来解释电路工作原理的水类比，如图 3-2 所示。

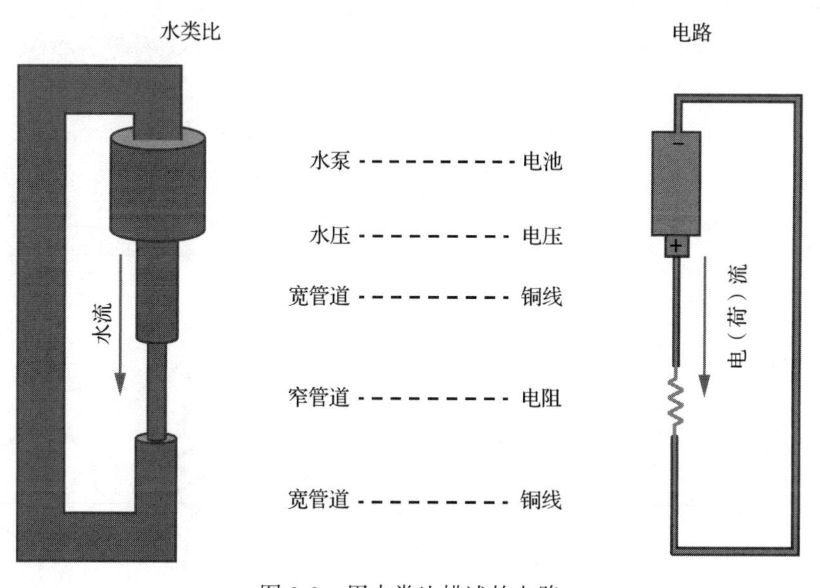

图 3-2 用水类比描述的电路

水泵通过管道输送水，如同电池通过电路输送电荷。像水能流动一样，电荷也能流动，我们把电荷流称为电流。水压影响水流动的速度，同样，电压也影响电流——电压越高意味着电流越大。水流能自由通过宽管道，就像电流通过铜线一样。窄管道会限制水的流动，就像电阻限制电流一样。

现在，把你学到的知识运用到示例电路中，该电路由电池以及连接其两端的导体构成。势能存储在电池中。电池两端的电压代表电势差。当导体连接到电池的两端时，电压就使电荷通过导体，产生电流。导体有一定的电阻，电阻低，电流大，电阻高，电流小。

3.2 欧姆定律

电流、电压和电阻之间的具体关系由欧姆定律定义，该定律告诉我们：从一个点到另一个点的电流等于这两点之间的电压除以它们之间的电阻。欧姆定律用公式表示为：

$$I = V / R$$

假设有一个 9 V 的电池，它的两端连接了一个 10 000 Ω 的电阻。欧姆定律告诉我们，流经这个电阻的电流为 9 V/10 000 Ω = 0.0009 A（0.9 mA）。请注意在本章中，我们再次使用了基数 10，你可以把基数 2 先放一边，暂时采用十进制表示数字！

AC 和 DC

此时有必要暂停，先来介绍一下 AC 和 DC。AC 代表交流电，电流周期性地改变方向。它与 DC 相反，DC 代表直流电，其电流只沿一个方向流动。AC 用于把电力从发电厂传输到家庭和企业。不需要适配器便可以直接插入壁式插座的电器、电灯、电话以及其他设备都使用 AC。小型电子产品，比如笔记本计算机和智能手机使用 DC。当为智能手机这样的设备充电时，适配器会把壁式插座的 AC 转换成设备所需的 DC。电池也提供 DC。术语 AC 和 DC 也适用于电压（比如 DC 电压源），在这种情况下，它们实际上是指“交流电压”或“直流电压”。本书的所有电路都使用 DC，所以你不用关心 AC 的具体信息，只要知道两者之间的区别即可。

3.3 电路图

当我们描述电路时，图是一种非常有用的视觉辅助工具。绘制电路图时，用标准符号表示各种电路元件。连接这些符号的线表示导线。我们来看一些常用电路元件是如何用符号来表示的。图 3-3 显示了电阻和电压源（如电池）的符号。“+”表示电

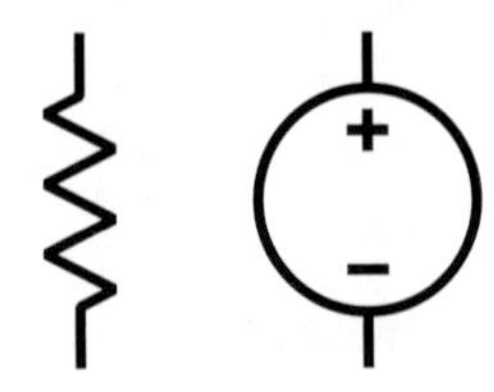

图 3-3 电阻（左）和电压源（右）的符号

压源的正极，“–”表示电压源的负极。换句话说，相对于 – 端，+ 端的电压为正。

使用这两种符号，我们可以画一个电路图来表示之前的示例电路（9 V 电池两端连接 10 000 Ω 电阻），如图 3-4 所示。注意电阻上的 10 kΩ 标志，这是 10 000 Ω 的简写。根据前面的欧姆定律，我们可以得出有 0.9 mA 的电流经过该电阻的结论，这在图中也表示出来了。

我们还可以把电流表示成一个回路，如图 3-5 所示。这种视觉效果有助于传递这样一种想法：电流流经整个电路，而不仅仅是电阻。

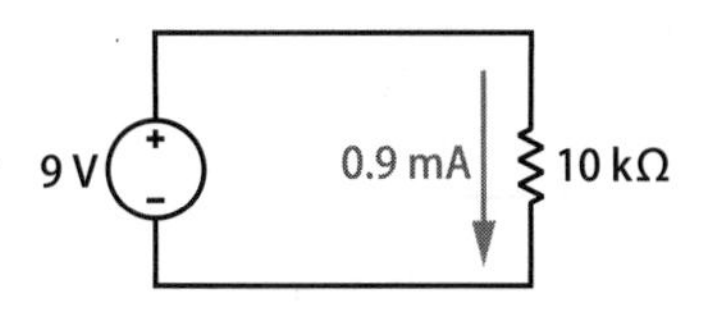

图 3-4　9 V 电池以及一个连接其两端的 10 000 Ω 电阻

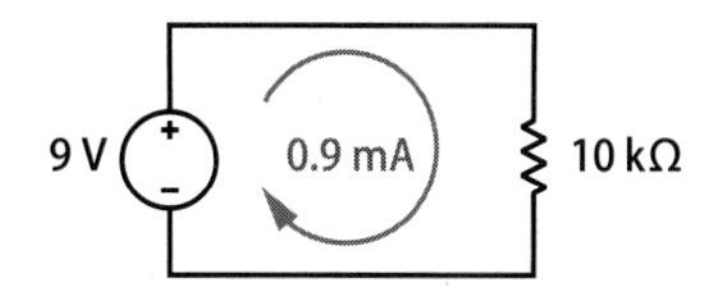

图 3-5　电流的流动显示为一个回路

说到回路，现在是时候后退一步来审视一个已经被提到多次，但还未被定义的术语了。电路是一组相互连接的电子元件，它们的连接方式使得电流能按回路的方式流动，从电源流经电路元件后再返回电源。如果不谈电力，通用术语“电路”是指在同一位置开始和结束的路径。这是一个需要记住的重要概念，因为没有电路，就不会有电流。回路断开的电路称为开路，当电路是开路时，没有电流流过。短路是电路中允许电流在电阻很小或没有电阻的情况下流动的路径，一般没有意义。

练习 3-1：使用欧姆定律

查看图 3-6 中的电路。思考电流是多少？

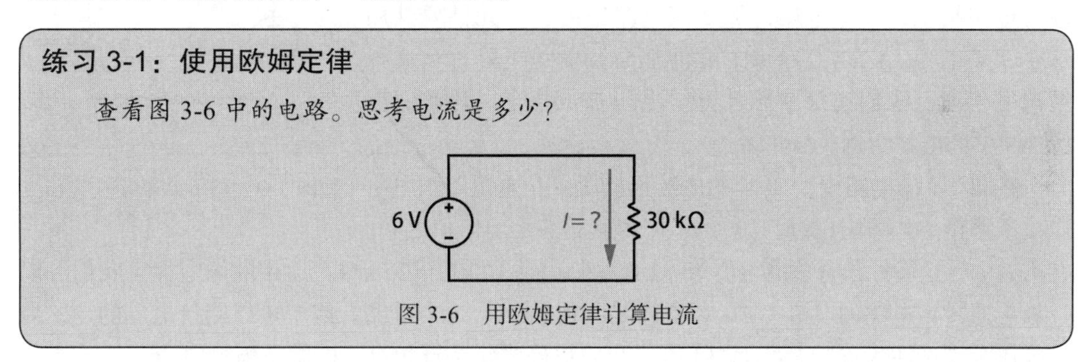

图 3-6　用欧姆定律计算电流

在直流电路中，GND（表示接地）是指一个点，我们要根据它来测量电路中其他点的电压。换句话说，接地点的电压被视为 0 V，我们相对于它来测量电路中的电压。正如前面我们提到的，我们总是测量两点之间的电压，所以重要的是电势差，而不是单点电势。通过给接地点分配参考电压 0 V，我们更容易讨论电路中其他点的相对电压。在类似我们在这里讨论的那些简单的直流电路中，把电池或其他电源的负极当作接地点是很常见的。

术语“接地”来源于一个事实：有些电路在物理上是连接到大地的。它们确实连接到地，这个连接用作 0 V 参考点。便携式设备或电池供电设备通常没有物理接地连接，但我们仍然把这些电路中指定的 0 V 参考点称为接地点。

有些工程师不会把电路图画成一个回路，相反，他们用图 3-7 所示的符号专门标识接地和电压源连接。这使得电路图更清晰，但它不会改变电路的物理连线，电流仍然是从电源的正极流向负极。

例如，在图 3-8 中，我们之前讨论的电路在左侧，用图 3-7 给出的接地和电源符号绘制的相同电路在右侧。

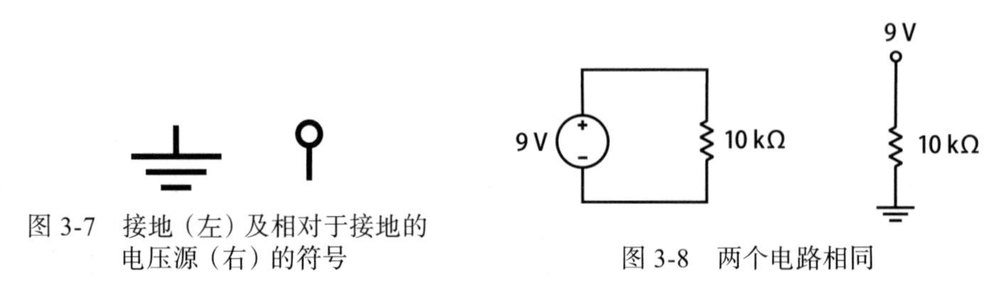

图 3-7 接地（左）及相对于接地的电压源（右）的符号

图 3-8 两个电路相同

图 3-8 中的两个电路在功能上是等价的，只是绘图方式不一样。

3.4 基尔霍夫电压定律

另一个解释电路行为的定律是基尔霍夫电压定律，它告诉我们整个电路的电压之和为 0 V。这就意味着，如果电压源为电路提供了 9 V 电压，那么该电路中的各种元件要共用这个 9 V 电压。电路上的每个元件都会让电势下降。当这种情况发生时，我们说每个元件上的电压都下降了。让我们以图 3-9 中的电路为例。

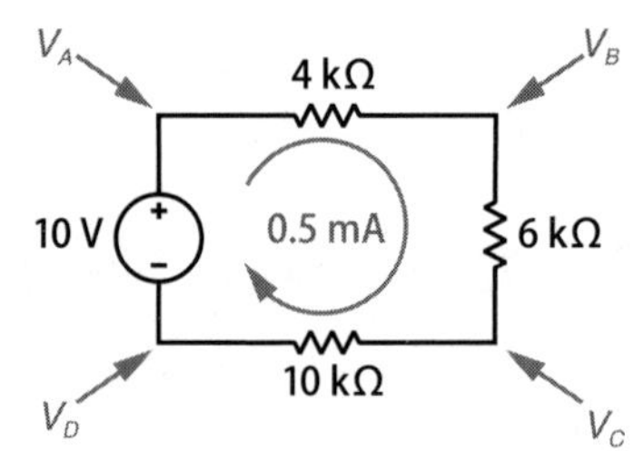

图 3-9 展示基尔霍夫电压定律的电路

在图 3-9 的电路中，10 V 的电源连接了 3 个电阻。当电阻沿单条路径（串联）连接时，总的电阻值就是各个电阻值之和。在本例中，这就意味着总电阻值为 $4\ \text{k}\Omega + 6\ \text{k}\Omega + 10\ \text{k}\Omega = 20\ \text{k}\Omega$。运用欧姆定律，我们可以计算出通过该电路的电流为 $10\ \text{V} / 20\ \text{k}\Omega = 0.5\ \text{mA}$。这个电路有四个可以测量电压的点，对应电压分别标注为 V_A、V_B、V_C 和 V_D。我们将确定每个点相对于电源负极的电压。

我们从最简单的开始：V_D 直接与电源的负极相连，所以 $V_D = 0$ V。类似地，V_A 直接与电源正极相连，所以 $V_A = 10$ V。根据基尔霍夫电压定律，我们知道每个电阻都会引起电压下降，所以 V_B 必然小于 10 V，V_C 必然小于 V_B。

4 kΩ 电阻会使电压下降多少呢？根据欧姆定律，有 $V = IR$，所以电压下降了 $0.5\ \text{mA} \times 4\ \text{k}\Omega = 2\ \text{V}$。这意味着，$V_B$ 比 V_A 小 2 V，因此 $V_B = 10\ \text{V} - 2\ \text{V} = 8\ \text{V}$。类似地，6 kΩ 电阻会使电压下降 3 V，因此 $V_C = 8\ \text{V} - 3\ \text{V} = 5\ \text{V}$。即使不做数学运算，根据基尔霍夫电压定律也可以知道 10 kΩ 电阻必会使电压下降 5 V，因为它是电源负极前的最后一个电路元件，而负极处电压是 0 V。图 3-10 给出了电压和降压值。

回顾一下这个例子，电压源提供 10 V 电压，我们将其视为正电压。每个电阻都会导致电压下降，我们认为这些下降的电压为负。如果我们把正的电压源加上负的下降电压，就会得到 10 V − 2 V − 3 V − 5 V = 0 V。整个电路中的电压和为 0 V，符合基尔霍夫电压定律。

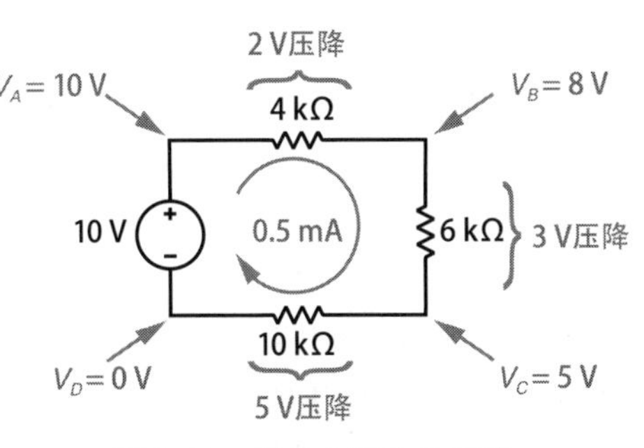

图 3-10　简单电路中的压降

你可能会好奇，这是否只适用于某些电阻值。毕竟在所给例子中，数学计算很顺滑，也许太顺滑了！在下面的练习中，我们将把示例电路中的一个电阻从 4 kΩ 换成 24 kΩ，你会看到基尔霍夫电压定律仍然成立。

练习 3-2：计算压降

给定图 3-11 中的电路，电流 I 是多大？每个电阻上的压降是多少？计算标注的电压 V_A、V_B、V_C 和 V_D，每个电压都是相对于电源负极测量的。

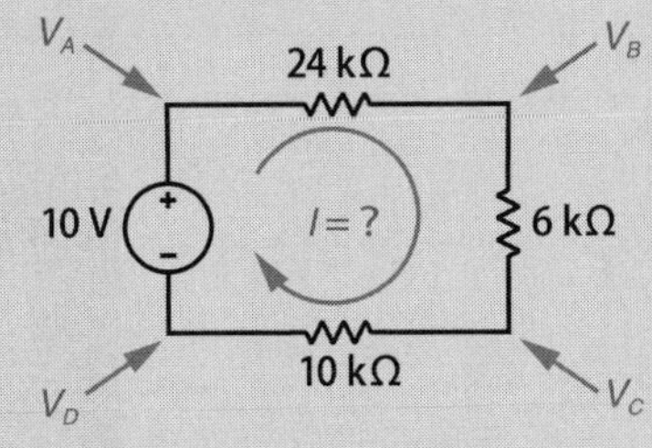

图 3-11　演示基尔霍夫电压定律的另一个电路

3.5　真实世界中的电路

现在，让我们看看如何在真实世界中搭建简单的 9 V/10 kΩ 电路（见图 3-4）。在图 3-12 的照片中，我用接线夹把 10 kΩ 的电阻连接到了 9 V 的电池上。

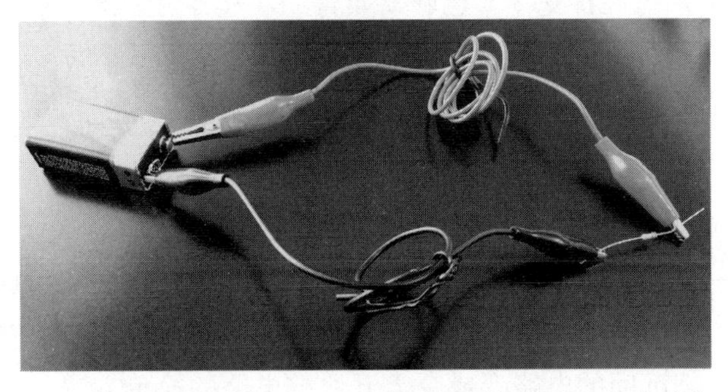

图 3-12　用接线夹把 10 kΩ 的电阻连接到 9 V 的电池上

这个方式是可以的，但是还有更好的方法来搭建电路。面包板是形成原型电路的基础。在历史上，使用那些用来烤面包的板子也是为了实现这种目的，现在的面包板和面包一点关系都没有！面包板（见图 3-13）可以方便地连接各种电子元件。

如图 3-13 所示，沿着面包板的边缘是较长的列，通常标注有 + 和 -。这些列一般也有颜色区分，红色是正，蓝色是负。这些边缘列的所有孔都是相连的，这些列用来为电路提供电源，所以电池或其他电源通常会连接到这些列。同样，那些行上一般会有 5 个孔（在图 3-13 中，行在边缘列的右边），它们也是相连的。只需把两个元件的连接端插入同一行就可以让这两个元件相连。不需要焊接、夹子和电工胶带！

图 3-14 展示的是把图 3-4 所示电路构建到面包板上的结果。

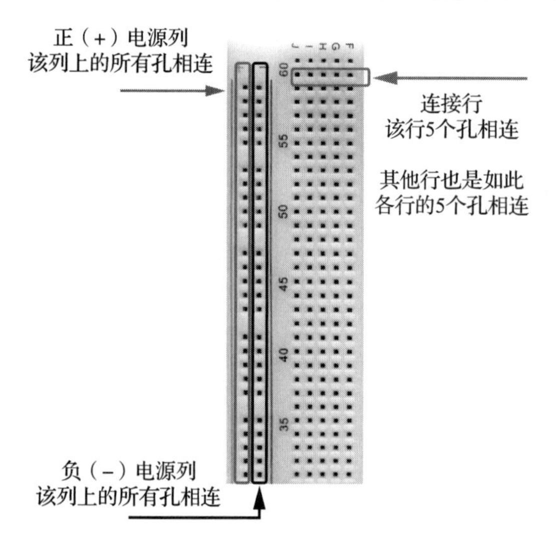

图 3-13　面包板的一部分

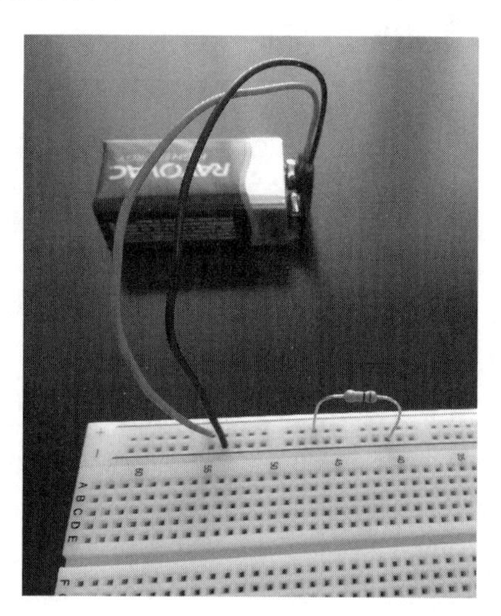

图 3-14　构建在面包板上的简单电路

如你所见，这是一种更整洁、更简单的连接电子元件的方法。我做了一点优化，即把电阻的两端插入电源列，直接把它与电池相连。

注意　请参阅设计 1 来完成本书的第一个设计任务！前面的练习要求你用脑力解决问题，而设计任务要求你做得更多，包括要获得一些硬件。当然，这需要一些努力和相关的成本，但我相信，亲自动手是真正理解本书概念的最好方法。翻到本章结束的地方，找到对应的设计，就可以自己搭建电路了！

3.6　发光二极管

目前我们所讨论的简单电路说明了电流和电压的基础知识，但它们没有任何有趣的视觉效果。我发现一个把沉闷的电路变成令人开心的电路的简单方法：添加一个发光二极管

（Light-Emitting Diode，LED）。图 3-15 的照片展示了一个典型的 LED。

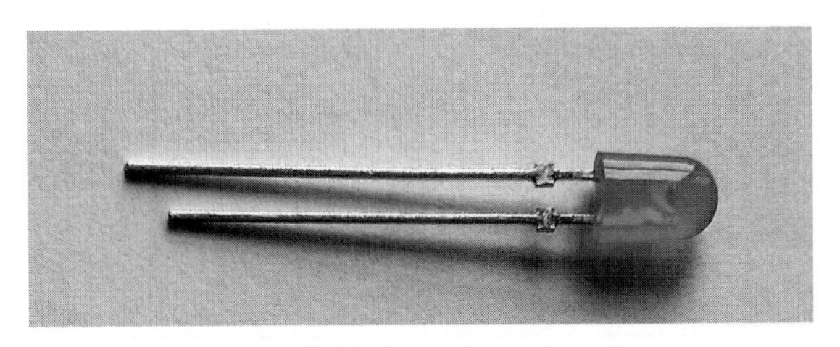

图 3-15 LED

我们先介绍一下 LED，然后再在电路上添加 LED。名称中的“发光”部分不言而喻：这是个能发光的电路元件。具体来说，它是一个发光的二极管。二极管是一种电子元件，它只允许电流沿一个方向流过。与允许电流在两个方向上流动的电阻不同，二极管在一个方向上有非常小的电阻（允许电流流动），而在另一个方向上有非常大的电阻（阻止电流流动）。LED 是一种特殊的二极管，当电流通过时会发光。LED 有多种颜色可以选择。LED 的电路图符号如图 3-16 所示。

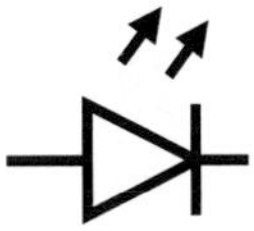

图 3-16 LED 的电路图符号

为了让 LED 发光，需要确保有一定大小的电流通过它。标准红色 LED 的最大额定电流约为 25 mA，我们不希望通过它的电流超过最大额定电流，因为这样会损坏 LED。我们把 20 mA 作为希望通过 LED 的电流大小。比这低的电流也能使其发光，但是 LED 不会那么明亮。

那么，我们怎么保证有一定大小的电流流经 LED 呢？我们只需要选择合适的电阻来限制电路中的电流即可。但是在这样做之前，你还需要了解 LED 的另一个特性——正向电压，它描述了当电流流经 LED 时电压下降了多少。典型的红色 LED 正向电压大约为 2 V。正向电压常常表示为 V_f。

如图 3-17 所示，我们的电路包括电池、LED 和限制电流的电阻。这个图还显示预期电流为 20 mA。

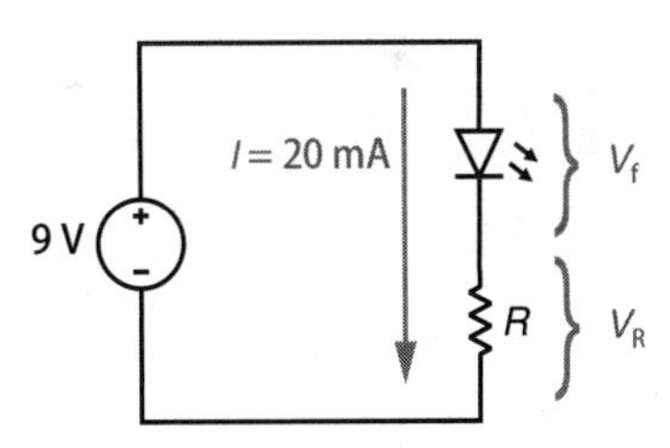

图 3-17 带 LED 的基本电路

在图 3-17 中，我们有一个 9 V 的电池、一个正向电压为 V_f 的 LED 和一个电阻值为 R 的电阻。电阻上的压降为 V_R。请记住，电阻上的压降随着流经该电阻的电流的变化而变化，这与 LED 不同，LED 上的压降是由其正向电压特性决定的。在前面只有一个电池和一个电阻的电路（见图 3-4）中，9 V 全部是电阻上的压降。现在，电路中有两个电子元件连接到电池，基尔霍夫电压定律告诉我们，LED 上会有部分压降，电阻承担其余的压降。提醒一下，你可以把电池看作电压提供者，而其他元件则是电压使用者。如果我们把这个应用到我们的电路（图 3-17）中，则有 $V_f + V_R = 9\ V$。

假设我们使用的是一个正向电压为 2 V 的标准 LED，那么 $V_R = 9\ V - 2\ V = 7\ V$。现在，我们用这些电压值更新一下电路图，如图 3-18 所示。

这样便只剩下一个未知数 R，即电阻的电阻值。我们可以用欧姆定律公式 $I = V/R$ 或 $R = V/I$ 来计算。可以得到：$R = 7\ \text{V}/20\ \text{mA} = 350\ \Omega$。有了这个，我们就有了确保有一定大小电流流经 LED 的最后一块拼图，即需要将一个 350 Ω 的电阻与电池和 LED 连接。

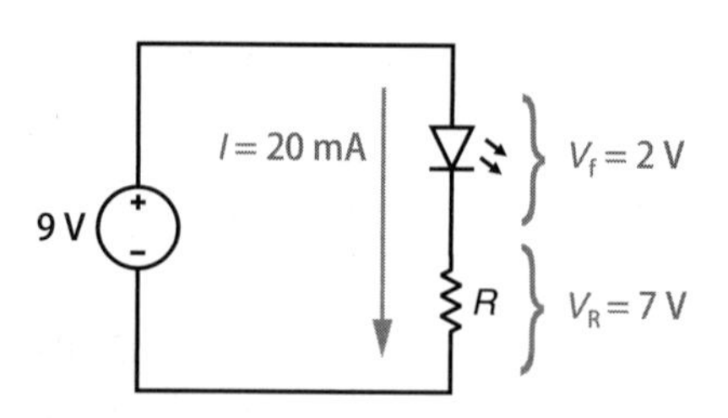

图 3-18　显示压降的带 LED 的基本电路

注意　请参阅设计 2 自行搭建一个 LED 电路并看着它亮起来！

3.7　总结

本章介绍了电路，它是现代计算设备的物理基础。你学习了电荷、电流、电压和电阻等电学概念。我们介绍了两个支配电路行为的定律——欧姆定律和基尔霍夫电压定律。你了解了电路图以及如何搭建自己的电路。理解电路的基础知识将有助于了解计算机工作原理。第 4 章介绍数字电路，它把二进制逻辑与电路结合在一起。

设计 1：搭建并测量电路

现在你了解的知识已经足够你搭建自己的电路了。没有比亲自尝试更好的学习方法了！首先，你需要一些硬件，所有的硬件都可以在网上购买，如果你离实体店比较近的话，也可以在本地实体店购买。本设计和下一个设计需要的元件如下：

- ❑ 面包板（400 孔或 830 孔模型均可）；
- ❑ 一组电阻（本设计需使用一个 10 kΩ 的电阻，而不是 10 Ω 的电阻，电阻值太低会产生过大的电流，这会让电路变得非常热）；
- ❑ 数字万用表（用来测量电路的电压、电流和电阻）；
- ❑ 9 V 的电池；
- ❑ 9 V 电池夹连接器（这使得连接电池很简单）；
- ❑ 至少一个 5 mm 或 3 mm 的红色 LED；
- ❑ 可选的剥线钳；
- ❑ 可选的接线夹（使用这些夹子可以更加轻松地把电池连接到面包板，或者把数字万用表连接到电路）；
- ❑ 可选的面包板跨接线（把这些连接到 9 V 电池夹线的末端，以便更容易插入面包板）。

即使使用低电压，电路元件也可能会摸上去烫手。考虑到这一点，建议在连接元件时断开电源（这里指电池），只在组装完电路后才连接电源。

得到全部元件后，就把它们连接在一起：

1）把 10 kΩ 电阻的任一端连接到正电源列。

2）把电阻的另一端连接到负电源列。

3）把电池夹的红线 / 正极线连接到面包板的正电源列。

4）把电池夹的黑线 / 负极线连接到面包板的负电源列。

5）把电池夹连接到 9 V 电池的末端。

9 V 电池夹的连线有时很容易损坏，这使得它很难插入面包板。如果你遇到这个问题，请尝试把跨接线的一端连接到脆弱的电池线，再把跨接线的另一端连接到面包板。你可以用电工胶带或接线夹（见图 3-19）把两条线连接在一起，如果你知道怎么用烙铁，你甚至可以把两条线焊在一起。如果你要尝试这些方法，请注意把负极和正极的金属线部分分开，这两部分不小心连接到一起会让电池短路，这会让电线发热，并迅速耗尽电池。

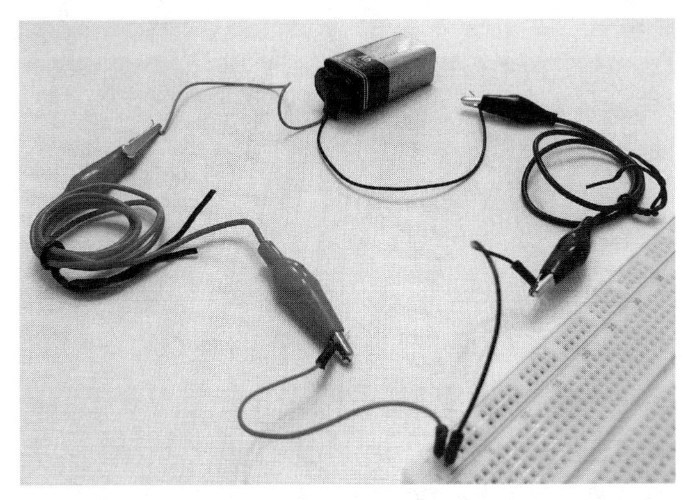

图 3-19 使用接线夹和跨接线连接脆弱的 9 V 电池夹连线

你可能好奇怎么确定电阻值。电阻采用颜色编码，条带表示乘数，颜色表示数值。网上有很多免费的电阻颜色编码计算器和图表，这里就不再赘述了。对于 10 kΩ 电阻，要查找条带顺序为棕色、黑色和橙色的电阻。第四个条带通常是金色或银色，表示制造商的公差，即允许的与规定值的偏差。

现在你已经搭建了自己的电路，但你怎么知道发生了什么？可惜的是，这个电路没有从视觉上表示它在工作，因此是时候拿出数字万用表来测量它的各种属性了。要使用数字万用表，需要两条测试引线（用于测量的连接线）。除非数字万用表的测试引线是硬连线，否则它可能会有两个或三个输入端来连接测试引线，如图 3-20 所示。

如图 3-20 所示，把一根引线连接到标识为 COM（意为“公共”）的输入端。通常，我们把黑色引线连接到 COM 端。如果万用表只有两个输入端，则只需要把第二根引线（一般颜色是红色）连接到第二个输入端。三输入端的万用表通常有一个 COM 输入、一个大电流输入和一个小电流输入。在本设计中，需要把第二根引线连接到小电流输入端——通常会标识它所支持的各种测量类型，比如 V Ω mA。一般，大电流输入端被标识为 A、10 A、10 A MAX，这不是你要用的输入端。有些数字万用表有四个输入端，如果是这种情况，你必须用与测量电压和电阻不同的输入端来测量电流。不论使用哪种类型的数字万用表，有问题都要查阅说明书。

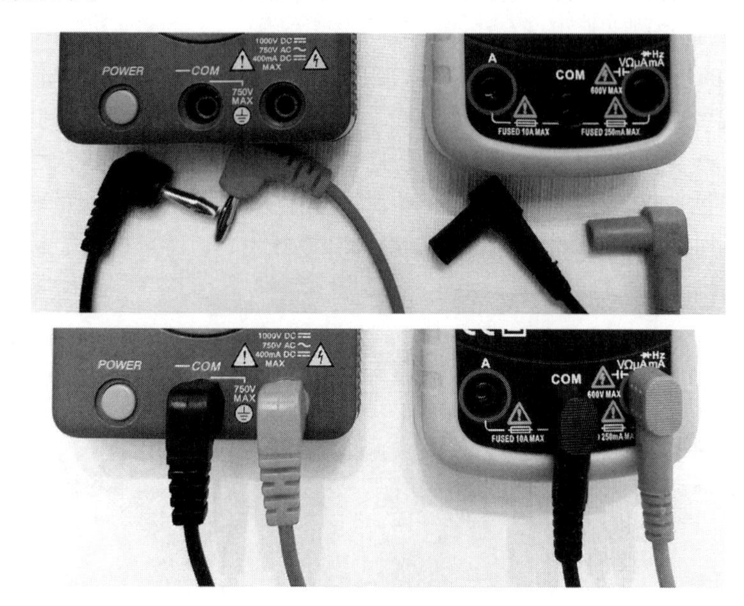

图 3-20　把测试引线连接到数字万用表（左侧万用表有 2 个输入端，右侧万用表有 3 个输入端）

数字万用表会提供一种方法来选择要测量的是电压、电流还是电阻。让我们从测量电压开始。把数字万用表设置为测量电压（DC）。这可能用 V 和它旁边的字母 DC 来表示，或者你可能会在 V 的旁边看到一组表示 DC 的虚实线（波浪线表示 AC）。

当你把数字万用表设置为读取 DC 电压后，就让两条引线分别接触电阻的两侧（金属对金属），以此来测量电阻两端的电压。请记住，始终测量的是两个点之间的电压，所以我们需要测量电阻两端的电压。由于我们用 9 V 电池为电路供电，且唯一存在的电路元件是电阻，所以预计电压测量值约为 9 V。在测量过程中，你可能会注意到数字万用表显示的值不断地有些小变化（通常是右边的最低有效数字在变化）。这是数字万用表的工作方式导致的，并非万用表或电路有问题。

现在尝试交换引线，把两条引线在电阻两侧的位置互换。你会看到电压值变成了负数（如果你之前测量的是负值，那么现在就为正值）。这是因为数字万用表测量的是电势差，它把连接到 COM 的引线看作 0 V，显示的测量值是另一根引线上的电势。在图 3-21 中，你可以看到我的电路的电压测量值为 9.56 V。这是对的，因为新电池的电压一般比标注的值要略高一点。

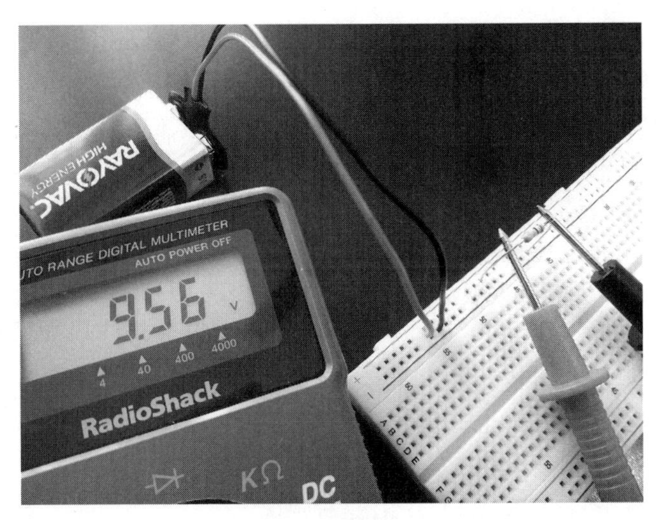

图 3-21　测量电压

接下来，我们测量电阻的值。首先，将数字万用表从电路断开，以防在改变设置时意外损坏。然后，把万用表设置为测量电阻，这一项可能标记为 Ω。在没有连接其他元件的情况下，数字万用表会在左侧显示 1 或 OL。这意味着电阻值太大而无法显示——空气的电阻值非常高！让数字万用表的引线相互接触，则显示值应为 0。要测量电阻的值，需要把它与电池断开，但是如果有帮助的话，你可以让它与面包板保持连接。为了确保读到准确的数值，要避免在测量时接触电路元件和引线的金属部分，如果接触了，你身体的电阻可能会改变读取的值。你可以在图 3-22 中看到我的电阻的测量值，即 9.88 kΩ。我使用的电阻有棕色、黑色和橙色条带（表示 10 000 Ω），之后是金色条带（表示 5% 的公差），所以这个测量值看起来不错。也就是说，9.88 kΩ 在 10 kΩ 的 5% 以内。

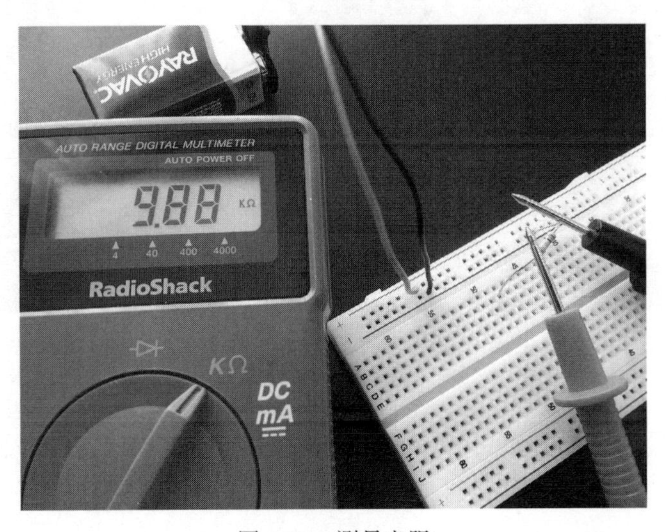

图 3-22　测量电阻

到了这一步，你就知道了电压和电阻的测量值，所以可以用欧姆定律来计算预期电流了。对于我的电路，电流是 9.56 V/9880 Ω ≈ 0.97 mA。在测量电路中的电流之前，先用测量的电压值除以测量的电阻值，这样就可以看到预期有多大的电流会流经电路。

现在，测量通过电路的电流，看看它与计算的电流有多接近。测量电流与测量电压和电阻有些不同。为了让数字万用表能测量电流，需要让电流流过万用表。换句话说，万用表要成为电路的一部分，如图 3-23 所示。

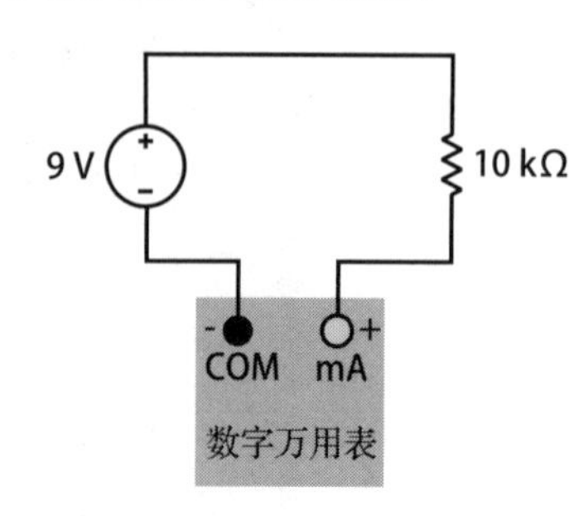

图 3-23　测量电流时如何连接数字万用表

请记住，在把数字万用表设置为测量 DC 电流之前，要让它与电路断开。DC 电流符号可能是带有 DC（或一组表示 DC 虚实线）的 A 或 mA。有些万用表具备独立的设置来测量 DC 或 AC，在这种情况下，表示符号可能会同时出现一条直线和一条波浪线。在万用表正确设置后，把它连接到电路中，如图 3-23 所示。

希望你的测量值接近于你的计算结果。如图 3-24 所示，我的电流测量值为 0.97 mA，这与之前的计算结果一致。

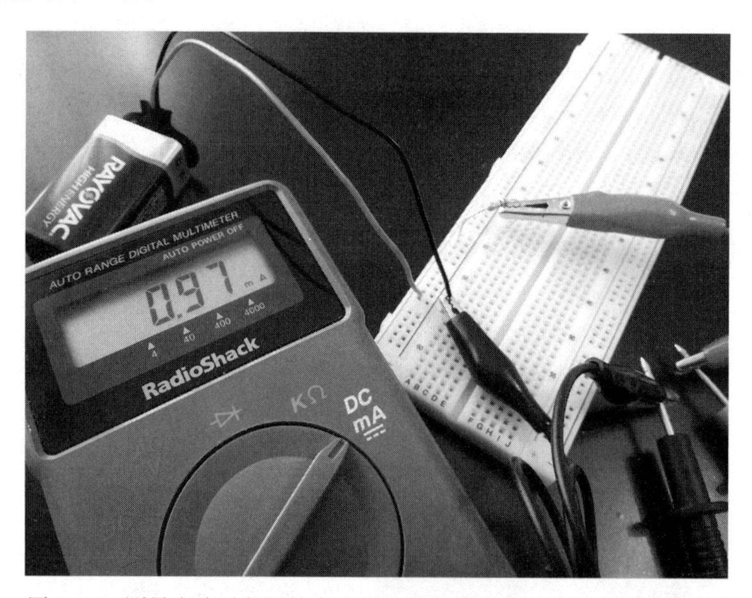

图 3-24　测量电流（电阻的右边和电池的黑色线不用连接到面包板）

如果你一直动手做到这里，那么恭喜你！你刚刚搭建并测量了一个电路，至少你知道了如何搭建并测量电路。不过，你可能会觉得有点乏味。我明白这种感觉。老实说，除了优秀的教学价值之外，这个电路是有点无聊和无用！在下一个设计中，我们做一些更有趣的实践。

设计 2：搭建简单的 LED 电路

现在来搭建一个 LED 电路并使它亮起来！假设你已经做过了前面的设计，知道如何将 9 V 电池夹连接到面包板，本设计中要把 10 kΩ 的电阻换成更适合这个电路的电阻。根据 3.6 节中的计算，我们发现需要一个 350 Ω 的电阻来产生 20 mA 的电流。如果查看各种电阻，便会发现不太可能找到 350 Ω 的电阻，能找到的最接近的电阻是 330 Ω 的。

我们需要用多个电阻才能得到 350 Ω，但这有必要吗？330 Ω 是否足够接近了呢？让我们一起找出答案。如果我们保留 9 V 的电池，并仍假设电阻两端的电压为 7 V，那么根据欧姆定律可知，通过电路的电流将是 $I = V/R = 7\text{ V}/330\ \Omega \approx 21.2\text{ mA}$。这很好，因为典型的红色 LED 的最大额定电流约为 25 mA。

值得指出的是，你购买的 LED 的特性可能与我描述的特性不同。如果你的 LED 有数据说明表，那么请检查这些规格并计算：LED 实际的最大或期望电流是多少？LED 的实际正向电压是多少？请注意，这通常会随着 LED 的颜色而变化。

在搭建电路之前，你还要了解一件关于 LED 的事情。电阻的电流可从任意一侧流过，但 LED 被设计为只允许电流沿一个方向经过，所以你需要区分 LED 的两端。阳极的引线一般较长，阴极的引线一般较短，如图 3-25 所示。电流从阳极流向阴极。

得到计算结果后，你就知道要使用的电阻是多大，按照下面的步骤连接元件，电路图如图 3-26 所示。

1）暂时断开 9 V 电池和面包板的连接。

2）把 LED 的长引线连接到正电源列。

3）把 LED 的短引线连接到负电源列。

4）把电阻的一端连接到 LED 短引线所在行。

5）把电阻的另一端连接到负电源列。

6）重新把 9 V 电池连接到面包板。

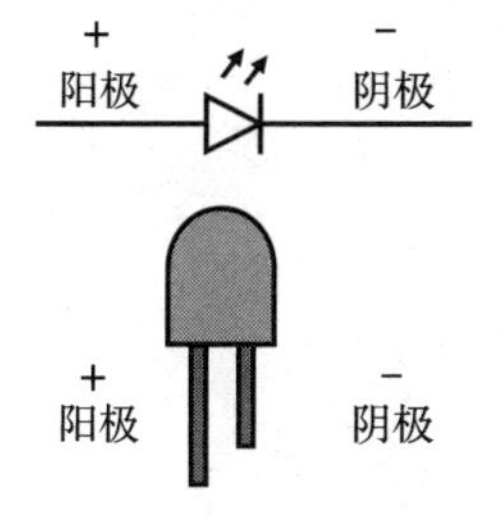

图 3-25 LED 的阳极和阴极

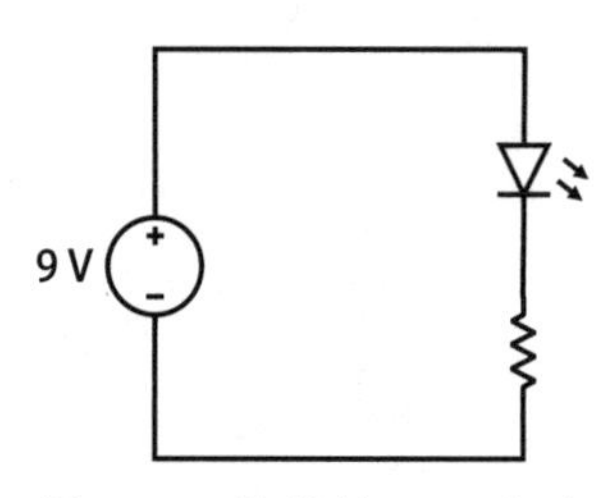

图 3-26 简单的 LED 电路

图 3-27 是我的 LED 的照片，它按照前面的描述连接。看看这光芒！希望你的 LED 在电路完成时也能亮起来。

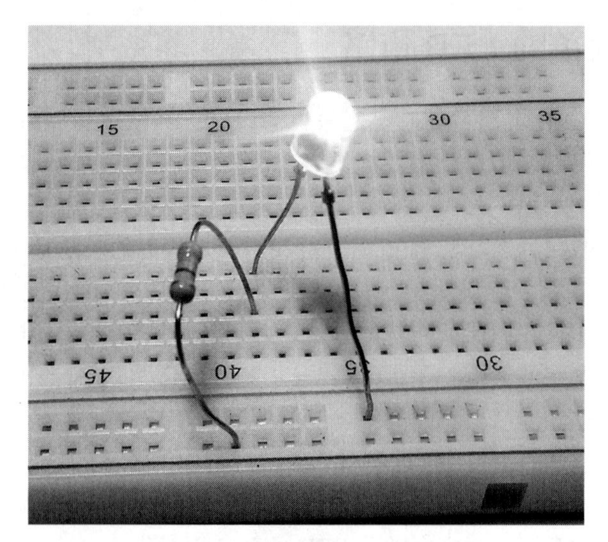

图 3-27　发光的 LED，这里没有展示连接的电池

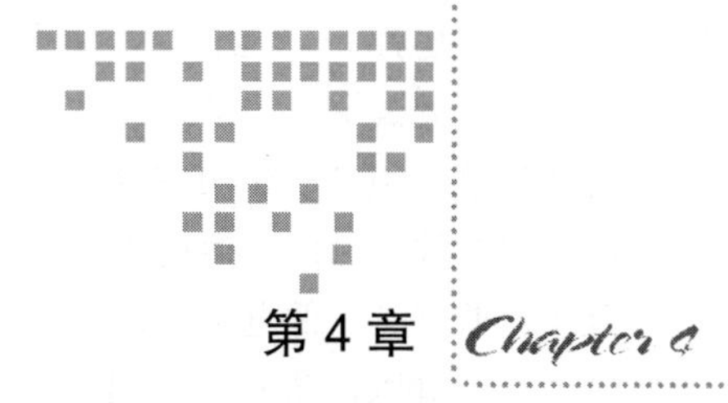

第 4 章 Chapter 4

数字电路

到目前为止，我们已经介绍了计算机的两个方面。首先，计算机在 0/1 二进制系统中工作。其次，计算机是建立在电路上的电子设备。现在，是时候把这两个方面结合起来了。本章将定义数字电路的含义。我们将研究实现数字电路的方法，探讨晶体管在其中所扮演的角色。最后，我们将研究逻辑门和集成电路，它们是我们将在后面章节介绍的更复杂组件的构建块。

4.1 什么是数字电路

你可能已经注意到，我们在第 3 章搭建的电路不是数字电路——它们是模拟电路。在这些电路中，电压、电流和电阻的值可以在很大范围内变化。这并不奇怪：我们的世界本身就是模拟世界！不过，计算机是在数字领域中工作的，要理解计算机，就需要了解数字电路。如果我们想让电路是数字的，首先必须在电子学的背景下定义其含义，这样我们就可以利用模拟组件来搭建数字电路。

数字电路处理表示有限状态的信号。本书涉及的是二进制数字电路，所以只考虑 0 和 1 两种状态。我们一般用电压来表示数字电路中的 0 或 1，其中 0 表示低电压，1 表示高电压。通常，“低电压”意味着 0 V，“高电压”往往是 5 V、3.3 V 或 1.8 V，具体值取决于电路的设计。实际上，数字电路不需要精确的电压来记录 1 或 0，相反，常常是用某电压范围来记录 1 或 0。例如，在标称 5 V 的数字电路中，2～5 V 之间的任何电压都被记录为 1，0～0.8 V 之间的任何电压都被视为 0。任何其他电压等级都会导致电路的未定义行为，应该避免。

一般，接地是数字电路中的最低电压，电路中所有其他的电压相对于接地而言都是正的。如果数字电路由电池供电，我们就认为电池的负极是接地的。其他类型的 DC 电源也是这样的，负极被认为是接地的。

当说到数字电路中的 0 和 1 时，会出现大量的术语和缩写，它们表示的意思都是一样的。这些术语常常可以互换使用。下面是一些常见的表示 0 和 1 的术语：

- 0：低电压、低电平、LO、关、接地、GND、假；
- 1：高电压、高电平、HI、开、*V*+、真。

4.2 用机械开关实现逻辑运算

现在我们已经确定了用高电压和低电压表示数字电路中的 1 和 0，接下来就考虑如何构建一个数字电路。我们想要一个电路，其输入和输出电压始终是预定的高值或低值，或者至少在允许范围之内。为了完成这个任务，我们引入一个非常简单和熟悉的电路元件：机械开关。开关很有用，因为它本质上就是数字化的。它要么闭合，要么断开。当开关闭合时，它就像一根单纯的铜线，电流可以自由通过。当开关断开时，它就像一个开路，没有电流通过。我们用图 4-1 所示的符号表示开关。

图 4-1　开关的电路图符号——断开（左），闭合（右）

开关符号传递了这样一个想法，即当开关断开时是开路；当开关闭合时是闭合电路。你可以把开关符号或开关本身看成可以打开或关闭的栅栏门。当开关闭合时，电流流经开关。在真实世界中，开关有各种形状和大小，如图 4-2 所示。

图 4-2　一些开关

注意图4-2，离我们最近的两个开关是按钮，你可能不会把它们当作开关。按钮也称为瞬时开关，因为只有在按下按钮的时候开关才会闭合。释放按钮上的压力，开关就会断开。

现在我们已经引入了一个容易打开和关闭的电路元件，就让我们用开关来构建一个数字电路，使其行为类似于AND运算符。如果你还记得第2章的内容的话，那么就会知道，仅当两个输入都为1时，逻辑AND的输出才为1，否则输出都为0。提醒一下，表4-1重复给出了AND的真值表。

表4-1　AND真值表

A	*B*	输出
0	0	0
0	1	0
1	0	0
1	1	1

现在，我们按照下面的规则把它转换成电路：

- 输入 *A* 和 *B* 用机械开关表示。用打开的开关表示0，用关闭的开关表示1。
- 输出由电路中特定点的电压决定，称为 V_{out}。
- 如果 V_{out} 近似为5 V，输出就是1，如果 V_{out} 近似为0 V，输出就是0。

考虑图4-3所示的电路，这是用开关实现的逻辑AND。

只要图4-3中的任何一个开关是断开的（0），就没有电流流动，V_{out} 为0 V。只要两个开关都是闭合的（1），就能形成一条接地的路径，电流流动，V_{out} 为5 V。也就是说，如果 *A* 和 *B* 都是1，那么输出就为1。

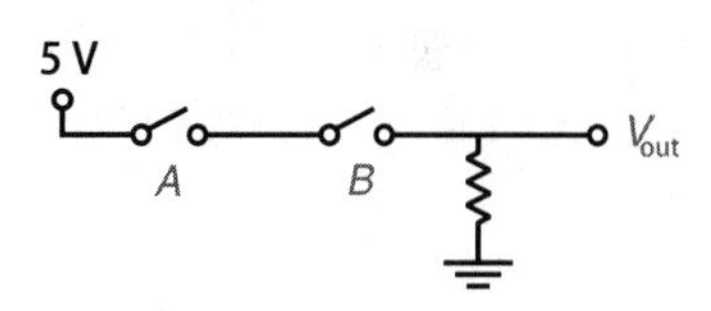

图4-3　用开关实现的逻辑AND

让我们对逻辑OR采用同样的方法。OR的真值表如表4-2所示。

看一下图4-4中的电路，这是用开关实现的逻辑OR。

表4-2　OR真值表

A	*B*	输出
0	0	0
0	1	1
1	0	1
1	1	1

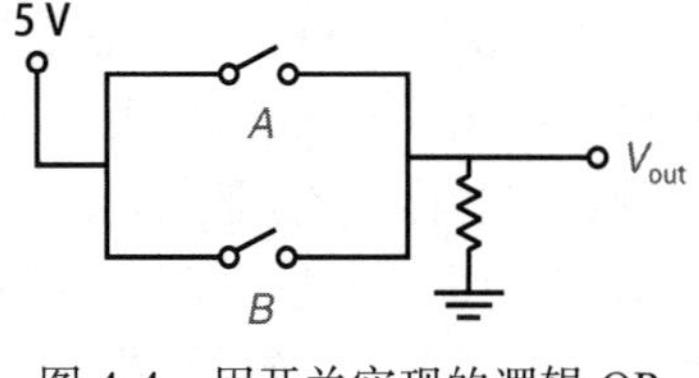

图4-4　用开关实现的逻辑OR

在图4-4中，当两个开关都断开（0）时，没有电流经过，V_{out} 为0 V，即逻辑0。当任何一个开关闭合（1）时，就会有电流经过，V_{out} 为5 V。也就是说，如果 *A* 或 *B* 是1，那么输出就是1。

4.3　神奇的晶体管

在我们设计数字电路的任务中，刚才讨论的基于开关的电路是一个很好的起点。但是，在计算机设备中，我们实际上不能使用机械开关。计算机的输入数量巨大，通过切换开关来控制这些输入不是很好的设计。此外，计算机设备需要把多个逻辑电路连接到一起，使一个电路的输出成为另一个电路的输入。要实现这一点，开关需要电气控制，而不是机械控制。我们不想要机械开关，想要电子开关。幸运的是，有个电路元件可以当作电子开关：晶体管！

晶体管是一种控制电流通断（开关功能）或放大电流的器件。在这里，我们重点关注晶体管的开关功能。晶体管是现代电子产品（包括计算机设备）的基础。晶体管主要有两种类型：双极结晶体管（Bipolar Junction Transistor，BJT）和场效应晶体管（Field-Effect Transistor，FET）。这两种类型的差异与我们这里的讨论无关，为了简单起见，我们只关注一种类型：BJT。

BJT 有三个端子：基极、集电极和发射极。BJT 有两种类型：NPN 和 PNP。两者的差异在于它们对基极电流应用的响应方式。在这里，我们关注的是 NPN BJT。图 4-5 给出了 NPN 晶体管的电路图符号和照片。

在 NPN 晶体管中，在基极施加小电流可使更大的电流从集电极流向发射极。换句话说，如果我们把晶体管当作开关，那么在基极施加电流就像打开晶体管一样，而移除电流就像关闭晶体管。让我们看看晶体管怎样用作电子开关，如图 4-6 所示。

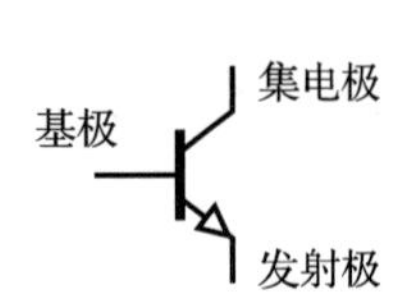

图 4-5　NPN 晶体管的电路图符号（左）和照片（右）

图 4-6　用作开关的 NPN 晶体管

在图 4-6 中，NPN 晶体管连接了一对电阻。V_{cc} 是施加到集电极的正电源电压。它为电路供电。V_{cc} 中的“cc”代表“公共集电极”（common collector），V_{cc} 是 NPN 电路中正电源电压的典型名称。V_{out} 是我们想要控制的电压，我们希望当作为开关的晶体管打开时，这个电压为高电压，当这个开关关闭时，这个电压为低电压。V_{in} 充当开关的电气控制电压。我们可以用电压 V_{in} 来控制开关，而不是像开闭机械元件那样控制开关。

让我们考虑一下，如果把 V_{in} 设置为低电压或高电压时会发生什么。如果 V_{in} 为低电压（如接地时），那么没有电流经过晶体管的基极。由于基极没有电流，因此晶体管集电极和发射极之间开路。这意味着 V_{out} 也为低电压，如图 4-7 所示。

图 4-7 的左边是我们正在讨论的晶体管电路，右边是表示同样状态的开关电路。换句话说，左边的电路实际上和右边的一样，右边只是用开关替换了晶体管，以表明在这种状态下，晶体管就像是断开的开关。

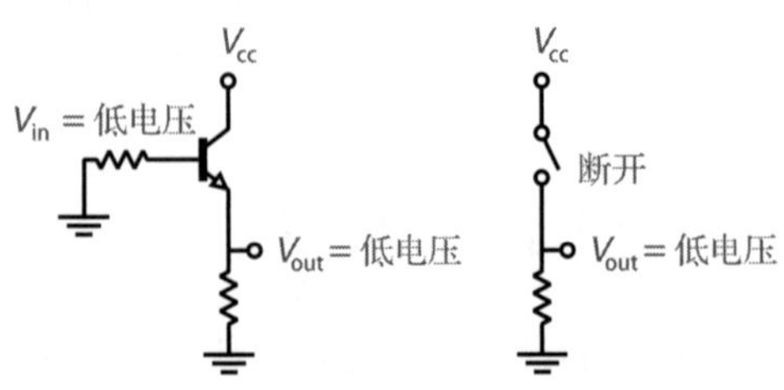

图 4-7　NPN 晶体管如处于断开状态的开关

如果 V_{in} 为低电压，那么没有电流经过；如果 V_{in} 为高电压，那么电流流向晶体管的基极。这个电流使得晶体管把电流从集电极传导到发射极。这意味着 V_{out} 有效连接到 V_{cc}，所以输出为高电压，如图 4-8 所示。

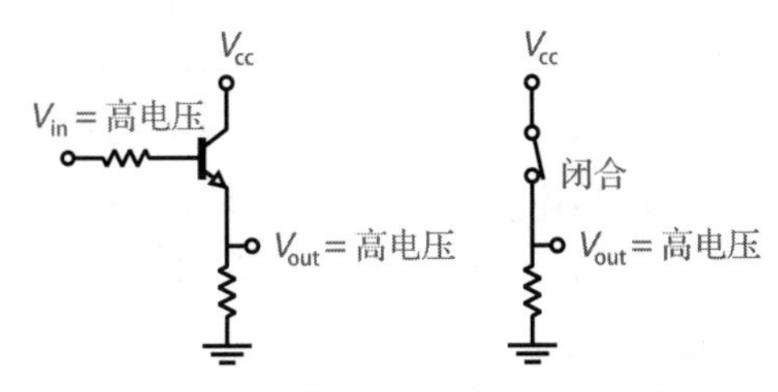

图 4-8　NPN 晶体管如处于闭合状态的开关

图 4-8 的左边是我们正在讨论的晶体管电路，右边是具有同样状态的开关电路，在这种状态下，晶体管就像是闭合的开关。

4.4　逻辑门

现在我们已经确定了晶体管可以当作电控开关，可以搭建电路组件来实现逻辑功能，其中的输入和输出可以是高电压和低电压。这种组件称为逻辑门。让我们从之前设计的 AND 电路开始，并用晶体管替换机械开关。这样做的好处是只需要改变电压就能修改电路的输入，不再需要拨动机械开关。虽然机械开关是人类和电路交互的好方法，但电子开关允许多个电路相互交互——一个电路的输出可以很容易成为另一个电路的输入。

前面我们用机械开关搭建了一个 AND 电路（见图 4-3）。现在，我们用晶体管作为开关完成同样的事情，如图 4-9 所示。

在图 4-9 中，如果 V_A 和 V_B 是高电压（逻辑 1），那么电流流经两个晶体管，V_{out} 也为高电压（逻辑 1）。如果 V_A 和 V_B 是低电压（逻辑 0），那么没有电流流动，V_{out} 也为低电压（逻辑 0）。这个电路实现了逻辑 AND。

可以用类似的方法以晶体管实现逻辑 OR。我把它作为练习和设计任务留给你。

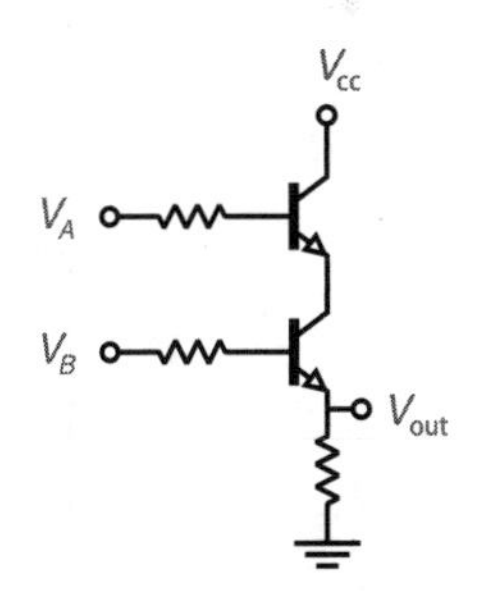

图 4-9　用晶体管实现的逻辑 AND

练习 4-1：用晶体管设计逻辑 OR

画出逻辑 OR 电路的电路图，用晶体管作为输入 *A* 和输入 *B*。采用图 4-4 所示的机械开关电路，但要用 NPN 晶体管代替开关。方案参见附录 A。

注意 请参阅设计 3，用晶体管搭建逻辑 AND 和逻辑 OR 的电路。

我们刚才看到了如何用晶体管和电阻搭建逻辑门，即实现逻辑功能的电路。从现在开始，我会隐藏实现逻辑门的细节，把整个门看作一个电路组件。这不仅是观察逻辑门的理论方法，也是这些电路元件实际的使用方法。我们可以购买已经组装好并物理封装成一个组件的逻辑门，所以，一般没必要使用晶体管自己搭建逻辑门，除非是在教学练习时。各种逻辑门已经被定义了标准电路图符号，你可以在图 4-10 中看到一些常用的逻辑门电路图符号。

类型	符号	真值表
AND	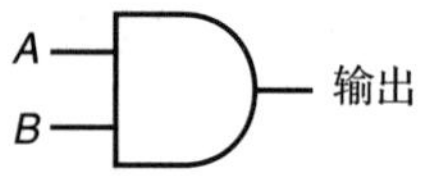 A, B → 输出	A B 输出：0 0 0；0 1 0；1 0 0；1 1 1
OR	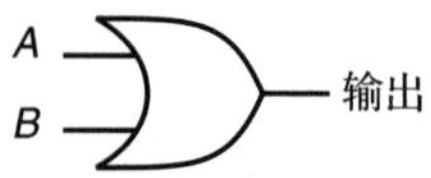 A, B → 输出	A B 输出：0 0 0；0 1 1；1 0 1；1 1 1
NAND	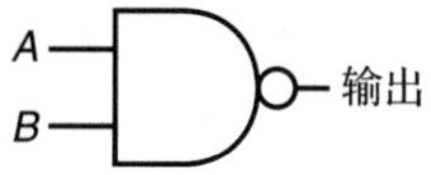 A, B → 输出	A B 输出：0 0 1；0 1 1；1 0 1；1 1 0
NOR	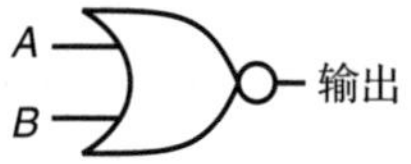 A, B → 输出	A B 输出：0 0 1；0 1 0；1 0 0；1 1 0
NOT	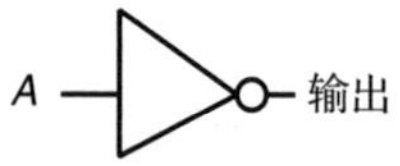 A → 输出	A 输出：0 1；1 0
XOR	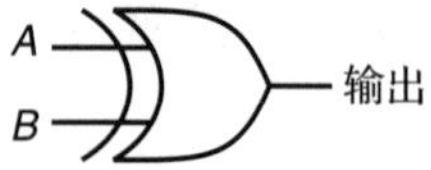 A, B → 输出	A B 输出：0 0 0；0 1 1；1 0 1；1 1 0

图 4-10 常用逻辑门电路图符号

在查看图 4-10 中的各种逻辑门时，请注意加在符号上的小圈圈，它代表的是 NOT 或取反。NOT 门是最简单逻辑门，它只有一个输入，其输出就是这个输入的取反结果，所以，输入 1 变成 0，输入 0 变成 1。NAND 门的输出和 NOT AND 是一样的，它的输出是常规

AND 门输出的取反结果。NOR 也是如此，因此你会在逻辑门中看到小圈圈，它代表 NOT 或取反。

在继续讨论其他内容之前，让我们先暂停一下，反思一下我们刚才讨论的某些方面。首先，我们研究了逻辑门内部是如何工作的。其次，我们使用这个设计，打包封装，并赋予其名称和表示符号。我们有意隐藏了电路的实现细节，同时继续记录其预期行为。我们把逻辑门的设计细节放入所谓的“黑盒”中，“黑盒”指一种已知输入和输出，但隐藏内部细节的元件。这种方法的另一个术语是封装，这是一种隐藏组件内部细节，但同时记录如何与该组件交互的设计选择。

封装是一种贯穿现代技术的设计原则。当组件设计人员希望他人能方便地使用自己的创造并能在其上进行其他构建，同时还无须完全了解其实现细节时，就会使用封装。这种方法还允许在“盒子”内部进行改进，只要输入和输出继续保持相同的行为，盒子就能像之前一样继续使用。封装的另一个优点是团队可以在大型项目上合作，并将项目的一部分封装起来。这使得每个人不需要了解每个组件的所有细节。在逻辑门中封装晶体管是本书中的第一个封装例子，但随着我们学习的推进，你将会多次看到它。

4.5 用逻辑门进行设计

在第 2 章中，我们看到了如何把多个逻辑运算符组合起来以构成更复杂的逻辑语句。现在，我们把这个思路扩展到逻辑门。一旦写好了逻辑语句或真值表，就能用逻辑门在物理上把这个逻辑实现成硬件。我们把这个原则应用到之前为如下语句创建的真值表（见表 2-6）上：

```
IF it is sunny AND warm, OR it is my birthday, THEN I am going to the beach.
```

我们把它简化为

```
(A AND B) OR C
```

现在把这个语句用逻辑门表示为图，如图 4-11 所示。

如果 *A* 和 *B* 都是 1，那么 AND 门的输出将为 1。AND 门的输出和 *C* 一起作为 OR 门的输入。如果 AND 输出或 *C* 为 1，那么整个输出将为 1。

当我们按照输出是当前输入的函数这种方式来组合逻辑门时，这种电路被称为组合逻辑电路。也就是说，一组特定的当前输入总是能产生相同的输出。时序逻辑电路与之相反，时序逻辑电路的输出是当前输入和之前输入的函数。第 6 章将会介绍时序逻辑电路。现在，自己动手尝试设计一个电路，使其表示练习 4-2 描述的逻辑表达式。

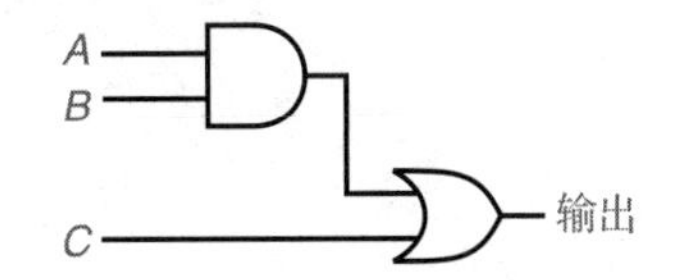

图 4-11 （*A* AND *B*）OR *C* 的逻辑门图

> **练习 4-2：用逻辑门设计一个电路**
>
> 在练习 2-5 中，你创建了（*A* OR *B*）AND *C* 的真值表。现在，以此为基础把真值表和逻辑表达式转换成电路图。为这个使用逻辑门的电路画出逻辑门图（类似于图 4-11 中的那个）。答案参见附录 A。

4.6 集成电路

如前所述，已有公司制造销售即用型数字逻辑门。硬件设计人员可以购买这些逻辑门，并以此为基础搭建自己的硬件逻辑电路，而无须担心门电路的内部是如何工作的。这些逻辑门是集成电路的一个例子。集成电路（Integrated Circuit，IC）在一个硅片上包含了多个组件，封装后具有外部电接触点或引脚。IC 也称为芯片。

本书主要研究双列直插式封装（Dual In-line Package，DIP）的 IC，它有具备两排平行引脚的矩形外壳。这些引脚间隔排列，所以它们可以方便地插在面包板上。制造商用微型晶体管制作 IC，这种晶体管比图 4-5 所示的分立晶体管小得多。分立组件是只包含一个元件（比如电阻或晶体管）的电子设备。和用分立晶体管制作的电路相比，IC 会让同样的小电路运行更快，价格更低。

我们之前讨论的使用电阻和晶体管的逻辑电路被称为电阻 – 晶体管逻辑（Resister-Transistor Logic，RTL）电路。制造商用这种方法制作了早期的数字逻辑电路，但后来它们采用了其他方法，其中就包括二极管 – 晶体管逻辑（Diode-Transistor Logic，DTL）和晶体管 – 晶体管逻辑（Transistor-Transistor Logic，TTL）。TTL 电路中最流行的是 7400 系列。这个系列的集成电路包含了逻辑门和其他数字组件。自 20 世纪 60 年代推出以来，7400 系列及其后代仍然是数字电路的标准。我将重点关注 7400 系列，以便为你提供如何使用集成电路的真实例子。

让我们研究一个特定的 7400 系列集成电路。图 4-12 所示的是包含了 4 个 OR 门的 7432 芯片。

图 4-12　双列直插式封装的 SN7432N 集成电路，右侧为插在面包板上的效果

7432 IC 封装有 14 个引脚。每个 OR 门需要 3 个引脚，所以 4 个门就需要 12 个引脚，再加上 1 个正电源电压（V_{cc}）引脚和 1 个接地引脚，总共是 14 个引脚。说到电压，7400 系列的工作电压 V_{cc} 是 5 V。也就是说，高电压（逻辑 1）理想状态下是 5 V，低电压是 0 V。但实际上介于 2 V 到 5 V 之间的任何输入电压都被视为高电压，介于 0 V 到 0.8 V 之间的任何电压都被视为低电压。

从图 4-12 可以看到，7432 封装每边有 7 个引脚，可以整齐地插入面包板。当把这样的芯片插入面包板时，要保证芯片跨在面包板中心的缝隙上，以确保直接相对的引脚（比如引脚 1 和引脚 14）之间不会意外连接。注意封装上的半圆形凹口，它能告诉你在识别引脚时芯片的方向。

图 4-13 给出了封装内的电路排布。这是个引脚图——标记组件电接触点或引脚的图。这种图的目的是展示组件的外部连接点，不过，引脚图一般不会记录电路的内部设计。

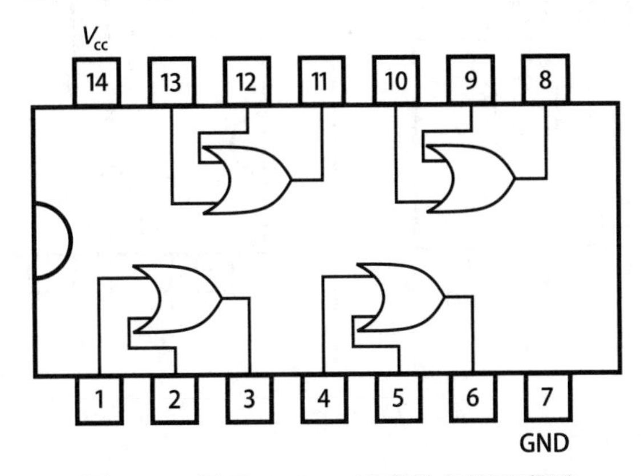

图 4-13 展示 7432 IC 引脚排布的引脚图

假设你想使用 7432 IC 4 个 OR 门中的一个，而且你选择了图 4-13 引脚图中左下方的门（连接引脚为 1、2 和 3）。要使用这个门，需要按照表 4-3 来连接引脚。

表 4-3 连接 7432 IC 中的单个门

引脚	连接
1	这是 OR 门的 *A* 输入，连接到 5 V 取 1，连接到 GND 取 0
2	这是 OR 门的 *B* 输入，连接到 5 V 取 1，连接到 GND 取 0
3	这是 OR 门的输出，期望它为 5 V 时取 1，为 GND 时取 0
7	接地
14	连接 5 V 电源

7400 系列包含上百个组件。这里不会全部都介绍，但图 4-14 给出了该系列中 4 个常见逻辑门的引脚排布。你可以快速在线搜索到其他 7400 IC 的引脚排布。

有了这些集成电路的引脚图后，你现在就掌握了物理构建练习 4-2 中设计的电路所需的知识。

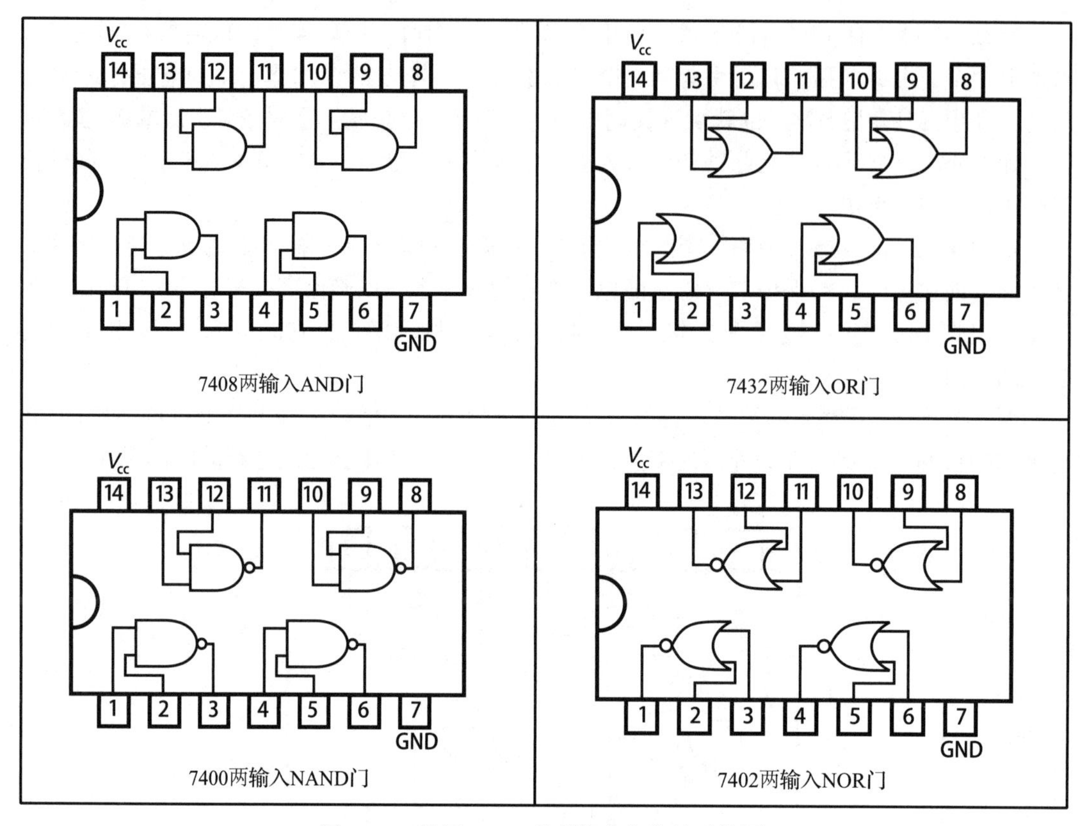

图 4-14　常用 7400 系列集成电路的引脚图

注意　请参阅设计 4，搭建实现逻辑表达式（*A* OR *B*）AND *C* 的电路。

4.7　总结

本章介绍了二进制数字电路，这是一种用高低电压表示逻辑 1 或 0 的电路。你学习了开关如何被用于在物理电路中构建逻辑运算，比如 AND。我们介绍了使用机械开关的局限性，并引入了一种可以用作电控开关的新电路元件——晶体管。你了解了逻辑门，一种实现逻辑功能的电路元件。我们以 7400 系列为例介绍了集成电路。

第 5 章将探索如何用逻辑门搭建电路以实现计算机的基本功能——算术运算。你会看到当简单的逻辑门一起使用时，可以实现更复杂的功能。我们还将介绍如何用有符号数和无符号数来表示计算机中的整数。

设计3：用晶体管实现逻辑运算

在这个设计中，你将用晶体管构建逻辑AND和逻辑OR的物理电路。为了搭建这些电路，你需要下列组件：

- ❑ 面包板（400孔或830孔模型）；
- ❑ 各种电阻；
- ❑ 9 V电池；
- ❑ 9 V电池夹连接器；
- ❑ 5 mm或3 mm红色LED；
- ❑ 跨接线（用于面包板）；
- ❑ 两个晶体管（TO-92封装的2N2222型，也称为PN2222）。

在开始连接组件之前，你应该知道有些晶体管和集成电路是静电敏感型设备，这意味着它们可能会被静电放电损坏。你是否有过在地毯上行走，然后在触摸东西的时候感受到静电冲击的经历？这种电流变化对电子元件来说可能是致命的。即使静电对你来说小到无法察觉，也会损坏电子元件。

电子行业的专业人员通过佩戴接地腕带、在防静电区工作，以及穿特殊服装来避免这个问题。大多数业余爱好者不会遵循这样的预防措施，但你至少要意识到静电放电损坏晶体管和集成电路的风险。在处理静电敏感型设备之前，尽量避免静电积聚，并触摸接地表面（如固定插座盖的螺丝钉）来释放静电。

现在让我们回到手头的设计上。TO-92封装的2N2222有3个引脚。如果使晶体管的平面朝向你，引脚向下，那么左边的引脚就是发射极，中间的引脚是基极，右边的引脚是集电极（见图4-5）。你还可以在线搜索“2N2222 TO-92”，了解关于这个特定晶体管更多的详细信息。

按照图4-15，用9 V电池、晶体管、电阻和LED搭建AND电路。

*A*和*B*应连接到9 V（1）或接地（0）以测试输入。当预期输出为1时，LED应亮起。表4-1给出了各种输入组合的预期输出。请记住，图中的+9 V表示连接到电池的正极，接地符号表示连接到电池的负极。同时还要记住，LED只允许电流沿一个方向流动，所以要确保较短的引脚接地。如果你的电路没有按预期的工作，请查阅附录B的“电路故障排除”部分。

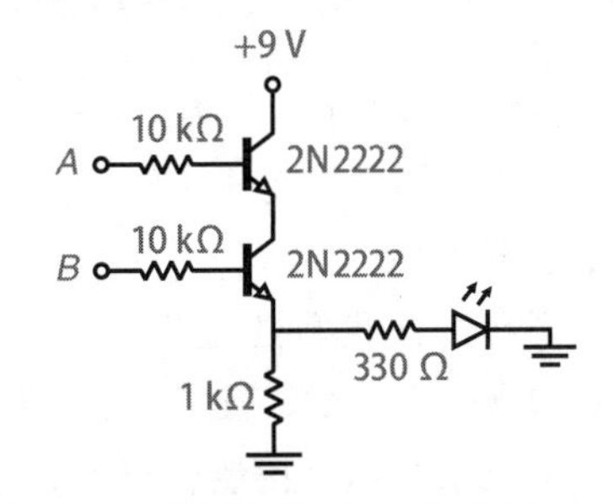

图4-15　用建议的电池、晶体管、电阻和输出LED搭建的AND电路

搭建的电路应该如图4-16所示。当然，你在面包板上的具体元件布局可能和我的不一样。

当你有了一个能用的AND电路后，让我们转向类似的OR电路。按图4-17用9 V电池、晶体管、电阻和LED搭建OR电路。

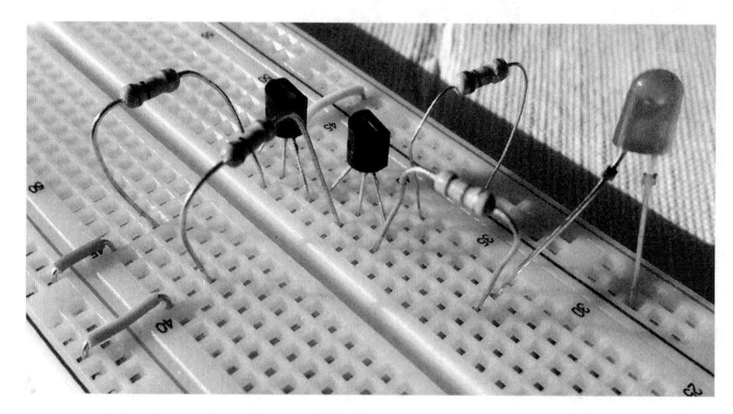

图 4-16　在面包板上搭建的图 4-15 中的 AND 电路

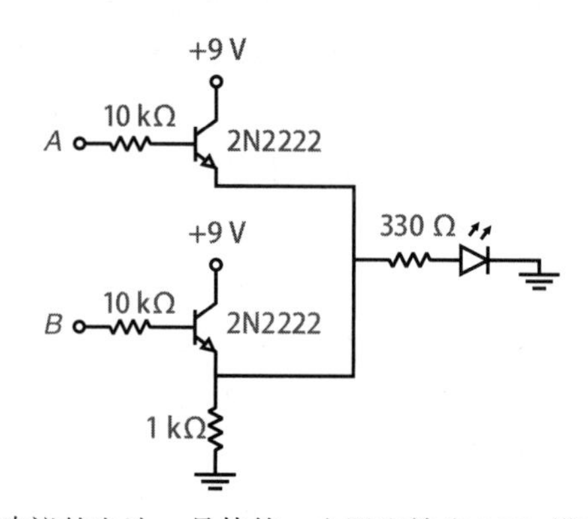

图 4-17　用建议的电池、晶体管、电阻和输出 LED 搭建的 OR 电路

和前面的电路一样，*A* 和 *B* 应连接到 9 V（1）或接地（0）以测试输入。当预期输出为 1 时，LED 应亮起。表 4-2 给出了各种输入组合的预期输出。

设计 4：用逻辑门构建电路

在练习 4-2 中，你为（*A* OR *B*）AND *C* 画了电路图。如果你跳过了这个练习，我建议你回去把这个练习做一下。练习结果应类似于图 4-18。

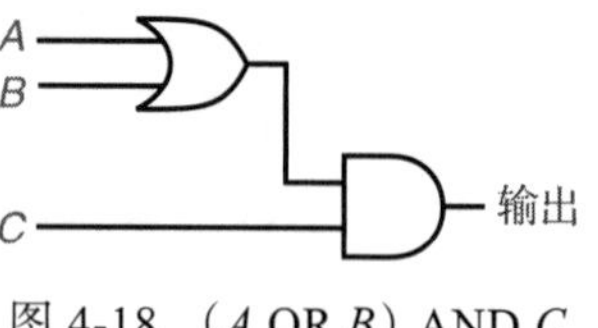

图 4-18　（*A* OR *B*）AND *C* 的逻辑门图

现在，让我们搭建这个电路！把输出引脚连接到 LED（记住也包含一个电阻），这样便可以看到输出是 0 还是 1。3 个输入（*A*、*B*、*C*）可以直接连接到 5 V 电源正极或接地。尝试连接不同的输入组合，以确保逻辑电路是按预期工作的。

对于这个设计，你需要下列组件：

❑ 面包板；

- LED；
- 与 LED 一起使用的限流电阻，约为 220 Ω；
- 跨接线；
- 7408 集成电路（含 4 个 AND 门）；
- 7432 集成电路（含 4 个 OR 门）；
- 5 V 电源；
- 3 个适合面包板的按钮或滑动开关（用于附加设计）；
- 3 个 470 Ω 的电阻（用于附加问题）。

由于这个电路需要的是 5 V 电源，而不是 9 V 电源，请查阅附录 B 以了解如何设置。

你可能已经注意到了，组件列表建议使用 220 Ω 电阻，而不是我们之前使用的 330 Ω 电阻。这是因为电源电压从 9 V 降到了 5 V。如同第 3 章描述的，电路所需要的具体电阻将取决于所用 LED 的正向电压。也就是说，这个电阻的值不必精确。你可以使用 220 Ω。200 Ω 或 180 Ω 的电阻都很容易得到。图 4-19 中的连线图给出了搭建该电路的详细信息。

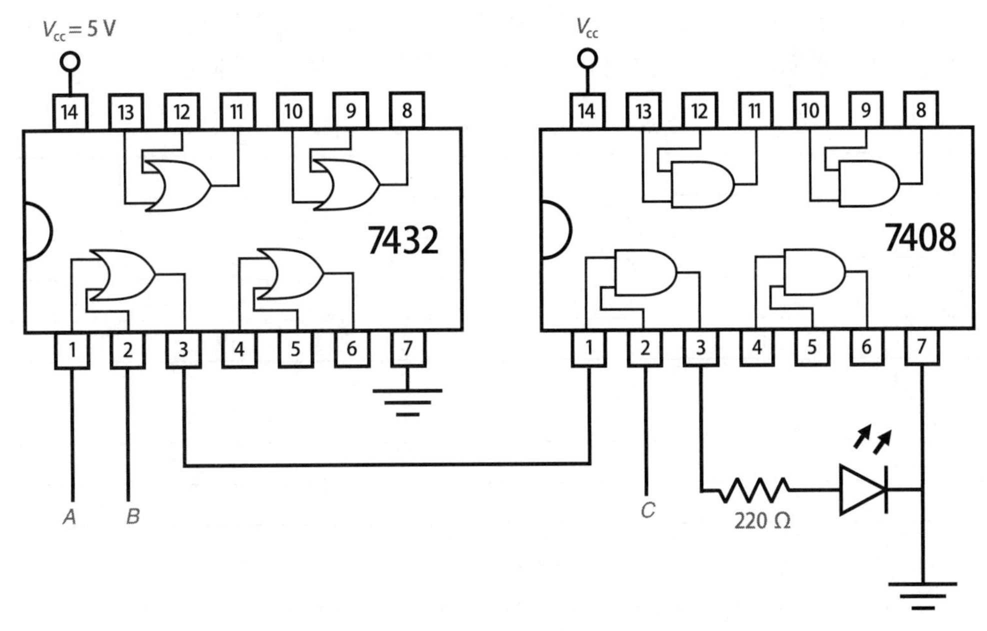

图 4-19 （*A* OR *B*）AND *C* 的电路连线图

请记住，一旦芯片放置到面包板上，其引脚就会与整行孔进行电气连接。还要记得放置集成电路时，要让它们跨越面包板中心的间隙，以确保直接相对的引脚不会意外连接。如果是在面包板上搭建的话，完整的电路将类似于图 4-20 所展示的。

请注意，在图 4-20 中，7432 IC 在左侧，7408 在右侧。在这个特定的布局中，顶端的正电源列连接到 5 V，底部的负电源列接地，但是照片里没有显示出来。还要注意的是，这里输入 *A*、*B* 和 *C* 是断开的，它们需要接地或接 5 V 以测试各种输入。

图 4-20　在面包板上实现（*A* OR *B*）AND *C*，输入 *A*、*B* 和 *C* 保持断开

搭建完这个电路后，你可以尝试各种输入组合，以确保逻辑电路是按预期工作的。把输入连接到 5 V 表示逻辑 1，输入接地表示逻辑 0。根据表 4-4 给出的（*A* OR *B*）AND *C* 的真值表检查电路的行为。如果电路没有按预期工作，请查阅附录 B 排除故障。

表 4-4　（*A* OR *B*）AND *C* 的真值表

A	*B*	*C*	输出
0	0	0	0
0	0	1	0
0	1	0	0
0	1	1	1
1	0	0	0
1	0	1	1
1	1	0	0
1	1	1	1

手动在接地和 5 V 之间移动输入线并不理想。更好的设计是把输入 *A*、*B* 和 *C* 连接到机械开关，这样就能方便地改变输入，而不用重新接线。作为附加设计，让我们增加一些机械开关来控制输入。你的第一反应可能是把开关放在输入和 V_{cc} 之间，如图 4-21 所示，当闭合开关时，就把该输入连接到 5 V，即逻辑 1。

可惜的是，图 4-21 展示的方法有问题。开关闭合时电路按预期工作，但开关断开时不是。你可能希望开关断开会在输入 *A* 产生 0 V，但事实并非如此。当开关断开时，输入 *A* 的电压“浮动”，其值不可预测。请记住图 4-21 的输入 *A* 代表 7432 OR 门的输入引脚。这个输入

图 4-21　开关位于 V_{cc} 和输入之间。提示：别这样做

被设计连接高电压或低电压，让它断开会使逻辑门处于未定义的状态。我们要为开关连线，以便当这个开关断开时出现可预测的低电压。如图4-22所示，我们可以使用下拉电阻来实现这一点，下拉电阻也是一种普通电阻，用于在输入未连接高电压时“拉”低输入。

我们来考虑如图4-22所示增加了下拉电阻后会发生什么。要了解7432集成电路的输入在各种条件下的响应，我们可以查看制造商数据表中描述的电压和电流特性。这里不做详细介绍（你可以在网上查找7432芯片的数据表），总之，当开关断开时，有小电流从输入A经过电阻流到接地引脚。

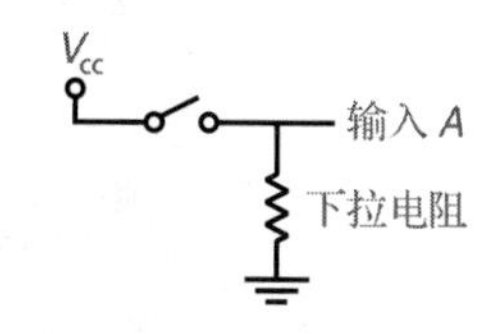

图4-22 使用下拉电阻保证数字输入正确

如果我们使用低阻值的电阻，从输入A流出的电流就会使输入的电压足够低，可以记录为逻辑0。当开关闭合时，输入直接连接到V_{cc}，输入将会是逻辑1。对于74LS系列组件（见附录B），阻值为470 Ω或1 kΩ的下拉电阻一般都适用于逻辑门输入。之所以推荐这些值，是因为它们通常可用且容易满足我们的要求。阻值高于1 kΩ的电阻不能可靠地用作74LS组件的下拉电阻。当使用下拉电阻时，你可以搭建带开关的完整电路，如图4-23所示。

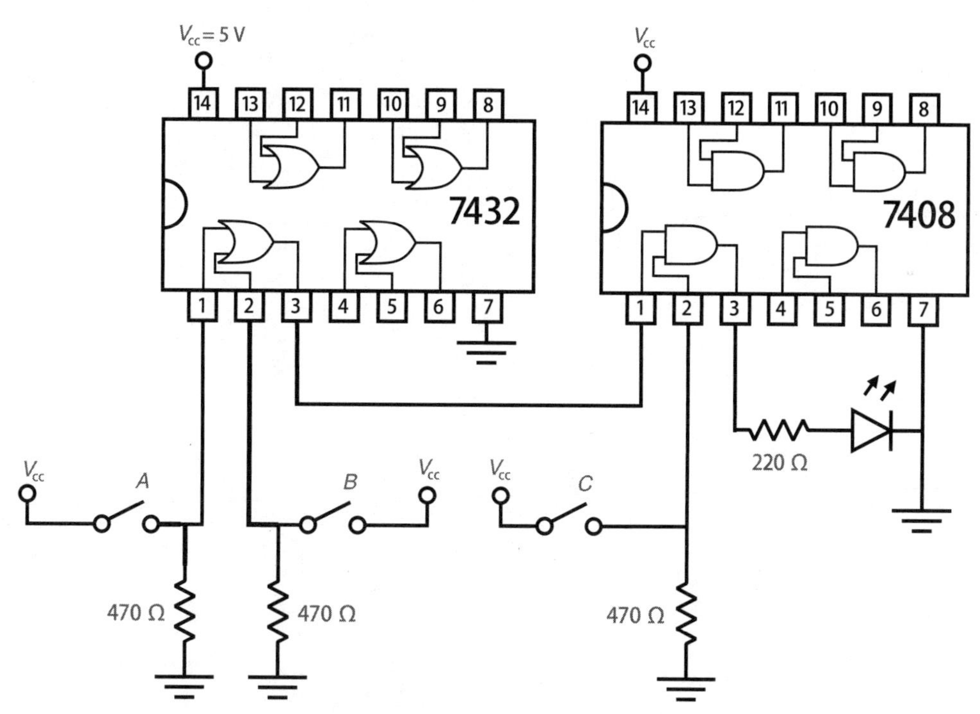

图4-23 （A OR B）AND C的连线图，添加开关以控制输入

如果是在面包板上搭建的话，完整的电路将类似于图4-24所示。在我的电路中，我用按钮作开关。如果碰巧你仔细观察了，你可能会看到照片中的下拉电阻的阻值是1 kΩ，与图4-23中建议的470 Ω不同，但两者都可以工作。

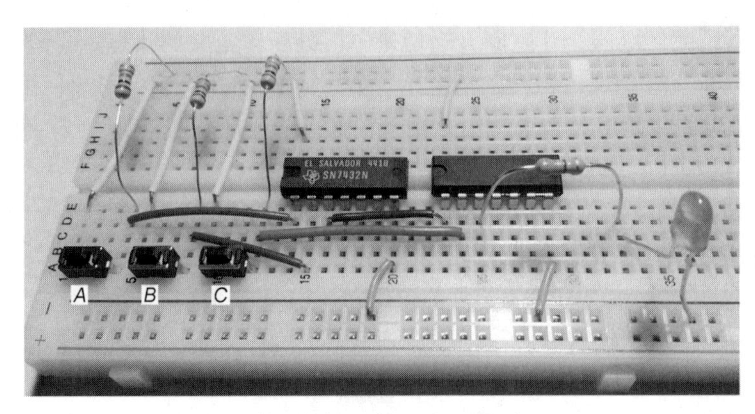

图 4-24　在面包板上实现（*A* OR *B*）AND *C*

按图 4-24 搭建好电路后，请务必检查输入的各种组合，看看是否匹配表 4-4 所给的（*A* OR *B*）AND *C* 真值表。如果电路没有按预期的工作，请查阅附录 B 部分排除故障。

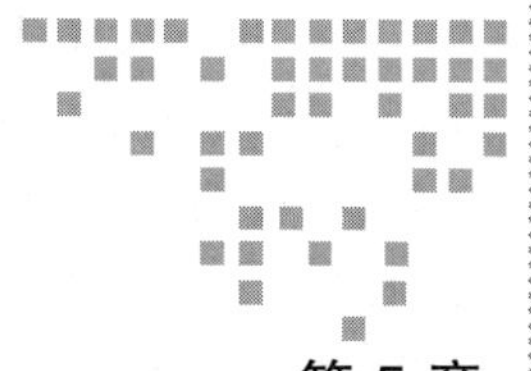

第5章 Chapter 5

数字电路中的算术运算

在第4章中，我们介绍了数字电路和逻辑门，它们能让我们用硬件实现逻辑表达式。在本书的前面，我们把计算机定义为可以通过编程来执行一组指令的电子设备。在本章中，我将通过展示简单的逻辑门是如何为计算机执行的运算铺平道路，把这些概念连接起来。我们将讨论所有计算机都会执行的一种运算——加法运算。首先，我们复习二进制加法的基础知识。然后，我们用逻辑门搭建加法运算硬件，演示计算机中简单的门如何协同工作来执行有用的操作。最后，我们将讨论计算机中有符号和无符号整数的表示。

5.1 二进制加法

让我们来看看二进制中加法的基础知识。加法的基本原理在所有的位值系统中都是一样的，所以你已经有了一个良好的开端，因为你已经知道如何在十进制中进行加法运算！与其讨论抽象概念，不如举个具体的例子：将两个二进制4位数0010和0011相加，如图5-1所示。

和在十进制中一样，我们从最右边的位置（称为最低有效位）开始，把两个值相加（见图5-2），这里是0+1=1。

```
  0010
+ 0011
  ????
```

图5-1 两个二进制数相加

```
  0010
+ 0011
  ???1
```

图5-2 两个二进制数的最低有效位相加

现在向左移动一位，再把这些值相加，如图5-3所示。

如图 5-3 所示，这个位置需要计算 1+1，这给我们带来一个有趣的转折。在十进制中，我们用符号 2 表示 1+1，但在二进制中我们只有两个符号：0 和 1。在二进制中，1+1 等于 10（解释参见第 1 章），需要用两个位来表示，但一个位置上只能有 1 位，所以将 0 放在当前位置上，将 1 进位到下一个位置，如图 5-3 所示。现在，我们可以移到下一个位置（见图 5-4），当我们相加这些位时，必须也把前一个位置的进位加进来，由此得到 1 + 0 + 0 = 1。

最后，我们将最高有效位相加，如图 5-5 所示。

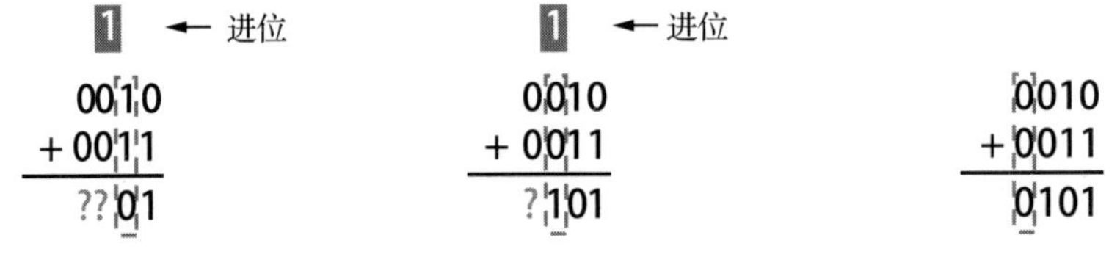

图 5-3　2 的位置相加　　图 5-4　4 的位置相加　　图 5-5　8 的位置相加

当所有位都加完后，便得到了完整的二进制结果 0101。检查结果正确与否的一种方法是全部转换成十进制，如图 5-6 所示。

二进制		十进制
0010		2
+ 0011	→	+ 3
0101		5

图 5-6　两个二进制数相加，然后将各数及结果全部转换成十进制

如图 5-6 所示，二进制答案（0101）和预期的十进制答案（5）一致。很简单！

练习 5-1：练习二进制加法

你现在可以练习一下刚刚学到的知识。尝试进行下列加法运算：

0001+0010 = ________

0011+0001 = ________

0101+0011 = ________

0111+0011 = ________

幸运的是，不管基数是什么，加法的运算方式都是一样的。基数之间唯一的不同是有多少符号可以使用。二进制使得加法特别简单，因为每个位置上的加法运算总是恰好产生两个输出位，每个位都只有两种可能的值：

- 输出 1　为 0 或 1 的和数位（S），表示加法运算结果的最低有效位。
- 输出 2　为 0 或 1 的进位位（C_{out}）。

5.2　半加器

假设我们想要构建一个数字电路，把两个二进制数的某个位置加起来。开始时，我们关注最低有效位。将两个数的最低有效位相加只需要两个二进制输入（称为 A 和 B），其二进制输出是一个和数位（S）和一个进位位（C_{out}）。我们把这样的电路称为半加器。图 5-7 展示了半加器符号。

为了说清楚半加器是如何与我们之前的两个二进制数相加示例相适应的，图 5-8 把这两个概念联系了起来。

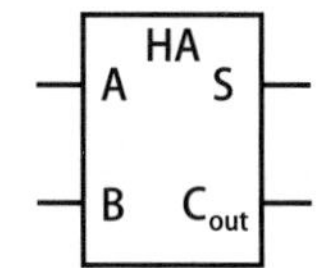

图 5-7　半加器符号

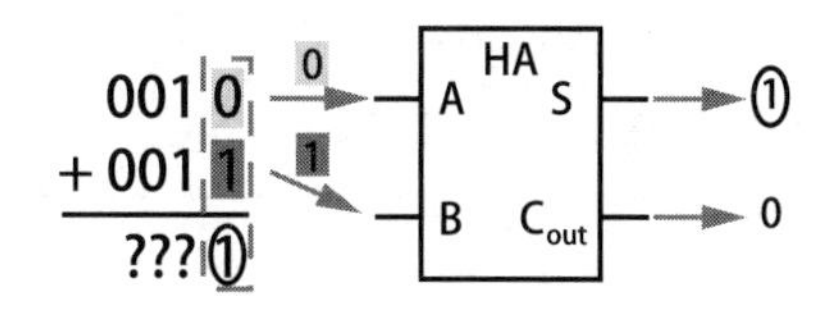

图 5-8　半加器的运作

如图 5-8 所示，第一个数的最低有效位是输入 A，第二个数的最低有效位是输入 B。和数是一个输出 S，进位也是一个输出。

半加器的内部可以实现为一个组合逻辑电路，所以我们可以用真值表描述它，如表 5-1 所示。注意，A 和 B 是输入，而 S 和 C_{out} 是输出。

表 5-1　半加器真值表

输入		输出	
A	B	S	C_{out}
0	0	0	0
0	1	1	0
1	0	1	0
1	1	0	1

让我们来看看表 5-1 中的真值表。0 加 0 得 0，无进位。0 加 1(或 1 加 0）得 1，无进位。1 加 1 得 0，进位为 1。

现在，怎样用数字逻辑门来实现它呢？如果单看一个输出，那么解决方案很简单，如图 5-9 所示。

只看图 5-9 的输出 S 的话，可以发现它与 XOR 门的真值表（参见第 4 章）完全匹配。只看 C_{out} 的话，可以发现它与 AND 门的输出匹配。因此，仅用 XOR 和 AND 两个门就可以实现半加器，如图 5-10 所示。

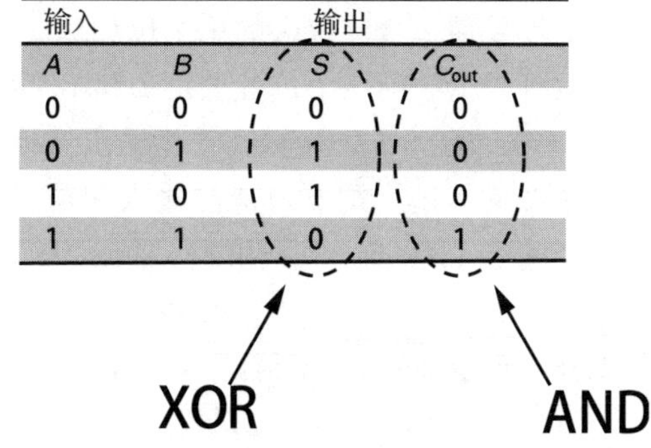

图 5-9　半加器真值表的输出分别匹配 XOR 和 AND

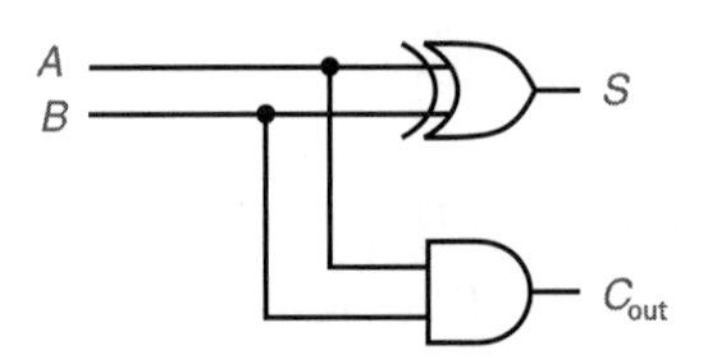

图 5-10 用 XOR 和 AND 两个逻辑门实现的半加器

如图 5-10 所示，数字输入 A 和 B 充当 XOR 门和 AND 门的输入。这两个门产生所需的输出 S 和 C_{out}。

注意 参阅设计 5 搭建半加器电路。

5.3 全加器

半加器可以处理两个二进制数的最低有效位加法运算。但是，每个后续位都需要一个额外的输入：进位位 C_{in}。这是因为，除了最低有效位之外，每个位都需要处理一种情况，即前一个位的加法运算产生了进位，这个进位反过来又成为当前位的进位。增加 C_{in} 输入需要新的电路设计，我们把这种电路称为全加器。如图 5-11 所示，全加器的符号类似于半加器的符号，不同之处仅在于多了一个额外的输入 C_{in}。

图 5-12 给出了一个单个位二进制加法与全加器关系的例子。

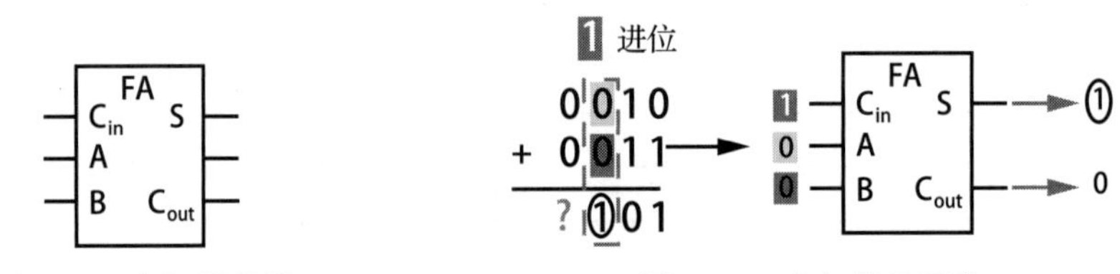

图 5-11 全加器符号

图 5-12 全加器的运作

全加器处理包含进位位的单个位加法。在图 5-12 所示的例子中，我们进行 4 的位置上的加法运算。由于前一个位置上是 1 和 1，因此产生进位 1。在当前位置，全加器接收 3 个输入（$A=0$，$B=0$，$C_{in}=1$），产生输出 $S=1$ 和 $C_{out}=0$。

为了全面了解全加器可能的输入和输出，我们可以使用真值表，如表 5-2 所示。这个表有 3 个输入（A、B、C_{in}）和 2 个输出（S、C_{out}）。花点时间考虑一下各种输入组合对应的输出。

怎样实现全加器呢？顾名思义，全加器可以通过两个半加器来实现（见图 5-13）。

表 5-2　全加器真值表

输入			输出	
A	*B*	C_{in}	*S*	C_{out}
0	0	0	0	0
0	0	1	1	0
0	1	0	1	0
0	1	1	0	1
1	0	0	1	0
1	0	1	0	1
1	1	0	0	1
1	1	1	1	1

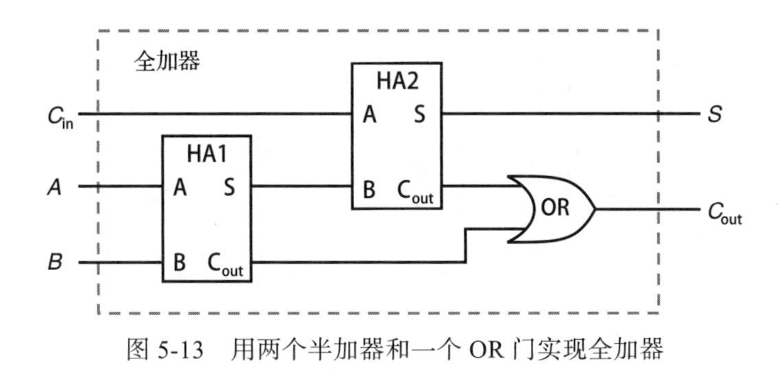

图 5-13　用两个半加器和一个 OR 门实现全加器

全加器的和数位输出（*S*）应该是 *A* 和 *B* 的和（可以用一个半加器 HA1 计算）再加上 C_{in}（可以用第二个半加器 HA2 计算），如图 5-13 所示。

全加器还需要输出进位位。事实证明，这实现起来很简单，因为如果任何一个半加器的进位为 1，那么全加器中 C_{out} 的值就是 1。因此，我们可以用一个 OR 门来实现，如图 5-13 所示。

这也是封装的一个例子。电路构造好后，就可以在不知道具体实现细节的情况下使用全加器功能了。下一节将介绍如何使用全加器和半加器来实现多位数的加法。

5.4　4 位加法器

全加器允许我们执行两个 1 位数再加上一个进位位的加法。这为我们提供了搭建电路的构建块，使电路能进行多个位的二进制数加法。现在，我们把几个 1 位加法器电路组合起来构成一个 4 位加法器。最低有效位用半加器（因为它不需要进位位），其他位用全加器。如图 5-14 所示，我们把加法器串在一起，这样每个加法器的进位输出就会接入后续加法器的进位输入端。

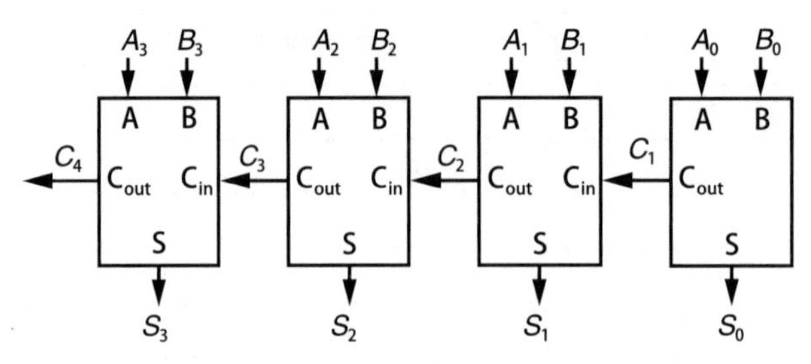

图 5-14　4 位加法器

为了和人们书写数字的方式一致，图 5-14 把最低有效位放在右边，且计算流程是从右到左的。这就意味着我们的加法器框图的输入和输出位置将和前面展示的不同，不要让它迷惑了你！

在图 5-15 中，我用这个 4 位加法器重新计算了之前的例子：0010 + 0011。

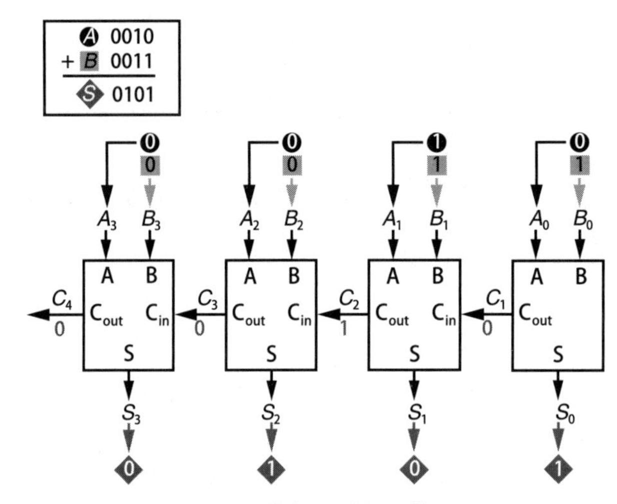

图 5-15　4 位加法器的工作过程

在图 5-15 中，我们可以看到输入 A（0010）和输入 B（0011）是如何被送入每个加法器单元的，从右边的最低有效位开始，一直移动到左边的最高有效位。你可以按从右到左的顺序来处理图中的计算流程。首先将最右边的 0（A_0）和 1（B_0）相加，结果为 1（S_0），进位为 0。

最右边加法器的进位输出为 C_1，接入下一个加法器，这个加法器会将 1（A_1）和 1（B_1）以及进位 0 相加。结果为 0（S_1）和进位 1（C_2）。继续这个过程，直到最左边的加法器完成运算为止。最终结果是一组输出位 0101（S_3～S_0）和一个进位 0（C_4）。如果需要处理更多的位，那么可以通过合并更多全加器来扩展图 5-15 中的设计。

这种类型的加法器需要让进位位以波纹方式通过电路。因此，我们称这个电路为行波进位加法器。每个进位位传递到下一个加法器都会引入一个小延迟，所以扩展这种设计来处理更多位会让电路变慢。在全部进位位都传播到位之前，电路的输出是不准确的。

7400 系列 IC 提供了多个版本的 4 位加法器。如果你需要 4 位加法器，那么可以使用这样的 IC，不必用单个逻辑门来构建加法器。

现在暂停一下，考虑考虑刚才讨论的内容的更广泛的含义。你已经学习了如何构建 4 位加法器，但这和计算有什么关系？回想一下，计算机是可以通过编程来执行一组逻辑指令的电子设备。这些指令包含了算术运算指令，而且我们刚刚看到了如何把用晶体管构建的逻辑门组合起来执行其中一种运算（加法运算）的。我们把加法作为计算机运算的一个具体例子进行了介绍，尽管本书不做详细讨论，但是你也可以用逻辑门实现其他基本的计算机运算。这就是计算机的工作方式——让简单的逻辑门协同工作来完成复杂的任务。

5.5　有符号数

到目前为止，本章只关注了正整数，但是如果我们也想处理负整数，该怎么办呢？我们需要考虑怎样在计算机这样的数字系统中表示负整数。计算机中的所有数据都被表示为 0/1 序列。负号既不是 0 也不是 1，所以我们需要使用一种约定来表示数字系统中的负值。在计算机中，有符号数（signed number）是一个位序列，它可以用来表示负数或正数，具体取决于这些位的值。

设计数字系统时必须定义用多少位来表示一个整数。通常，我们用 8 位、16 位、32 位或 64 位来表示整数。这些位中的一个可以被分配用于表示负号。例如，如果最高有效位为 0，那么该数为正数；如果最高有效位为 1，那么该数为负数。其余的位则用来表示该数的绝对值。这种方式被称为原码表示。这是可行的，但是为了考虑有特殊含义的位，它会增加系统设计的复杂度。例如，考虑到符号位，我们之前构建的加法器电路就需要修改。

在计算机中，表示负数的更好方法被称为补码。在这种情况下，一个数的补码表示的是这个数的负数。确定数的补码的最简单方式是：把每个 1 用 0 代替，把每个 0 用 1 代替（即按位翻转），然后再加 1。这里请注意：乍看之下，这似乎过于复杂，但如果你按照每一步进行，便会发现很简单。

让我们以 4 位数（数字 5）为例，该数字用二进制表示为 0101。图 5-16 展示了确定该数补码的过程。

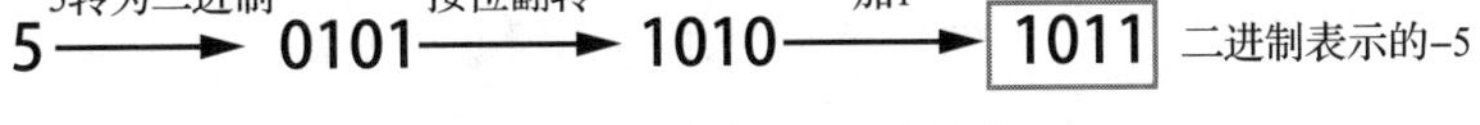

5 —5转为二进制→ 0101 —按位翻转→ 1010 —加1→ [1011] 二进制表示的−5

图 5-16　确定 0101 的补码

我们首先按位翻转，然后再加 1，得到二进制的 1011。因此，在这个系统中，5 表示为 0101，−5 表示为 1011。请记住，1011 只是在 4 位有符号数的环境下才表示 −5。稍后我们会看到，在不同的环境中，这个二进制序列有不同的解释。反过来，如果要确定负值的补码，该怎么做呢？过程是一样的，如图 5-17 所示。

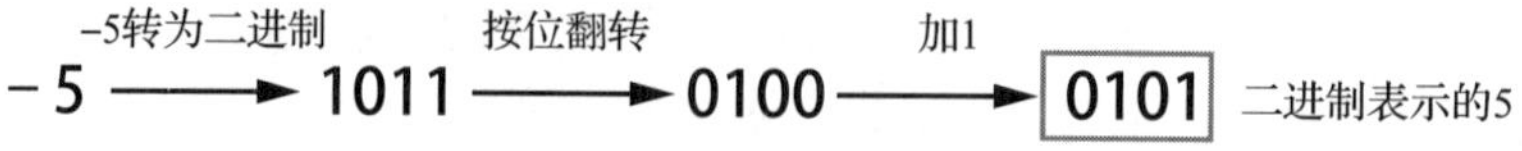

-5转为二进制 按位翻转 加1
−5 → 1011 → 0100 → 0101 二进制表示的5

图 5-17 确定 1011 的补码

如同在图 5-17 中所看到的，求取 −5 的补码便又得到了原来的值 5。这是有道理的，因为 −5 的负数是 5。

练习 5-2：确定补码

确定数字 6 的补码。

现在我们知道了如何用补码把一个数表示为正值或负值，但这有什么用呢？我认为了解这个系统好处的最简单的方法是尝试一下。假设我们想把 7 与 −3 相加（即 7 减 3）。我们的期望结果为 +4。我们先确定输入的二进制表示，如图 5-18 所示。

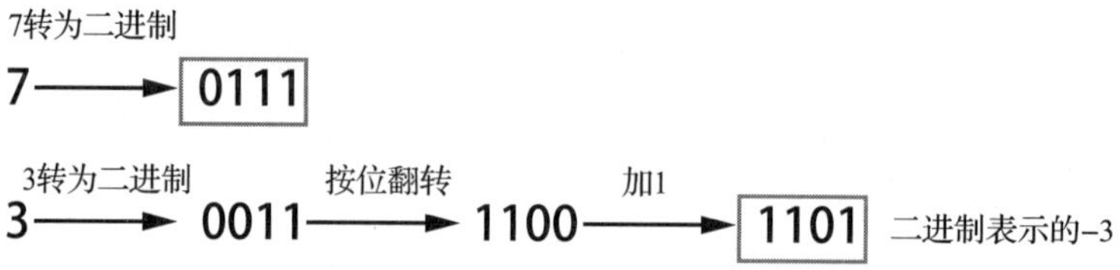

7转为二进制
7 → 0111

3转为二进制 按位翻转 加1
3 → 0011 → 1100 → 1101 二进制表示的−3

图 5-18 确定 7 和 −3 的 4 位补码

我们的两个二进制输入是 0111 和 1101。现在，暂时忘记我们处理的是正值和负值，只把两个二进制数相加。不用担心各个位代表的是什么，把它们相加就好，然后准备迎接惊喜吧！完成二进制运算后，请看图 5-19。

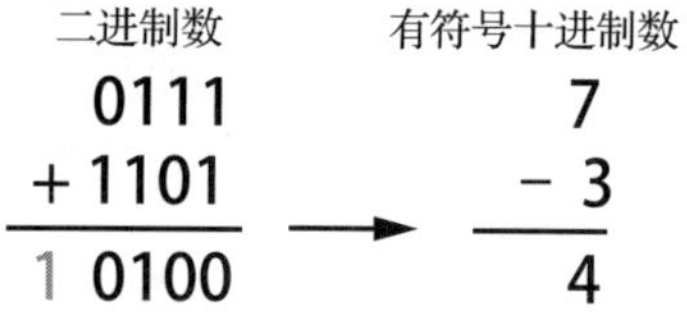

二进制数		有符号十进制数
0111		7
+1101	→	−3
1 0100		4

图 5-19 将两个二进制数的加法解释为有符号十进制数的加法

如图 5-19 所示，这个加法运算产生的进位超出了 4 位数能表示的范围。稍后将更详细地解释这一点，但是现在，我们先忽略这个进位位。因此，便得到 4 位的结果 0100，这就是我们期望的数字 4！这就是补码表示法的美妙之处。在加法和减法运算过程中，我们不需要任何特殊的处理，它就能正常工作。

我们在这里暂停一下，先想想这件事的意义。还记得我们之前构建的那些加法器电路吗？它们也适用于负值！任何用于处理二进制加法的电路都可以使用补码作为处理负数或减法的手段。对所有这些工作原理的详细的数学解释超出了本书的范围，如果你对此感兴趣，网上有很好的解释。

> **补码**
>
> 术语“补码”实际上是指两个相关的概念。补码是表示正整数和负整数的一种符号形式。例如，数字 5 用 4 位补码表示为 0101，而 −5 则表示为 1011。同时，补码也是一种运算操作，用于对以补码格式存储的整数取反。例如，取 0101 的补码就得到 1011。

还有一种看待补码的方法：最高有效位的权重等于该位权重的负值，其他所有位的权重等于相应位的权重。因此，对于 4 位数而言，每位的权重如图 5-20 所示。

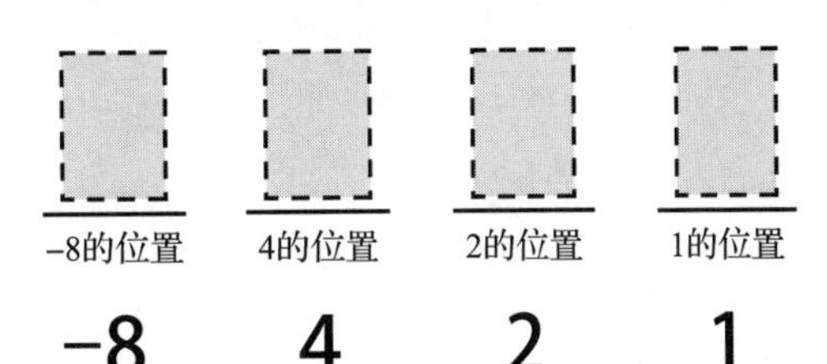

图 5-20　用补码表示的有符号 4 位数的位值权重

如果我们把这种补码表示方法应用到 1101（−3）上，我们就能计算出对应的十进制值，如图 5-21 所示。

1　1　0　1

−8的位置　4的位置　2的位置　1的位置

−8 + 4 + 0 + 1 = −3

图 5-21　使用补码的位值确定 1101 的有符号十进制值

在处理补码时，我发现把最高有效位的权重看作该位权重的负值是一种思维捷径。现在，我们已经讨论了 4 位有符号数中所有位置的权重，接下来我们可以检查用这样的数表示的全部值的范围，如表 5-3 所示。

表 5-3　4 位有符号数全部可能的值

二进制数	有符号十进制数	二进制数	有符号十进制数	二进制数	有符号十进制数
0000	0	0110	6	1100	−4
0001	1	0111	7	1101	−3
0010	2	1000	−8	1110	−2
0011	3	1001	−7	1111	−1
0100	4	1010	−6		
0101	5	1011	−5		

根据表 5-3，我们可以观察到：对于 4 位有符号数，最大正值是 7，最小负值是 −8，一共有 16 个可能的值。请注意，当最高有效位是 1 时，数值为负。对于 n 位有符号数，我们可以概括如下：

- 最大正值为（2^{n-1}）−1；

- 最小负值为 –（2^{n-1}）；
- 数值的总数为 2^n。

对于 8 位有符号数，我们发现：

- 最大正值为 127；
- 最小负值为 –128；
- 数值总数为 256。

5.6 无符号数

有符号数用补码表示负值，是处理负数的一种便捷方式，它不需要专门的加法器硬件。之前我们介绍的加法器对负值和正值都有效。但是，在计算机中有一些场景根本就不需要负值，把数字当成有符号数只会浪费大约一半的取值范围（所有的负值都不会用到），同时，还把最大值限制为可能可以表示值的大约一半。因此，在这种情况下，我们希望把数字看作无符号的，这意味着位序列总是表示正值或零，而绝不会是负值。

再看一下 4 位数，当我们把它解释为有符号数或无符号数时，表 5-4 给出了每个 4 位二进制值的含义。

表 5-4　4 位有符号或无符号数全部可能的值

二进制数	有符号十进制数	无符号十进制数
0000	0	0
0001	1	1
0010	2	2
0011	3	3
0100	4	4
0101	5	5
0110	6	6
0111	7	7
1000	−8	8
1001	−7	9
1010	−6	10
1011	−5	11
1100	−4	12
1101	−3	13
1110	−2	14
1111	−1	15

对于 n 位无符号数，我们概括如下：

- 最大值为（2^n）−1；
- 最小值为 0；
- 数的总数为 2^n。

我们举个 4 位数的例子，如 1011。查查表 5-4，这个值代表什么？代表的是 −5 还是 11？答案视情况而定！它既可以代表 −5，也可以代表 11，这取决于上下文。从加法器电路的角度来看，这无关紧要。对加法器来说，它就只是 1011 而已。无论怎样，加法运算都是按相同的方式来执行的，唯一的区别是我们怎么解释其结果。让我们看个例子。在图 5-22 中，我们把两个二进制数 1011 和 0010 相加。

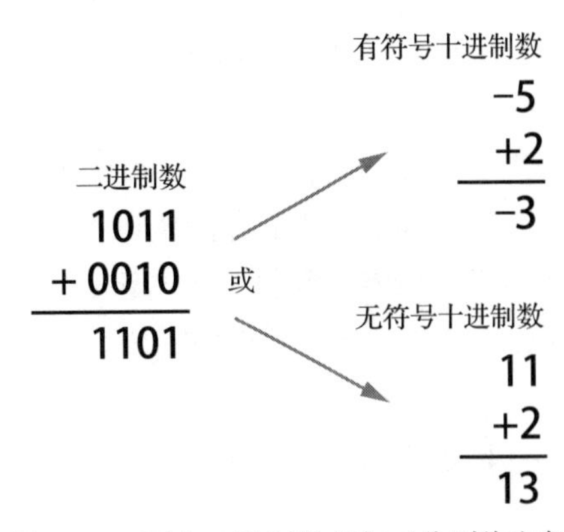

图 5-22 两个二进制数相加（分别将它们解释为有符号数和无符号数）

如图 5-22 所示，无论使用的是有符号数还是无符号数，这两个二进制数相加的结果都是 1101。在计算完成后，我们要决定怎样解释结果。要么是 −5 加 2 得到 −3，要么是 11 加 2 得到 13。任何一种情况下，算术运算都是对的，就是解读的问题而已！在计算机环境中，由在计算机上运行的程序负责正确解释加法运算的结果是有符号的还是无符号的。

练习 5-3：两个二进制数相加并解释为有符号数和无符号数

将 1000 和 0110 相加。先把它们解释为有符号数，然后再解释为无符号数。结果说得通吗？

到目前为止，我们基本上忽略了最高位的进位，但我们应该理解它的含义。对于无符号数来说，进位位为 1 意味着发生了整数溢出。换句话说，就是结果太大，无法用分配的表示整数的位数来表示。对于有符号数，如果最高有效位的进位输入不等于其进位输出，那么发生溢出。同样，对于有符号数来说，如果最高有效位的进位输入等于最高有效位的进位输出，那么就没有发生溢出，可以忽略进位位。

整数溢出是计算机程序错误的来源。如果程序不检查是否发生溢出，那么加法运算的结果可能会被错误解读，从而导致意外行为。整数溢出错误的一个著名例子出现在街机游戏 Pac-Man 中。当玩家达到 256 级时，屏幕右侧就全是混乱的图形。之所以出现这种情况是因为等级数是用 8 位无符号整数表示的，其最大值 255 再加 1 就会导致溢出。游戏的逻辑没有考虑到这一点，因而会出现故障。

5.7 总结

本章以加法运算为例来说明计算机是如何基于逻辑门来执行复杂任务的。你学习了如何执行二进制加法运算，如何基于逻辑门构建硬件来执行二进制数的加法。你看到了半加器是怎样把两个位相加并产生一个和数位和一个进位位的，明白了全加器可以实现两个位和一个进位位的加法运算。我们讨论了如何组合针对单个位的加法器以执行多个位的加法运算。你学到了如何在计算机中用有符号数和无符号数表示整数。

第 6 章将介绍时序逻辑电路。通过时序逻辑，硬件可以有存储器，以进行数据的存储和检索。你将看到存储器电路是如何构建的。我们还将讨论时钟信号，这是一种同步计算机系统中多个组件状态的方法。

设计 5：搭建半加器

在本设计中，你将用 XOR 门和 AND 门来搭建一个半加器。输入由开关或按钮控制。输出连接到 LED 以方便观察它们的状态。对于这个设计，你需要下列组件：

- ❑ 面包板；
- ❑ 两个 LED；
- ❑ 和 LED 一起使用的两个限流电阻（约为 220 Ω）；
- ❑ 跨接线；
- ❑ 7408 IC（含 4 个 AND 门）；
- ❑ 7486 IC（含 4 个 XOR 门）；
- ❑ 两个适合面包板的按钮或开关；
- ❑ 两个 470 Ω 的电阻；
- ❑ 5 V 电源。

有关 7408 IC 引脚编号的提示，参见图 4-14。7486 IC 之前没有讨论过，所以我在图 5-23 中给出了它的引脚图。

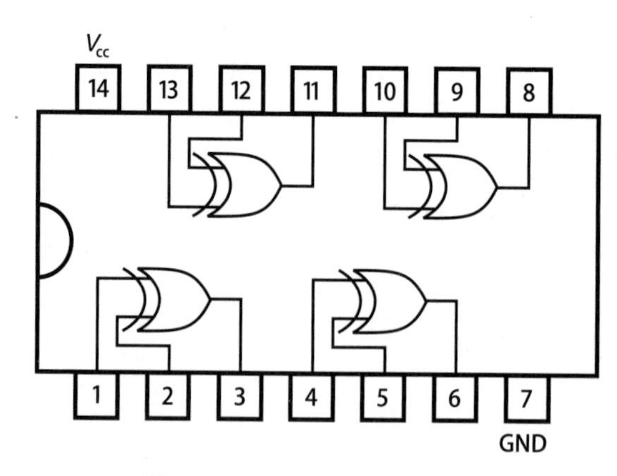

图 5-23　7486 XOR IC 引脚图

图 5-24 提供了半加器的连线图。关于如何搭建这个电路的更多细节请参阅之前的图。

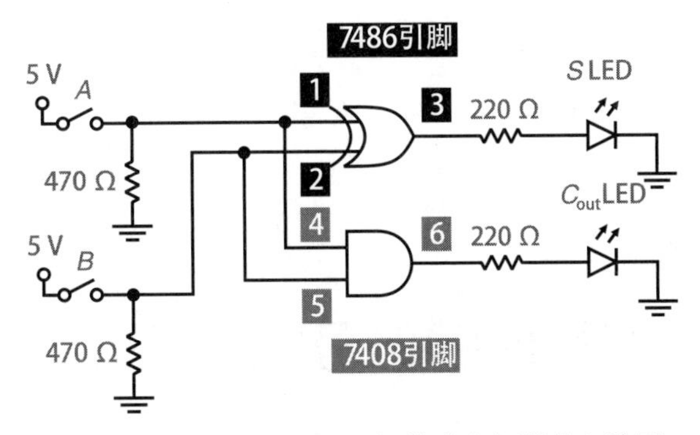

图 5-24　用 XOR 和 AND 门搭建半加器的电路图

图 5-24 展示了带有下拉电阻的开关和带有限流电阻的 LED 的连接。还要注意 7486 和 7408 IC 的引脚编号——用方块表示。注意把 *A* 和 *B* 连接到电阻和 IC 的连线上的黑点。这些黑点代表连接点，例如，开关 A、470 Ω 电阻、7486 IC 的引脚 1 以及 7408 IC 的引脚 4 都是连接起来的。不要忘记通过引脚 14 和引脚 7（图 5-24 中未显示）把 7486 和 7408 IC 分别连接到 5 V 和接地。

图 5-25 展示了在面包板上实现的电路。

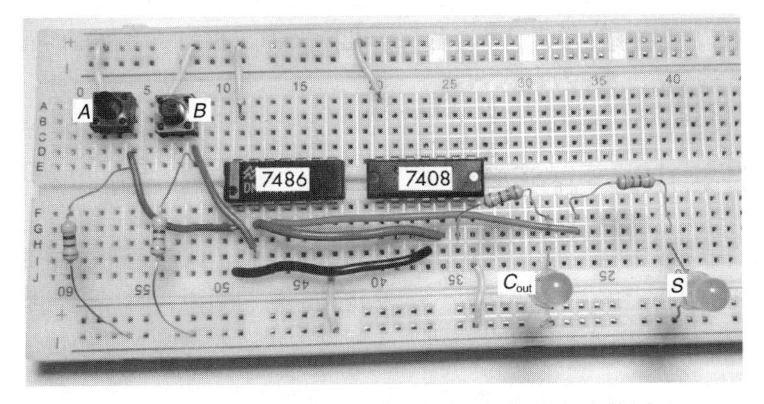

图 5-25　用 XOR 和 AND 门搭建的半加器的实物图

电路搭建完成后，请尝试输入 *A* 和 *B* 的所有组合，以确认输出与半加器真值表（见表 5-1）给出的预期值相匹配。

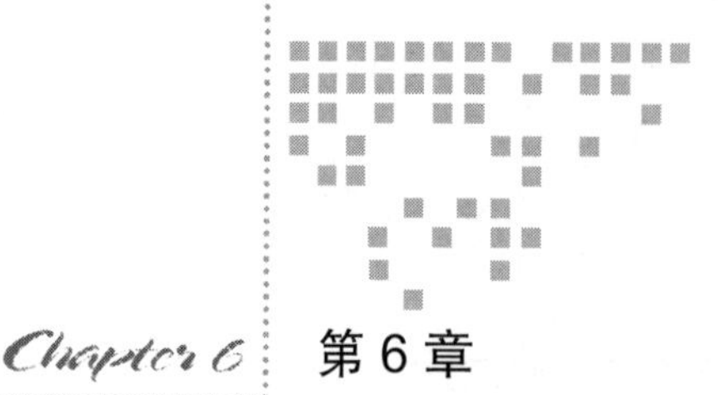

Chapter 6 第6章

存储器和时钟信号

在前面的章节中，我们看到了如何组合数字逻辑门以产生有用的组合逻辑电路，其输出是输入的函数。本章将讨论时序逻辑电路。这些电路有存储功能，能够保存过去的记录。我们将介绍一些特殊类型的存储设备：锁存器和触发器。我们还将介绍时钟信号，它是一种同步多个电路元件的方法。

6.1 时序逻辑电路和存储器

现在，我们来看一种被称为时序逻辑电路的数字电路。时序逻辑电路的输出不仅取决于其当前的一组输入，还取决于该电路过去的输入。换句话说，时序逻辑电路对自己以前的状态有一定的了解。数字设备在存储器中存储过去状态的记录，存储器是用来保存和检索二进制数据的组件。

让我们考虑一个简单的时序逻辑：投币式自动贩卖机。自动贩卖机至少有两个输入：投币口和自动贩卖按钮。为了简单起见，我们假设自动贩卖机只出售一种商品，且该商品价格为一枚硬币。除非插入硬币，否则自动贩卖按钮不会执行任何操作。如果自动贩卖机是基于组合逻辑的，其状态只取决于当前输入，那么就必须在插入硬币的同时按下自动贩卖按钮。

幸运的是，自动贩卖机不是这样工作的！它们有存储器，能跟踪硬币是否已经插入。当我们按下自动贩卖按钮时，自动贩卖机中的时序逻辑会检查其存储器以查看之前是否有硬币插入，如果有，机器就会分配商品。本章后面的内容将以这个时序逻辑示例为基础。

由于有存储器，因此实现时序逻辑是可能的。存储器保存二进制数据，其存储容量用位或字节来衡量。现代计算机设备（比如智能手机）通常具有至少 1 GB 的存储器。这是超过 80 亿位！我们从更简单的具有 1 位存储容量的存储设备开始介绍。

6.2　SR 锁存器

锁存器是一种记忆一位的存储设备。SR 锁存器有两个输入——S（用于置位）和 R（用于复位），以及一个被称为 Q 的输出——“被记忆的”单个位。当 S 被设为 1 时，输出 Q 也变为 1。当 S 变为 0 时，Q 还是等于 1，因为锁存器记得这个之前的输入。这就是存储器的本质——存储器组件记得之前的输入，即使该输入发生了变化。当 R 被设为 1 时，指示复位 / 清除该存储器位，所以输出 Q 变为 0。就算 R 变回 0，Q 也将保持为 0。

我们在表 6-1 中总结了 SR 锁存器的行为。

表 6-1　SR 锁存器的行为

S	R	Q（输出）	行为
0	0	保持之前的值	保持
0	1	0	复位
1	0	1	置位
1	1	X	无效

根据设计，同时把 S 和 R 设置为 1，输入无效，此时，Q 的值未定义。实际上，尝试这样做会导致 Q 变为 1 或者 0，但我们不能确定是哪一个。此外，尝试同时置位和复位锁存器是没有意义的。SR 锁存器的电路图符号如图 6-1 所示。

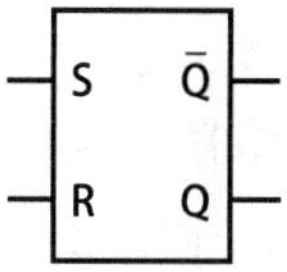

图 6-1　SR 锁存器的电路图符号

图 6-1 中有个额外的输出：$\bar{Q}$。它读作“Q 的补码”“非 Q”或“Q 的倒置”。它与 Q 正好相反。当 Q 为 1 时，$\bar{Q}$ 为 0，反之亦然。Q 和 $\bar{Q}$ 都可用是很有用的，正如你将看到的，这种电路设计有助于在不需要额外设置的情况下包含这个输出。

我们可以非常简单地用两个 NOR 门和一些连线来实现 SR 锁存器。也就是说，需要做些思考才能理解设计是如何工作的。考虑图 6-2 展示的电路，它是 SR 锁存器的一种实现。

在图 6-2 中，我们有两个 NOR 门在所谓的交叉耦合结构中。提醒一下，仅当两个输入都为 0 时，NOR 门才输出 1；否则，输出 0。N1 的输出接入 N2 的输入端，N2 的输出接入 N1 的输入端。S 和 R 是输入，Q 和 $\bar{Q}$ 是输出。让我们通过激活和清除各种输入来看看电路是如何工作的，同时也看看输出。假设初始 S 为 0，R 为 1。

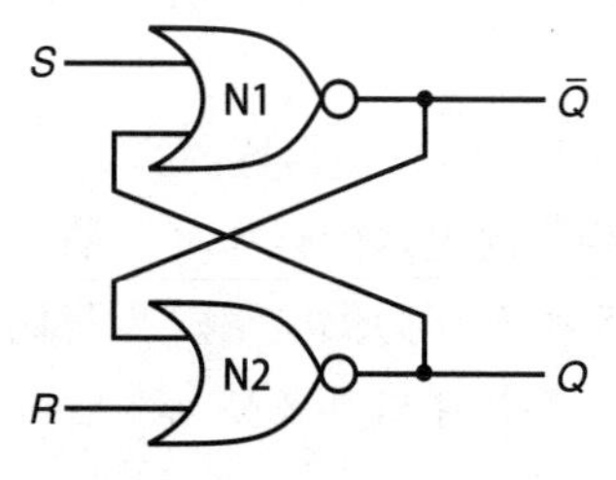

图 6-2　用交叉耦合的 NOR 门实现 SR 锁存器

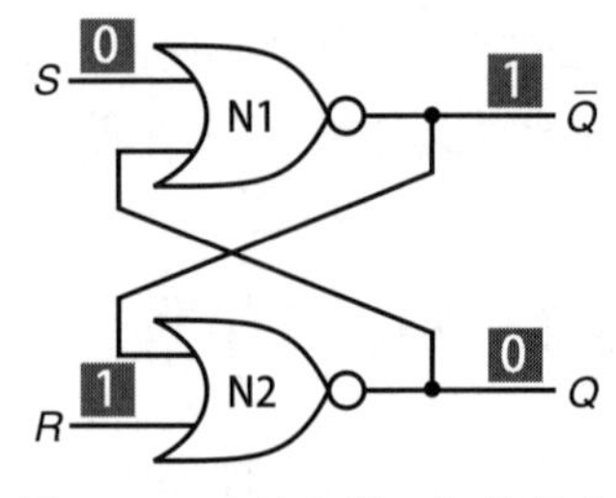

图 6-3　SR 锁存器，初始状态

初始状态（S = 0，R = 1）：

1）R = 1，所以 N2 的输出为 0。

2）N2 的输出送入 N1。

3）S = 0，所以 N1 的输出为 1。

4）初始 Q = 0。

总结：当 R 变高时，输出变低（见图 6-3）。

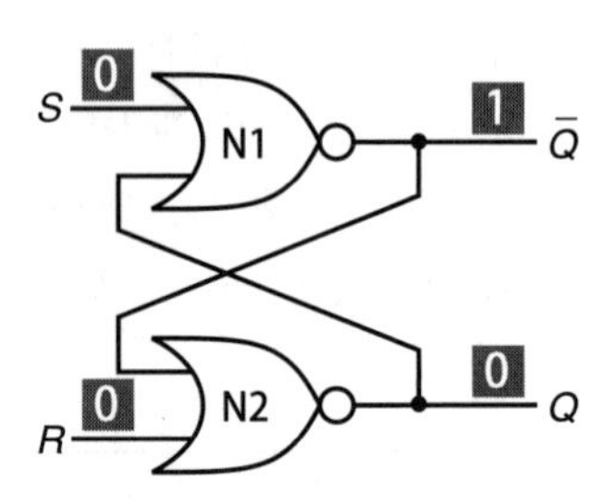

图 6-4　SR 锁存器，输入变低

接下来，清除所有输入（S = 0，R = 0）：

1）R 变为 0。

2）N2 的另一个输入仍为 1，所以 N2 的输出仍为 0。

3）因此，Q 仍等于 0。

总结：电路记得之前的输出状态（见图 6-4）。

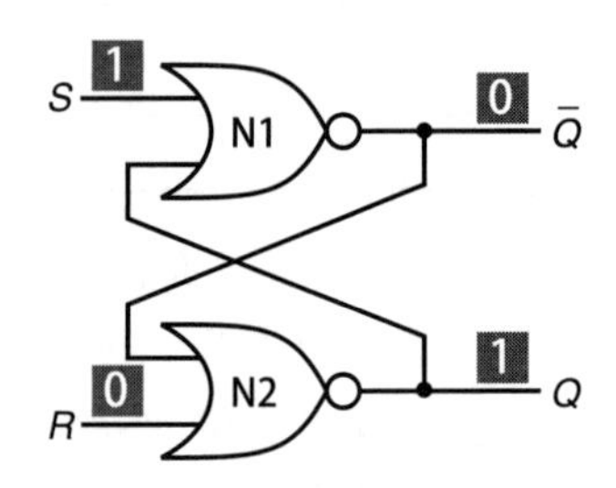

图 6-5　SR 锁存器，S 变高

接下来，激活 S 输入（S = 1，R = 0）：

1）S 变为 1。

2）这使得 N1 的输出变为 0。

3）现在，N2 的输入为 0 和 0，所以 N2 的输出为 1。

4）因此，Q 现在等于 1。

总结：把 S 置高使得输出变高（见图 6-5）。

最后，再次清除所有输入（S = 0，R = 0）：

1）S 变为 0。

2）N1 的另一个输入仍为 1，所以 N1 的输出也还是 0。

3）N2 的输入不变。

4）因此，Q 仍然等于 1。

总结：电路记得之前的输出状态（见图 6-6）。

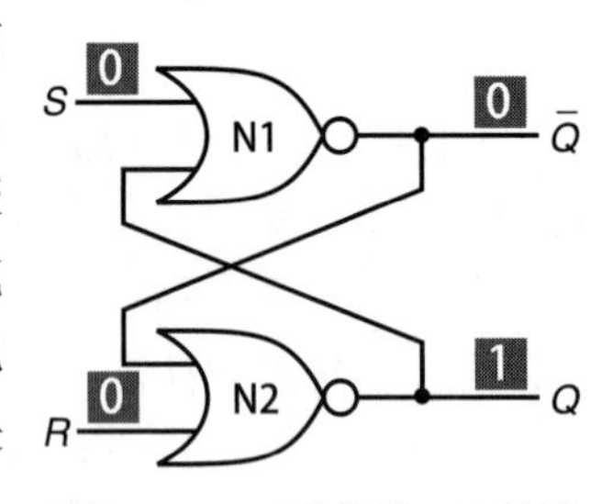

图 6-6　SR 锁存器，S 变低

综上所述，我们刚才描述了 SR 锁存器的预期行为，如之前在表 6-1 中总结的那样。当 S（置位）为 1 时，输出 Q 变为 1，即使 S 变回 0，它也保持为 1。当 R（复位）为 1 时，输出 Q 变为 0，即使 R 变回 0，它也保持为 0。这样，电路就会记得 1 或 0，我们有了一位的存储器！即使有两个输出（Q 和 $\bar{Q}$），它们也仅仅是同一个位的不同表示。请记住，同时设置 S=1 和 R=1 是无效输入。

为了理解 SR 锁存器的行为，我们研究了当输入保持高电平然后再变低时电路的行为。但是，S 和 R 通常只需要“脉冲”变化即可。当电路处于静止状态时，S 和 R 都为低电平。当我们想要改变其状态时，没有理由长时间让 S 和 R 保持高电平，只需要快速将其变高，然后再变低——一个简单的输入脉冲。

通用逻辑门

我们刚刚演示了如何用 NOR 门构建 SR 锁存器。实际上，NOR 门可以用来构建任何其他的逻辑电路，而不仅仅是 SR 锁存器。NOR 门被称为通用逻辑门，可用于实现任何逻辑功能。NAND 也是如此。

现在我们已经研究了 SR 锁存器的内部设计，接下来便可以选择用图 6-1 中的符号来表示 SR 锁存器，而不必再关注锁存器的内部结构。这是封装的另一个例子！我们把设计细节放入“黑盒”，这样更易于使用这个设计，而无须担心其内部细节。我发现用简单的术语来描述 SR 锁存器是很有帮助的：它是 1 位的存储设备，其状态 *Q* 为 1 或 0。*S* 输入把 *Q* 置位为 1，*R* 输入把 *Q* 复位为 0。

注意　请参阅设计 6 搭建 SR 锁存器。

6.3　在电路中使用 SR 锁存器

现在我们有了基本的存储设备——SR 锁存器，让我们通过示例电路看看它的用法。我们回到自动贩卖机的例子，用锁存器设计一个自动贩卖机电路。该电路有如下需求：

- 电路有两个输入：COIN 按钮和 VEND 按钮。按下 COIN 代表插入硬币，按下 VEND 使机器自动售出一个商品（电路会点亮 LED 表示自动售出商品）。
- 电路有两个 LED 输出：COIN LED 和 VEND LED。当插入硬币时，COIN LED 点亮。VEND LED 点亮表示一个商品已经被自动售出。
- 除非先插入硬币，否则机器不会自动售出商品。
- 为了简单起见，假设只能插入一枚硬币。插入更多硬币不会改变电路状态。
- 在自动售出商品后，通常我们希望电路自动复位，回到“无硬币”状态。但是，为了简化设计，我们将跳过自动复位，转为手动复位。

在概念层面上，自动贩卖机电路实现如图 6-7 所示。

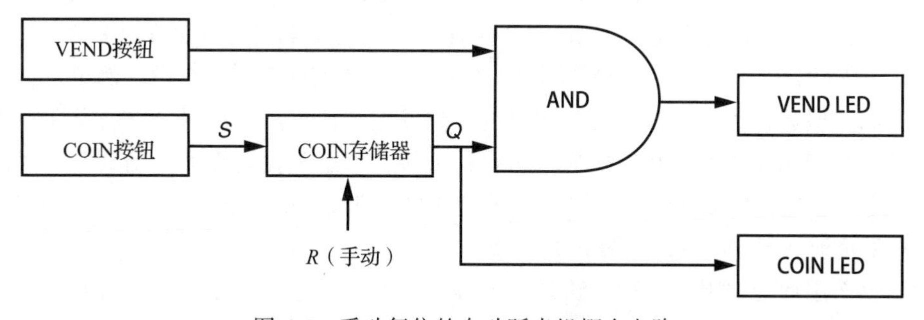

图 6-7　手动复位的自动贩卖机概念电路

我们来看看图 6-7。当按下 COIN 按钮时，COIN 存储器（SR 锁存器）保存“硬币已经插入”的事实。然后，这个存储器输出 1，表示硬币已经插入，COIN LED 亮起。当按下 VEND 按钮时，如果之前已经有硬币插入，AND 门输出 1，VEND LED 亮起。如果之前没有硬币插入，但按下了 VEND 按钮，则无事发生。要清除 COIN LED 并复位设备，必须手动把“复位”输入设置为 1。

注意 请参阅设计 7 搭建刚才描述的自动贩卖机电路。

这个基本的自动贩卖机电路演示了存储器在电路中的实际应用。由于电路中包含了存储器元件，因此 VEND 按钮可以根据之前是否有硬币插入表现出不同的行为。但是，一旦 COIN 位在存储器中被置位，它就会一直保持置位状态，直到电路被手动复位。这不够理想，所以我们把电路升级一下，让它在发生售出操作后能自动复位。

当机器售出商品后，我们希望 COIN 位能复位为 0，因为售出行为“使用了”硬币。换句话说，售出行为也应该能让 COIN 存储器复位。为了实现这个逻辑，我们把 AND 门的输出连接到存储器复位端，如图 6-8 所示。这样，当 VEND LED 亮起时，COIN 存储器复位。

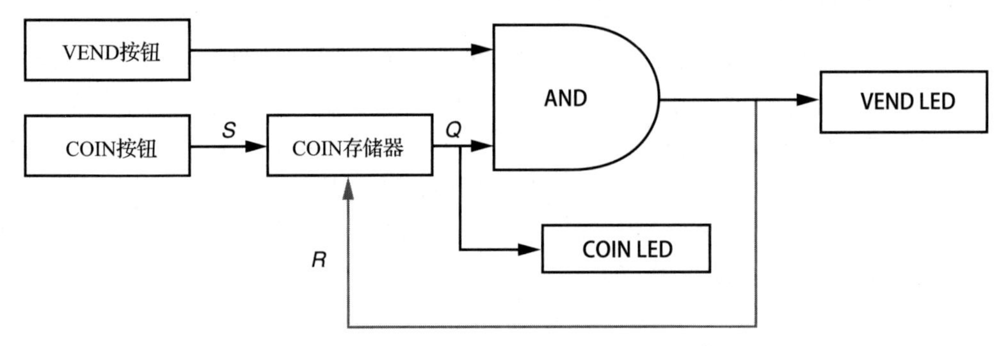

图 6-8 自动复位的自动贩卖机概念电路

图 6-8 中展示的系统在售出商品时会复位系统，但这个设计有问题。你能找出来吗？这个问题可能不明显。如果你完成了设计 7，你可能想在刚刚搭建的电路上尝试这种复位方式，即从 AND 门的输出连一根线到 SR 锁存器的 R 输入，按下 COIN，然后按下 VEND。

问题是，虽然复位行为符合预期，但它的速度太快了，以至于 VEND LED 立刻就熄灭了，更有可能的是 VEND LED 压根儿就没亮过。这里我们就有了一个设计例子，它在技术上是可行的，但运行速度太快，设备用户看不到发生了什么。这是用户界面设计中非常常见的问题。我们构建的设备和程序通常运行得太快，以至于我们必须故意放慢速度，以便用户能跟上。在这种情况下，一个解决方案就是在复位线上引入延迟，这样 VEND LED 就有时间在复位前亮起 1～2 s，如图 6-9 所示。

我们怎么添加延迟呢？一种方法是用电容器。电容器是一种存储能量的电气元件。当电流通过电容器时，电容器充电。电容器存储电荷能力的度量称为电容，以法拉为单位

（符号为 F）。一法拉是一个非常大的值，所以我们一般用微法拉（μF）为单位来对电容器评级。

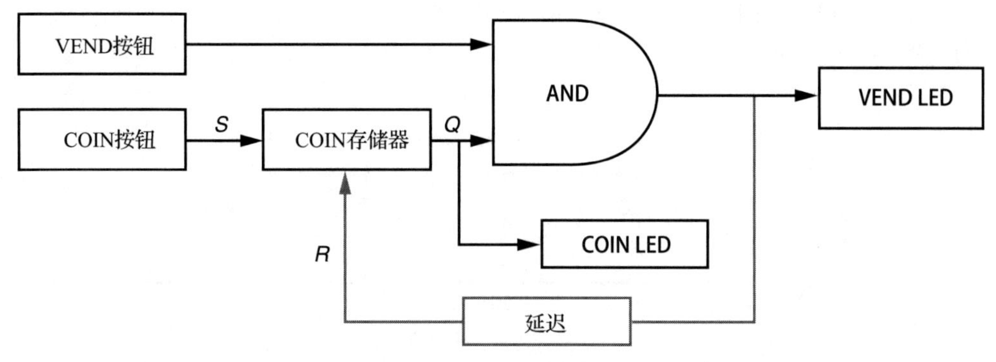

图 6-9　自动延迟复位的自动贩卖机概念电路

当电容器未充电时，它的行为就像是短路。一旦电容器充电，它就像开路一样。电容器充电或放电所需的时间由其电容和电路中的电阻控制。大电容和电阻使电容器充电时间更长，所以我们可以用电容器和电阻在电路中引入延迟，这个延迟是由电容器充电产生的。

注意　请参阅设计 8 在自动贩卖机电路中添加延迟复位功能。

到目前为止，本章对存储器的讨论仅限于单个位的设备。尽管 1 位存储器的应用有限，但在第 7 章中，我们将看到如何把一组单个位的存储单元组合在一起来表示更多的数据。

6.4　时钟信号

随着电路变得越来越复杂，我们常常需要让各种元件保持同步，以便它们能同时改变状态。对于有多个存储设备的电路，我们必须这样做，因为我们希望能确保同时设置所有存储的位。当需要同时考虑一组位时尤其如此。我们可以用时钟信号来同步多个电路元件。时钟信号（简称时钟）的电压电平在高电平和低电平之间交替变化。通常，信号以规律的节奏变化，其中，一半时间为高电平，另一半时间为低电平。我们把这种类型的信号称为方波。图 6-10 显示了随时间变化的 5 V 方波时钟信号。

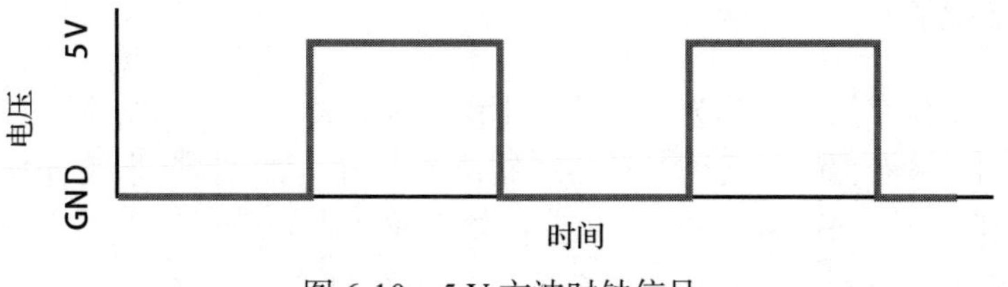

图 6-10　5 V 方波时钟信号

一次电压上升和下降是一个脉冲。从低电平到高电平再回到低电平（或从高电平到低电平再回到低电平）的完整振荡是一个周期。我们用每秒周期数——也称为赫兹（Hz）——来衡量时钟信号的频率。图 6-11 所示时钟信号的频率为 2 Hz，因为该信号在 1 s 内完成了两次完整的振荡。

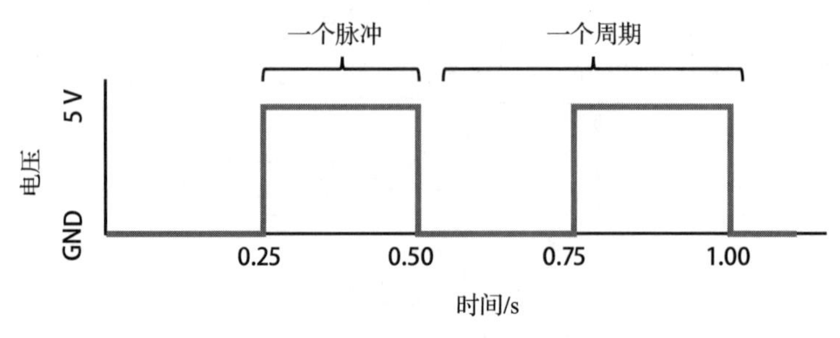

图 6-11　2 Hz 时钟信号

当电路使用一个时钟时，所有需要同步的元件都要连接到该时钟。每个元件都被设计为仅当出现时钟脉冲时，才允许改变状态。时钟驱动的元件通常在脉冲的上升沿或下降沿触发状态改变。在脉冲上升沿改变状态的元件被称为正边沿触发元件，在脉冲下降沿改变状态的元件被称为负边沿触发元件。图 6-12 提供了上升沿和下降沿的例子。

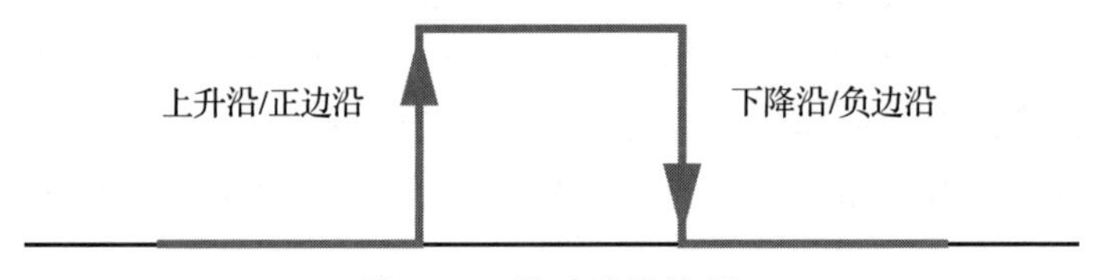

图 6-12　脉冲边沿演示

本书中的图把脉冲边沿表示为垂直线，这意味着从低电平到高电平是瞬时变化的，反之亦然。但是，实际上改变状态是要花时间的，不过在这里为了方便讨论，我们假设状态改变是瞬间发生的。

 注意　请参阅设计 9 将 SR 锁存器当作手动时钟。

6.5　JK 触发器

使用时钟的 1 位存储设备称为触发器。术语“锁存器”和“触发器”的用法有些重叠，但在这里我们用“锁存器”指代无时钟的存储设备，用“触发器”指代有时钟的存储设备。你可能在其他地方会看到这两个术语可以互换使用或者有不同的含义。

让我们来研究一个特定的时钟控制存储设备：JK 触发器。JK 触发器是 SR 锁存器的扩展，所以我们来比较一下这两者，如表 6-2 所示。SR 锁存器用输入 S 设置存储位，用输入 R 复位存储位；同样，JK 触发器用输入 J 置位，输入 K 复位。当 S 或 R 设置为高电平时，SR 锁存器立即改变状态，而 JK 触发器则只在出现时钟脉冲时改变状态。JK 触发器还增加了一个额外的功能：当 J 和 K 都设置为高电平时，输出从低电平到高电平或从高电平到低电平切换一次。

表 6-2　SR 锁存器与 JK 触发器的比较

	SR 锁存器	JK 触发器
改变状态	当 S 或 R 变高电平时，立即改变	若 J 或 K 设置为高电平，则仅当出现时钟脉冲时改变
置位	$S = 1$	$J = 1$
复位	$R = 1$	$K = 1$
切换	不适用	$J = 1$ 且 $K = 1$

当在图中表示 JK 触发器时，可以使用图 6-13 所示的符号。

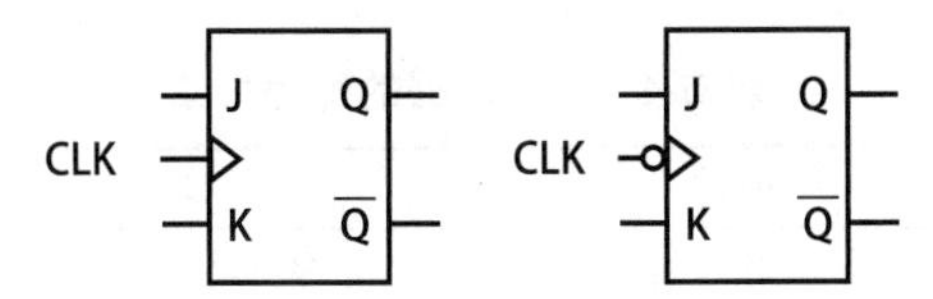

图 6-13　JK 触发器，正边沿触发（左），负边沿触发（右）

图 6-13 展示了两种版本的 JK 触发器。左边是正边沿触发 JK 触发器，这意味着它在时钟脉冲的上升沿改变状态。右边是负边沿触发 JK 触发器（注意 CLK 输入端的圆圈），它在时钟脉冲的下降沿改变状态。这两个设备的其他行为完全一样。

因此，JK 触发器是 1 位存储设备，仅当其接收到时钟脉冲时改变状态。除了由时钟控制状态变化且能切换其值之外，它与 SR 锁存器非常相似。表 6-3 总结了 JK 触发器的行为。

表 6-3　JK 触发器行为总结

J	K	时钟	Q（输出）	操作
0	0	脉冲	保持之前的值	保持
0	1	脉冲	0	复位
1	0	脉冲	1	置位
1	1	脉冲	翻转之前的值	切换

我们不会像对 SR 锁存器一样对 JK 触发器进行逐步解说。相反，理解 JK 触发器最好的方法就是直接使用它。

注意　请参阅设计 10 亲自实践 JK 触发器。

6.6 T 触发器

把 J 和 K 连接起来，将它们当作一个输入端就会创造出一个触发器，这个触发器在出现时钟脉冲时只做两件事情：要么切换其值，要么保持其值。要了解为什么会出现这种情况，请查阅表 6-3 并注意当 *J* 和 *K* 都是 0 或都是 1 时的行为。连接 J 和 K 是一种常用技术，这种方式下产生的触发器是 T 触发器。图 6-14 展示了 T 触发器的符号。

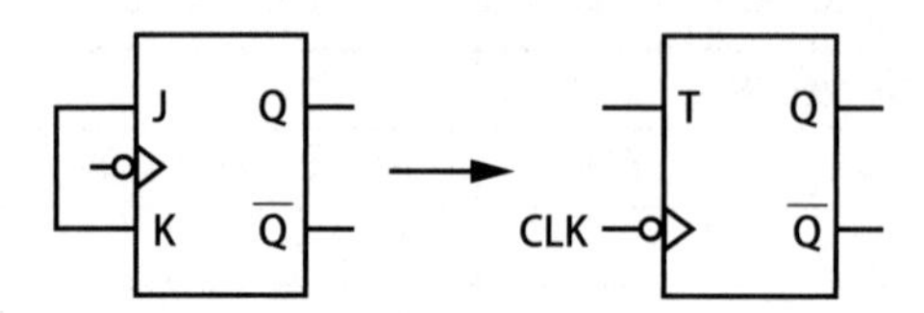

图 6-14　J 和 K 连接起来的 JK 触发器被称为 T 触发器

因此，当 *T* 为 1 时，T 触发器只在出现时钟脉冲时切换其值。表 6-4 总结了 T 触发器的行为。

表 6-4　T 触发器的行为总结

T	时钟	*Q*	操作
0	脉冲	保持之前的值	保持
1	脉冲	翻转之前的值	切换

6.7 在 3 位计数器中使用时钟

为了演示时钟在电路中的使用，我们构建一个 3 位计数器——一个从 0 计数到 7 的二进制电路。该电路有三个存储元件，每个都代表 3 位计数器中的一位。该电路有一个时钟输入，当出现时钟脉冲时，3 位计数值递增（加 1）。由于所有的位都代表一个数字，所以用时钟来同步它们的状态变化就很重要。我们用 T 触发器来实现它。

表 6-5 回顾了用 3 位数进行二进制计数的方法。

表 6-5　用 3 位数进行二进制计数

二进制数	十进制数
000	0
001	1
010	2
011	3
100	4
101	5
110	6
111	7

表 6-5 把 3 位数拆分，表示为一行的多个单值。现在，我们把每一位分配给标记为 Q_0、Q_1 和 Q_2 的存储元件。Q_0 代表最低有效位，Q_2 代表最高有效位，如表 6-6 所示。

表 6-6　二进制计数，每位分配给单独的存储元件

全部的 3 位	Q_2	Q_1	Q_0	十进制数
000	0	0	0	0
001	0	0	1	1
010	0	1	0	2
011	0	1	1	3
100	1	0	0	4
101	1	0	1	5
110	1	1	0	6
111	1	1	1	7

如果我们分开看表 6-6 中的 Q 列，就能看出一个模式。当我们计数时，Q_0 每次都会切换。当 Q_0 之前为 1 时，Q_1 就会切换。当 Q_0 和 Q_1 之前都为 1 时，Q_2 就会切换。换句话说，除了 Q_0，当前面所有位都为 1 时，每位都会在下一次计数时进行切换。T 触发器很适合实现这个计数器，因为它们的工作就是切换！我们来看如何构建电路来实现这个功能，如图 6-15 所示。

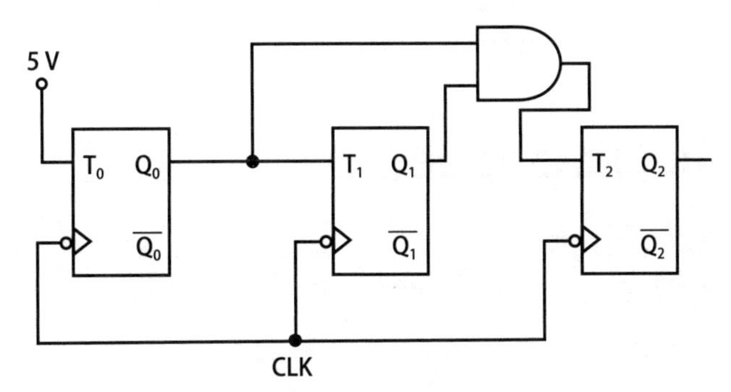

图 6-15　用 T 触发器构建的 3 位计数器

在图 6-15 中，3 个 T 触发器使用了同一个时钟信号，所以它们是同步的。T_0 连接 5 V，因此，Q_0 每个时钟脉冲都会进行切换。T_1 连接到 Q_0，因此仅当 Q_0 为高电平时，时钟脉冲才会使 Q_1 进行切换。T_2 连接到 Q_0 AND Q_1，因此仅当 Q_0 和 Q_1 都为高电平时，时钟脉冲才会使 Q_2 进行切换。

注意　请参阅设计 11 搭建 3 位计数器。

考虑一下我们如何把这样的计数器与之前设计的自动贩卖机组合使用。除了简单地跟踪硬币是否插入，我们还可以跟踪插入的硬币数量，至少可以跟踪多达 7 枚硬币！要让自动贩卖机计数器发挥作用，它还需要能倒着计数，因为每卖出一件商品都应减少硬币计数。

我不会在这里详细介绍如何在自动贩卖机电路中添加计数器，但你可以自行尝试。可以在线获得具有递增和递减计数功能的计数器电路设计，也可以采用诸如 74191 这样的递增 / 递减计数器 IC。

我们用 T 触发器构建了一个计数器，T 触发器是用 JK 触发器构建的，JK 触发器又是基于晶体管的数字逻辑电路！这再次演示了封装是如何让我们构建复杂系统，并在此过程中隐藏细节的。

6.8 总结

本章介绍了时序逻辑电路和时钟信号。你了解到和组合逻辑电路不同，时序逻辑电路有存储器，可以记录过去的状态。你还了解了 SR 锁存器——一个简单的 1 位存储设备。我们讨论了如何用时钟信号同步包括存储设备在内的多个电路元件，时钟信号是一种在高电平和低电平之间交替的电信号。时钟控制的 1 位存储设备被称为触发器，它使状态改变只在与时钟信号同步时发生。你了解了 JK 触发器是如何工作的、怎样用 JK 触发器构造 T 触发器，以及如何同时使用时钟和 T 触发器来搭建 3 位计数器。

存储器和时钟是现代计算机的关键组件，第 7 章将介绍它们如何在现代计算机中发挥作用，你将学习计算机硬件——内存、处理器和 I/O。

设计 6：用 NOR 门搭建 SR 锁存器

在本设计中，你将在面包板上搭建一个 SR 锁存器，并把输出 Q 连接到 LED 以方便观察状态，你还应该测试 S 和 R 的高低电平并观察输出。

本设计需要如下组件：

- 面包板；
- LED；
- 和 LED 一起使用的限流电阻（大约 220 Ω）；
- 跨接线；
- 7402 IC（含 4 个 NOR 门）；
- 5 V 电源；
- 两个 470 Ω 电阻；
- 两个适合面包板的开关或按钮；
- 可选项：一个额外的 220 Ω 电阻和一个 LED。

回顾设计 4 可以了解如何使用带下拉电阻的按钮 / 开关。按图 6-16 所示连接组件来构建 SR 锁存器。注意，和诸如 7408（AND 门）及 7432（OR 门）等其他 IC 中的门布局相比，7402 IC 中的 NOR 门布局是不一样的，所以要确保使用正确的输入和输出引脚。

当你按照图 6-16 所示构建好 SR 锁存器之后，把 *S* 和 *R* 连接到带下拉电阻的按钮（或开关），如图 6-17 所示。这可以让你只通过按下按钮就能轻松设置 *S* 或 *R* 的值。

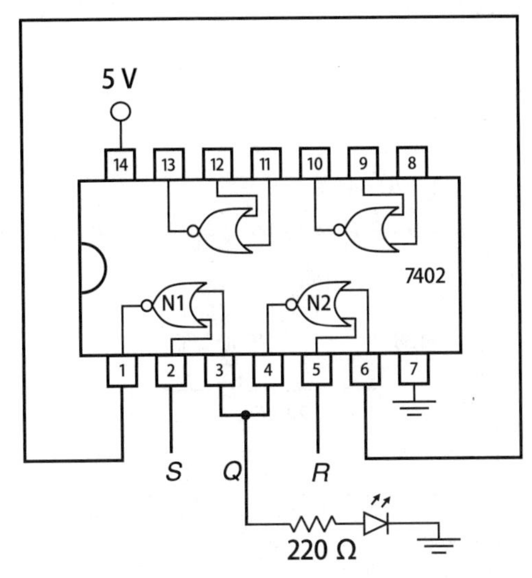

图 6-16　由 7402 IC 构建的 SR 锁存器连线图

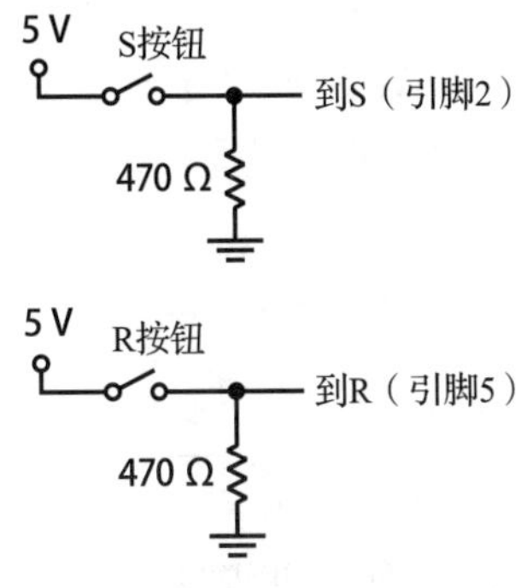

图 6-17　用按钮和下拉电阻来控制输入 *S* 与 *R*

把按钮连接到 SR 锁存器后，尝试通过按下和放开按钮来把 *S* 或 *R* 设置为高电平或低电平，然后观察结果。当按下 S 时，代表 *Q* 的 LED 会点亮吗？在放开 S 后，LED 还会保持点亮吗？当按下 R 时，LED 会熄灭吗？在放开 R 后，LED 还会保持熄灭吗？如果还想看 $\bar{Q}$ 的值——这个值应该总和 *Q* 值相反，只需要将另一个 220 Ω 电阻和另一个 LED 连接到 IC 的引脚 1 和引脚 6。

当开始通电时，输出将是不可预测的。也就是说，电路可以在 $Q=0$ 或 $Q=1$ 时启动，也可能以 *Q* 的某个值可靠地启动。不可预测的原因是设计方案导致了竞争条件。如果通电时，$S=0$ 且 $R=0$，那么 N1 和 N2 都尝试输出 1，其中一个可能做得稍微快一点（所以出现了竞争）。若 N1 首先输出 1，则 N2 变低电平，*Q* 为 0。若 N2 首先输出 1，则 N1 变低电平，*Q* 为 1。这个问题可以通过在启动时按住 R 按钮（强制 $Q=0$）并在启动后松开 R 按钮来解决。

保留这个电路，我们在设计 7 中还要用到它。

设计 7：搭建一个基本的自动贩卖机电路

在本设计中，你将搭建本章前面描述的自动贩卖机电路。你可以将设计 6 的 SR 锁存器作为存储单元。要确保对 LED 使用限流电阻，对按钮输入使用下拉电阻。测试电路以保证它按预期工作。要复位电路，请按下 SR 锁存器上的 R 按钮。

本设计需要如下组件：

- ❑ 设计 6 中在面包板上搭建的 7402 SR 锁存器；
- ❑ 一个额外的 LED；
- ❑ 和 LED 一起使用的限流电阻（大约 220 Ω）；
- ❑ 跨接线；
- ❑ 7408 IC（含 4 个 AND 门）；
- ❑ 一个适合面包板的额外的按钮或开关；
- ❑ 一个和按钮一起使用的额外的下拉电阻（大约 470 Ω）。

在图 6-18 所示的电路图中，IC 引脚编号用方框表示。虽然图中没有显示，但请确保把 7402 和 7408 芯片连接到 5 V 和接地引脚（分别为引脚 14 和引脚 7）。

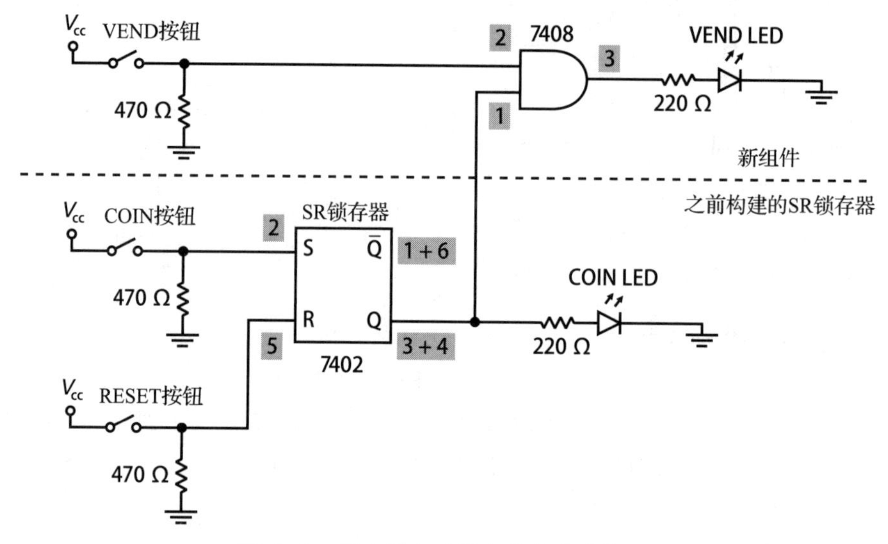

图 6-18　基本的自动贩卖机电路连线图

图 6-18 下半部分是你在设计 6 中构建的电路。唯一的不同是：现在的 S 按钮代表的是 COIN 按钮，输出 *Q* LED 代表的是 COIN 指示灯 LED。要搭建完整的电路，只需要添加电路的上半部分，然后按照图 6-18 把两部分连接起来。

电路搭建好后，你应当看到当按下 COIN 按钮时，COIN LED 亮起。按下 VEND 按钮应该让 VEND LED 亮起，但前提是 COIN LED 已经亮了。按下 RESET 按钮会复位电路。

保留这个电路，我们在设计 8 中还要用到它。

设计 8：在自动贩卖机电路中添加延迟复位功能

在本设计中，你将在设计 7 的自动贩卖机电路上添加延迟复位功能。本设计需要如下组件：

- ❑ 设计 7 中搭建的自动贩卖机电路；

- 4.7 kΩ 电阻；
- 220 μF 电解电容器；
- 跨接线。

电容器类型有很多，讨论各种类型不在本书的范围。对于本设计，你要使用的是电解电容器（见图 6-19）。连接电容器时，请注意电解电容器是分正负极的。一般，负极引脚较短。

图 6-20 给出了电容器的电路图符号。左边的是非极化电容器符号，中间和右边的符号表示极化电容器。两种极化符号都提供了识别电容器正极和负极的方法。

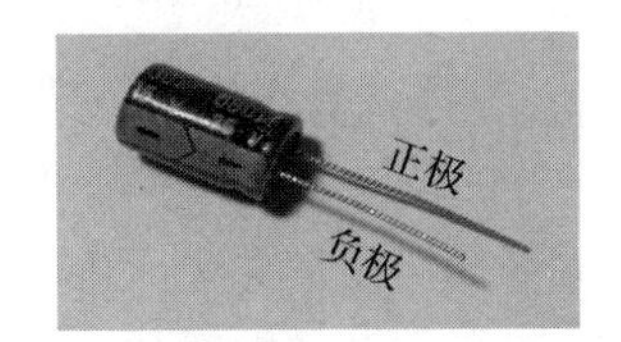

图 6-19 电解电容器，带条纹 / 箭头的较短引脚是负极引脚

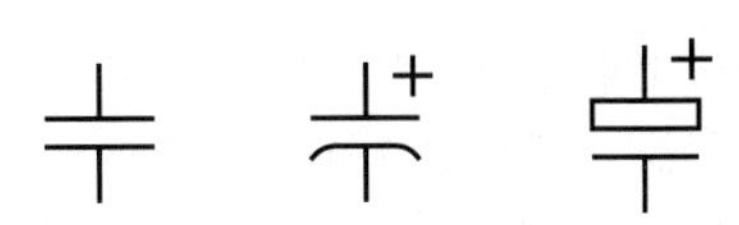

图 6-20 电容器的电路图符号

图 6-21 展示了如何在自动贩卖机电路上添加基于电容器的延迟复位功能，以代替手动复位。电容器负极应接地。通过该图可以获取构建本电路的更多详细信息。

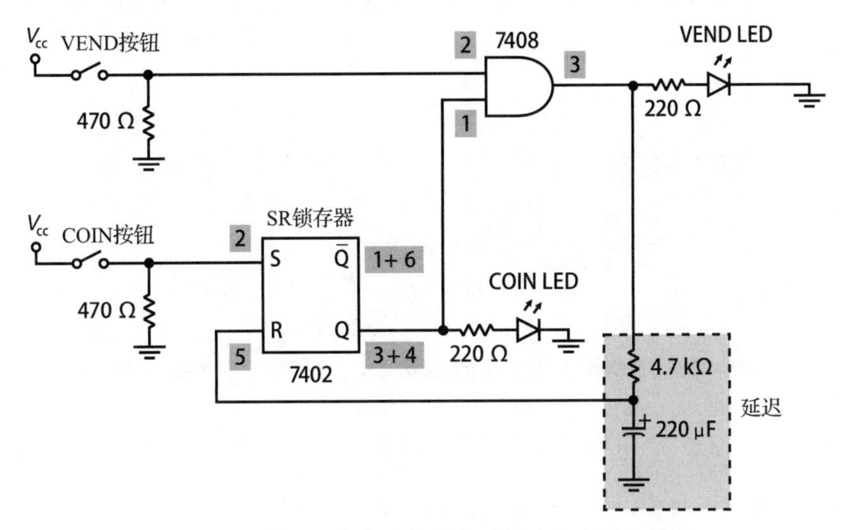

图 6-21 带延迟复位功能的自动贩卖机电路连线图

如果还有手动复位开关或按钮连接到 R（7402 芯片的引脚 5），请确保断开它，因为它的存在会干扰延迟复位操作。在图 6-21 中，电路的 VEND 输出（7408 芯片的引脚 3）在发生售卖操作时会变成高电平，请注意它是如何通过新的延迟组件连接到锁存器的复位引脚的。新的组件由一个电阻和一个电容器构成，它们一起为复位操作引入了 1 s 的延迟。我们来看看这里发生了什么：

1）当发生售出操作时，7408 AND 门的输出会变成高电平。

2）未充电的电容器初始的作用类似于短路，锁存器的复位 *R* 保持低电平，所以开始不会复位。

3）由于还未复位，因此 VEND LED 就有机会点亮。

4）如果按住 VEND 按钮，AND 输出保持高电平，电容器开始充电。

5）大约 1s 后，电容器被充分充电，其作用类似于开路，有效地断开与地的连接。

6）锁存器的复位输入 *R* 变高电平，复位。

关于这个设计有几点需要注意：

❑ 必须按住 VEND 按钮以便让电容器有时间充电。

❑ 电路仍有可能在 COIN LED 亮着的时候启动，只需按住 VEND 就能复位。这可以通过上电复位电路来解决，但是这超出了该设计的范围。

❑ 如果添加复位组件使得整个自动贩卖机电路无任何操作，那么 *R* 输入可能卡在了高电压。检查 7402 引脚 5 上的电压，看其在应该为低电平的时候是否为高电平（电压高于 0.8 V）。如果遇到了这个问题，请仔细检查 4.7 kΩ 电阻和 220 μF 电容器的值。还要检查连线，连接松动或者连到错误行的跨接线都可能导致故障。

❑ 对电容和电阻值的选择主要依据是它们会产生大约 1 s 的延迟。你可以采用其他值。不过，正如刚才提到的，改变这些值有可能导致 *R* 输入的电压在应该低的时候过高。

完成的电路应该看起来如图 6-22 所示，尽管具体布局可能会有不同。

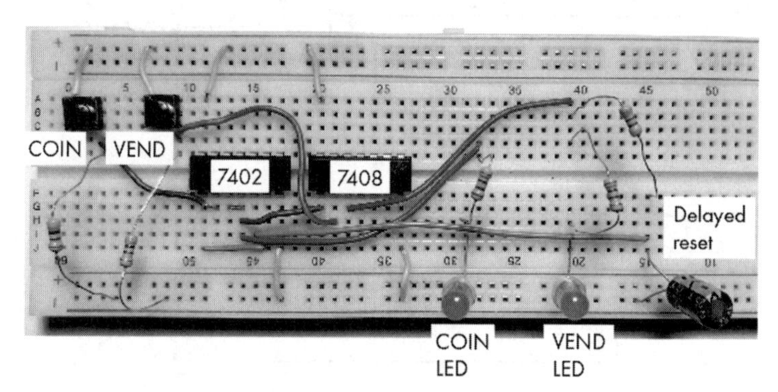

图 6-22　在面包板上的带延迟复位功能的自动贩卖机电路

建议完整保留电路的 SR 锁存器部分，因为后面的设计中会再次用到它。你可以从面包板上移除其他组件，但请保留设计 6 的 SR 锁存器。当然，你也可以在需要的时候搭建另一个 SR 锁存器。

设计 9：将锁存器用作手动时钟

本章后面的几个设计都需要时钟信号。在本设计中，你将把之前构建的 SR 锁存器配置为手动时钟。

正如你之前了解到的，时钟信号需要在高电压和低电压之间交替。你可以通过在接地和 5 V 之间移动一根导线来实现时钟。这肯定会使电压交替变化，但这种方式不是你想要的。当你移动导线时，在某些时候导线是不连接任何东西的。在那些时刻，输入时钟引脚的电压会“浮动”，电路可能出现不可预测的行为。这不是一个好的选择。

你可以添加一个振荡器，它会自动以规律的节奏生成脉冲，比如每秒一个脉冲。这就是现实世界中时钟的工作方式。为此，人们设计了一个常用 IC：555 定时器。但是，在接下来的练习中，你需要仔细观察电路的状态变化，所以你真正需要的是一个手动时钟，即只有在你告诉它变高或变低的时候才会变高或变低的时钟。从某种意义上来说，这样的手动时钟甚至不是真正的时钟，因为它不会以规律的节奏变化。也就是说，从技术上看它是否是时钟并不重要——我们需要的是一个能用来手动触发状态改变的设备。

你可能会尝试用一个常用按钮和下拉电阻作为时钟，如图 6-23 所示。毕竟，按下按钮会使电压变高，松开按钮会使电压变低。

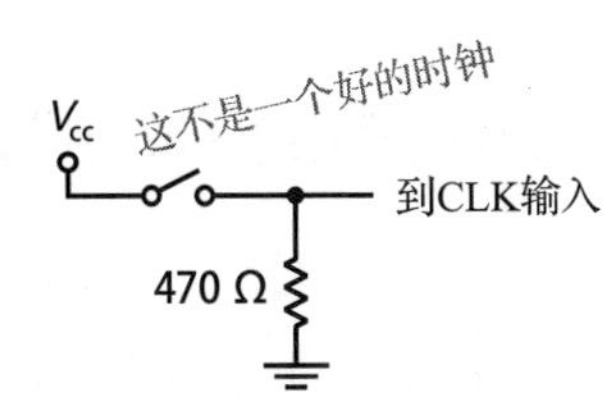

图 6-23　将简单开关和下拉电阻作为 CLK 输入（效果并不好）

可惜的是，图 6-23 所示的设计实际上是一个非常糟糕的手动时钟。问题在于机械按钮和开关容易“抖动”。开关内部有金属触点，当开关闭合时触点接触。闭合开关的行为会导致触点之间接触，但随后触点分开并再次合在一起，有时会重复多次，直到开关最终停留在闭合状态。当开关断开时会发生同样的事情，只不过是反向的。简单的按钮按下或开关翻转行为会导致电压多次变高和变低。这被称为开关抖动，如图 6-24 所示。

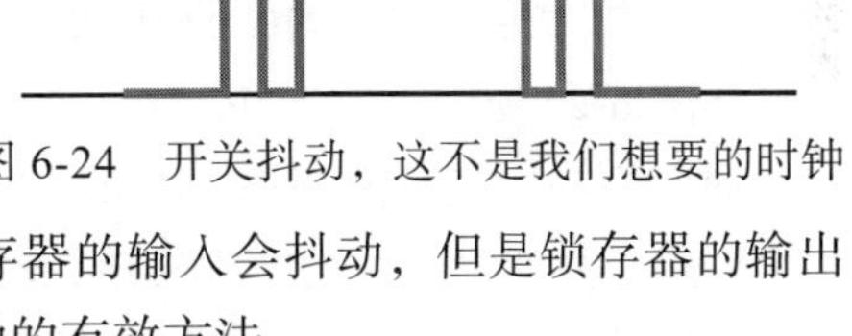

图 6-24　开关抖动，这不是我们想要的时钟

去抖动电路是消除抖动的硬件。一种这样的去抖动电路是基于 SR 锁存器的，它很方便，你已经构建好了！如果你把 S 和 R 引脚连接到开关，锁存器的输入会抖动，但是锁存器的输出（Q）会保持干净，如图 6-25 所示。这是消除开关抖动的有效方法。

当把 SR 锁存器作为时钟时，按下 S 把时钟信号设置为高电平，按下 R 把时钟信号设置为低电平。不要同时按下这两个开关！你可以把在设计 6 中构建的 SR 锁存器作为时钟。如果在设计 8 中，你已经从引脚 5 移除了复位按钮 / 开关，请重新连接它。作为手动时钟的完整 SR 锁存器应按图 6-26 所示连线。

按下 S 把时钟脉冲设置为高电平，按下 R 把时钟脉冲设置为低电平。现在你有了一个手动时钟，你可以把它用在后面的设计中。

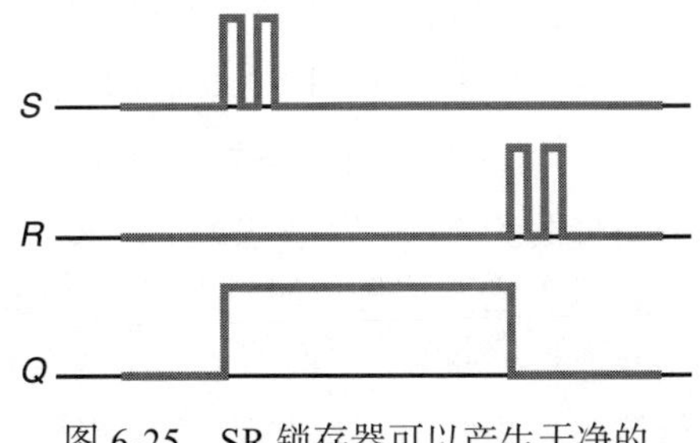

图 6-25　SR 锁存器可以产生干净的输出，即使其输入抖动

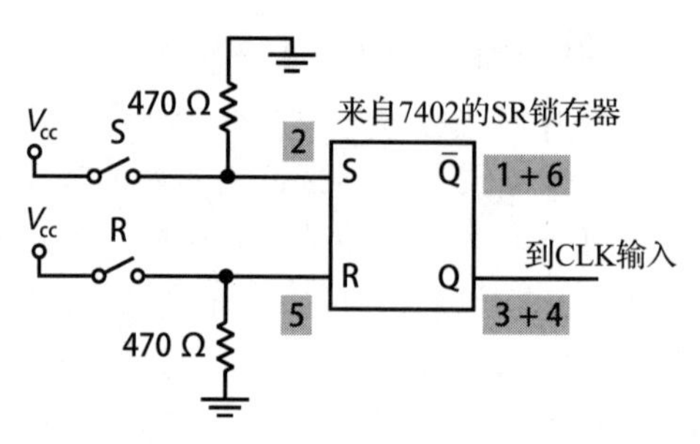

图 6-26　由两个按钮 / 开关和一个 SR 锁存器构成的去抖动手动时钟

设计 10：测试 JK 触发器

虽然你可以用其他门构建 JK 触发器，但它作为集成电路出售是很方便的，所以你可以省去一些麻烦。7473 芯片包含两个负边沿触发 JK 触发器。在本设计中，你将使用这个集成电路来测试 JK 触发器的功能。你将尝试把 J 和 K 设置为高电平或低电平，然后通过电路发送时钟脉冲。把 LED 连接到输出端 Q 以便观察状态变化。

本设计需要如下组件：

- 配置为时钟的 SR 锁存器（设计 9 中已讨论）；
- 7473 IC（含 2 个 JK 触发器）；
- 跨接线；
- LED；
- 和 LED 一起使用的限流电阻（约 220 Ω）。

图 6-27 展示了 7473 IC 的引脚图。

如图 6-27 所示，7473 IC 含 2 个 JK 触发器。注意，电压和接地连接不在“通常”的位置，而分别在引脚 4 和引脚 11。还要注意，CLK（时钟）输入用圆圈进行了标记，这表示这个电路是负边沿触发的，你应该在时钟脉冲下降沿期待状态改变。由于把 SR 锁存器作为手动时钟，这就意味着当按下 SR 锁存器的 R 按钮时，你将看到 JK 触发器状态的改变。

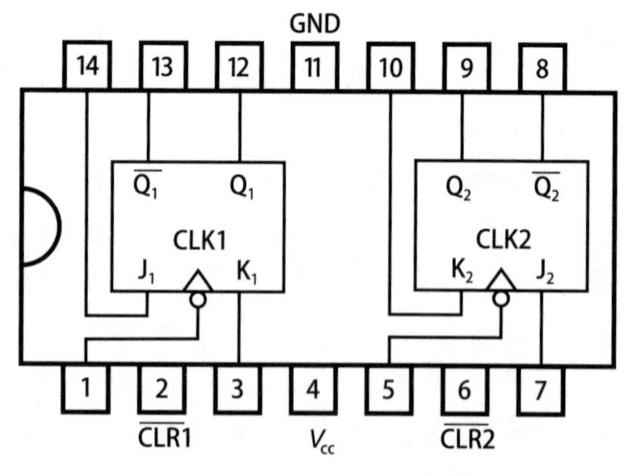

图 6-27　7473 IC 的引脚图

本章没有提到 JK 触发器的另一个输入：$\overline{CLR}$。当这个引脚被设置为低电平时，触发器清除保存的位（$Q = 0$）。$\overline{CLR}$ 是异步的，这意味着它不用等待时钟脉冲。$\overline{CLR}$ 上的横线表示它是低电平有效的，这意味着当输入被设置为低电平时，保存的位被清零。$\overline{CLR}$ 有时也被称为复位信号，不要与 SR 锁存器的 *R*

输入搞混。把 JK 触发器的 $\overline{CLR}$ 输入（引脚 2）连接到 5 V 电源，以防止触发器复位。要测试单个触发器，你可以如图 6-28 所示连接芯片。

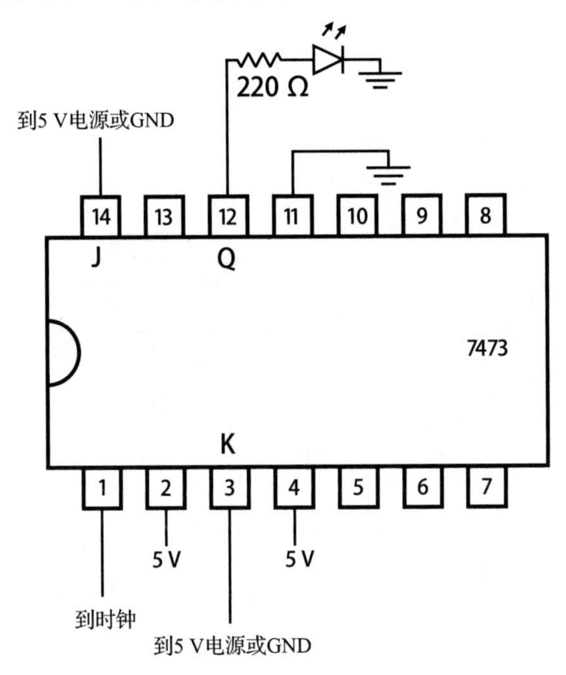

图 6-28　一个简单的 JK 触发器测试电路

把之前搭建的 SR 锁存器作为时钟，将 SR 锁存器的输出 Q（7402 的引脚 3 和引脚 4）连接到 7473 的时钟输入（引脚 1）。现在，尝试把 7473 的输入 J（引脚 14）和 K（引脚 3）设置为 5 V 或接地。你应该看到，这样做对 JK 触发器的输出 LED 没有影响，直到时钟信号从高电平变为低电平。提醒：先按 S 再按 R 把时钟信号先设置为高电平，然后设置为低电平，以产生 SR 锁存器时钟脉冲。回到表 6-3，查看 JK 触发器的预期行为，保证电路按预期工作。

保持本电路完整，将它用在设计 11 中。

设计 11：搭建 3 位计数器

在本设计中，你将搭建本章之前所描述的 3 位计数器。把 Q 输出连接到 LED，以便观察输出。

本设计需要如下组件：

- ❑ 在设计 10 中搭建的电路（包括设计 9 的手动时钟）；
- ❑ 额外的 7473 IC；
- ❑ 7408 IC（含 4 个 AND 门）；

- ❑ 47 kΩ 电阻；
- ❑ 10 μF 电解电容器；
- ❑ 额外的按钮或开关；
- ❑ 跨接线；
- ❑ 两个额外的 LED；
- ❑ 与 LED 一起使用的两个限流电阻（每个约为 220 Ω）。

按图 6-29 所示连接所有组件。IC 的引脚编号显示在方框中。

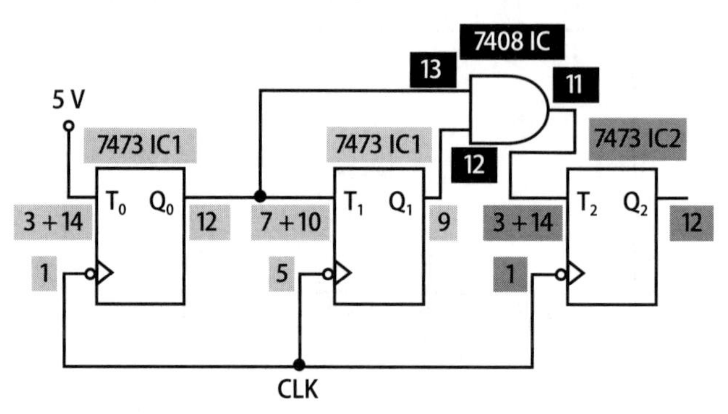

图 6-29　用 T 触发器构建的 3 位计数器，引脚编号已显示

除了图 6-29 所示的引脚连接外，还要注意下列连接：

- ❑ 两个 7473 IC 都需要把引脚 4 和引脚 11 分别连接到 5 V 电源和接地端。
- ❑ 7408 应把引脚 7 连接到接地端，引脚 14 连接到 5 V 电源。
- ❑ Q_0、Q_1 和 Q_2 应通过 220 Ω 电阻连接到 LED，这样就能看到位的变化。
- ❑ 手动时钟输出（7402 上的引脚 3 和引脚 4）应连接到 3 个触发器的 CLK 端（第一个 7473 上的引脚 1 和引脚 5，第二个 7473 上的引脚 1）。

这个电路在不可预测的状态下启动。你可以通过复位 3 个触发器来手动纠正这个错误，但这样做很乏味。相反，可以增加一个上电复位电路来保证触发器启动时输出都为 0。7473 封装中的每个触发器都有 $\overline{\text{CLR}}$ 输入，当其保持低电平时，不论时钟是何状态，都会复位触发器。你想要使 $\overline{\text{CLR}}$ 在启动时暂时为低电平，然后变为高电平并保持不变。这可以确保接通电源时计数器从零开始。为了更好地测量，你还可以添加 COUNTER RESET 按钮，按下它就可以手动复位计数器。这种复位功能如图 6-30 所示。

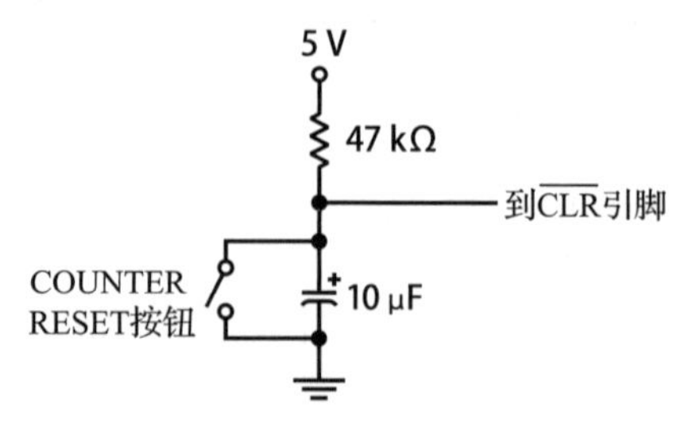

图 6-30　3 位计数器的上电复位电路

当第一次对图 6-30 所示的电路通电时，电容器就像短路一样，$\overline{\text{CLR}}$ 保持低电平，电路处于初始状态。一旦电容器充电，它就像开路一样，$\overline{\text{CLR}}$ 变为高电平，电路准备就绪。按下 COUNTER RESET 按钮或开关也会使 $\overline{\text{CLR}}$ 变为低电平并复位电路。这个电路需要连接

到 $\overline{\text{CLR}}$ 输入引脚：第一个 7473 芯片的引脚 2 和引脚 6，第二个 7473 芯片的引脚 2。在设计 10 中，第一个 7473 上的引脚 2 连接到 5 V 电源，在连接上电复位电路之前，请务必断开这个连接。请记住正确定位电解电容器端子——负极应该接地。

上电复位后，电路应该以计数器为 000 开始运行。向电路发送一个时钟脉冲，会让计数器在时钟下降沿加 1。提示：先按 S 把时钟信号设置为高电平，再按 R 把时钟信号设置为低电平，以使 SR 锁存器时钟产生脉冲。测试从 000 计数到 111 并务必使计数器按预期工作。

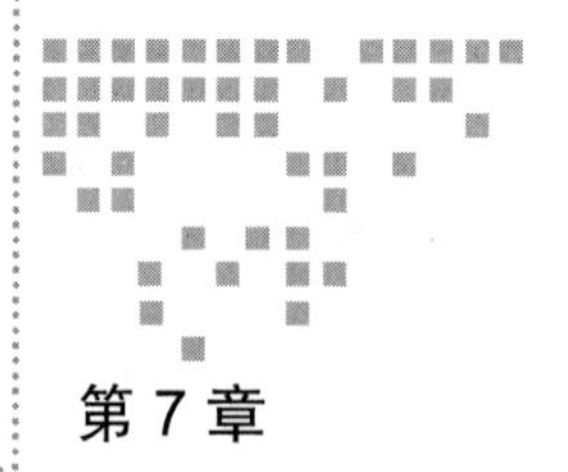

Chapter 7 第7章

计算机硬件

前面的章节介绍了计算机的基本要素——二进制、数字电路和存储器。现在，我们来看看这些要素是如何在计算机中组合在一起的，计算机不仅仅是其组件之和。本章首先概括地介绍一下计算机硬件，然后深入研究计算机的三种组件：主存（主存储器）、处理器和输入 / 输出。

7.1 计算机硬件概述

我们先概括地介绍一下计算机与其他电子设备的不同之处。之前，我们已经了解了如何使用逻辑电路和存储设备来搭建电路，使之执行有用的任务。我们用逻辑门搭建的电路的功能在设计上是硬连线的。如果想增加或修改功能，就必须改变电路的物理设计。这在面包板上是可以实现的，但是对于已经制造出来并交给用户的设备而言，通常不会选择改变硬件。仅在硬件中定义设备的功能限制了我们快速创新和改进设计的能力。

到目前为止，我们构造的电路使我们得以一窥计算机的工作原理，但我们忽略了计算机的一个关键要素：可编程性。也就是说，计算机必须能够在不改变硬件的前提下执行新任务。为了实现这一非凡的功能，计算机必须能接受一组指令（程序）并执行由它们指定的操作。因此，它必须有能按照程序指定顺序执行各种操作的硬件。可编程性是区分计算机设备与非计算机设备的关键。本章将讨论计算机硬件，即计算机的物理组成部分。这与软件相反，软件是告诉计算机做什么的指令，我们将在第 8 章讨论。

运行软件的能力把计算机与固定用途的设备区别开来。也就是说，软件仍然需要硬件，那么，在实现一台通用计算机时需要怎样的硬件呢？首先，我们需要存储器。我们已经介绍了 1 位存储设备，比如锁存器和触发器，计算机中的存储器类型是这些简单存储设备在概念上的扩展。计算机中使用的主存储器被称为主存，不过，我们一般把它叫作内存或随机存取存储器（Random Access Memory，RAM）。它是易失性的，这意味着它只在通电的时候才能保持数据。"随机存取"表明访问存储器内任意位置需要的时间大致相同。

然后，我们需要中央处理器（Central Processing Unit，CPU），这是第二个关键组件，通常简称为"处理器"，这个组件执行软件中指定的指令。CPU 可以直接访问主存。现在，大多数处理器都是微处理器，即单个集成电路上的多个 CPU。单集成电路上的 CPU 具有降低成本、提高可靠性和增强性能的优点。CPU 是我们之前介绍的数字逻辑电路在概念上的扩展。

尽管主存和 CPU 是计算机的最低硬件需求，但实际上大多数计算机设备都需要与外部世界进行交互，而这就需要输入 / 输出（I/O）设备。本章将详细地介绍主存、CPU 和 I/O 设备。图 7-1 展示了这三个组件。

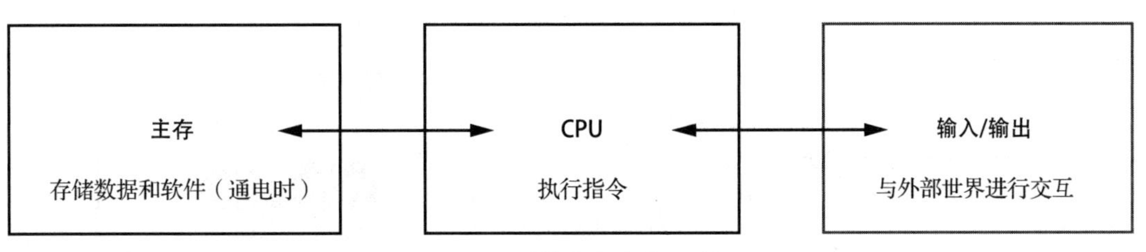

图 7-1　计算机的硬件组件

7.2　主存

在执行程序的时候，计算机需要一个地方来存放程序的指令和相关数据。例如，当计算机运行文字处理器来编辑文档时，计算机需要一个地方来保存程序、文档内容和编辑状态——文档的哪些部分是可见的、光标的位置等。所有这些数据最终都会变成 CPU 可以访问的一系列位。主存（即内存）处理保存这些 0/1 数据的任务。

让我们探讨一下内存是如何在计算机中工作的。计算机内存有两种常用类型：静态随机存取存储器（SRAM）和动态随机存取存储器（DRAM）。在这两种类型中，基本单位都是存储单元（memory cell），即可以存储一个位的电路。在 SRAM 中，存储单元是触发器。SRAM 是静态的，因为它的触发器存储单元在通电时能保持其位值。DRAM 存储单元是利用晶体管和电容器实现的。随着时间的推移，电容器的电荷会泄漏，所以必须定期把数据重写入存储单元。这种存储单元的刷新使得 DRAM 是动态的。现在，由于其相对较低的价格，DRAM 通常用作内存。SRAM 更快，但是更贵，所以用于速度至关重要的场景，比如用作高速缓存，我们将在后面介绍它。图 7-2 展示了一个 RAM"条"的例子。

总的来说，你可以把 RAM 的内部想象成一个由存储单元组成的网格。网格中每个 1 位单元都可以用二维坐标——其在网格中的位置——来标识。一次访问一位的效率很低，所以 RAM 并行访问多个 1 位存储单元的网格，允许同时读或写多个位——比如整个字节。

内存中一组位的位置被称为内存地址，它是一个标识内存位置的数值。内存通常是按字节编址的，即一个内存地址指的是一个 8 位的数据。内存布局的内部细节或内存的实现对于 CPU（或程序员）而言不是必须了解的知识！主要应理解的是计算机把数值地址分配给内存字节，而 CPU 可以读写这些地址，如图 7-3 所示。

图 7-2　随机存取存储器

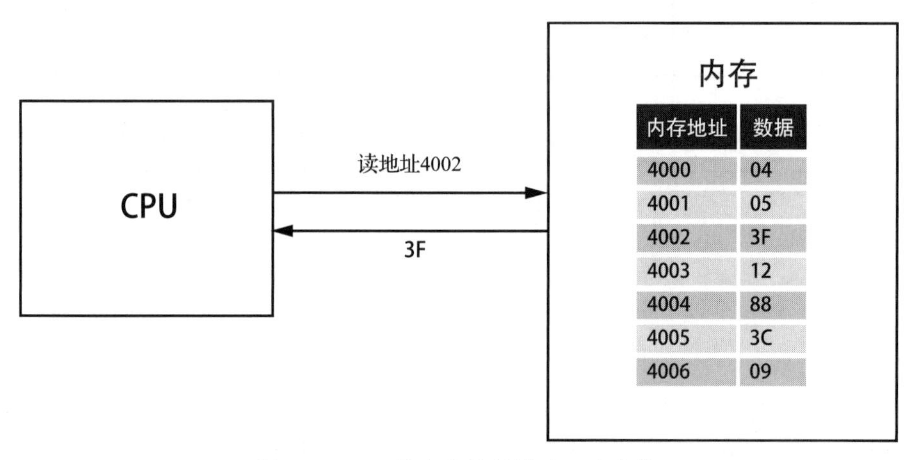

图 7-3　CPU 从内存地址读取一个字节

让我们考虑一个虚拟计算机系统，它的寻址范围可以达到 64 KB。按照如今的标准，这对计算机来说是一个很小的内存，但作为示例足够了。我们假设这个虚拟计算机的内存是按字节寻址的，每个内存地址都代表一个字节。这就意味着我们要为每个内存字节提供一个唯一的地址，由于 64 KB 等于 $64 \times 1024 = 65\ 536$ 字节，因此我们需要 65 536 个地址。每个地址都是一个数字，内存地址一般从 0 开始，所以我们的地址范围是 0～65 535（0xFFFF）。

由于这个虚构的 64 KB 计算机是数字设备，因此内存地址最终用二进制来表示。在这个系统中，我们需要多少位来表示内存地址呢？ n 位二进制数可以表示的值的数量为 2^n。因此，我们需要知道 $2^n = 65\ 536$ 时的 n 值。2 的某次方的逆运算就是以 2 为底的对数。因此，$\log_2 2^n = n$，而 $\log_2(65\ 536) = 16$，即 $2^{16} = 65\ 536$。需要 16 位的内存地址来寻址 65 536 个字节。

或者再简单一点，由于我们已经知道最高编号的内存地址为 0xFFFF，且我们还知道每个十六进制符号代表 4 个位，因此我们可以看出需要 16 位。同样，虚构的计算机可以寻址 65 536 个字节，每个字节分配一个 16 位的内存地址。表 7-1 给出了 16 位内存地址布局的一些示例数据。

表 7-1　带示例数据的 16 位内存地址布局（跳过中间地址）

内存地址（二进制）	内存地址（十六进制）	示例数据
0000000000000000	0000	23
0000000000000001	0001	51
0000000000000010	0002	4A
⋮	⋮	⋮
1111111111111101	FFFD	03
1111111111111110	FFFE	94
1111111111111111	FFFF	82

为什么位数很重要？表示内存地址的位数通常是计算机设计中关键的一环。它限制了计算机可以访问的内存容量，并影响着程序在底层对内存的处理。

我们假设虚拟计算机从内存地址 0x0002 开始存放了一个 ASCII 字符串“Hello”。由于每个 ASCII 字符都需要 1 个字节，因此保存“ Hello”就要 5 个字节。在查看内存时，一般用十六进制来表示内存地址和这些内存地址的内容。表 7-2 提供了从地址 0x0002 开始存放的“Hello”的直观视图。

表 7-2　存储在内存中的“Hello”

内存地址	数据字节	ASCII 数据
0000	00	
0001	00	
0002	48	H
0003	65	e
0004	6C	l
0005	6C	l
0006	6F	o
0007	00	
⋮	⋮	
FFFF	00	

使用这种格式可以清楚地表明一个地址只保存一个字节，所以存放 5 个 ASCII 字符所需的地址就是从 0x0002 到 0x0006。请注意，表 7-2 把其他内存地址中的值表示为 00，但

实际上，假设随机地址保存 0 是不安全的，它可能是任何值。也就是说，某些编程语言中的标准做法是用空终止符（一个等于 0 的字节）结束文本字符串，在这种情况下，我们实际上希望看到地址 0x0007 中的值为 00。

允许检查计算机内存的应用程序一般以类似于图 7-4 所示的格式来表示内存的内容。

图 7-4 中最左边的一列是用十六进制表示的内存地址，随后的 16 个值表示该地址及其后 15 个地址中的字节值。这种表示方法比表 7-2 更为紧凑，但它意味着每个地址并不是唯一被表示出来的。在图 7-4 中，我们再次看到 ASCII 字符串“Hello”从地址 0x0002 开始存放。

地址0002中的字节值　　地址0006中的字节值

```
0000 00 00 48 65 6C 6C 6F 00 00 00 00 00 00 00 00 00
0010 00 00 00 00 00 00 00 00 00 00 00 00 00 00 00 00
0020 00 00 00 00 00 00 00 00 00 00 00 00 00 00 00 00
```

图 7-4　内存字节的典型视图

我们假设的 64 KB RAM 计算机作为例子足够了，但是现代计算设备往往具有大得多的内存。

练习 7-1：计算所需的位数

利用刚刚描述的方法确定寻址 4 GB 内存所需的位数。你需要回顾表 1-3 中关于 SI 前缀的参考信息。请记住，每个字节都分配了一个唯一的地址，这个地址是一个数字。

7.3　中央处理器

内存为计算机提供了一个存放数据和程序的地方，而执行这些指令的是 CPU 或处理器。正是处理器使得计算机能灵活地运行程序，这些程序在设计处理器时甚至都没有被想到。处理器实现一组指令，然后程序员可以用这些指令来构建有意义的软件。尽管每条指令都很简单，但是这些基本指令是构建所有软件的基石。

下面是 CPU 支持的一些指令类型：

- 内存访问：读、写指令（对内存）。
- 算术运算：加、减、乘、除、递增。
- 逻辑运算：AND、OR、NOT。
- 程序流：跳转（到程序特定的部分）、调用（某个子程序）。

我们将在第 8 章讨论具体的 CPU 指令，但现在的重点是了解 CPU 指令仅仅是处理器可以执行的操作。它们相当简单（如两数相加、从内存地址读取数据、执行逻辑 AND 运算等）。程序由这些指令的有序集合组成。用烹饪来类比的话，那么，CPU 是厨师，程序是菜谱，程序中的每条指令就是菜谱上的一个步骤，厨师知道如何执行这些步骤。

程序指令驻留在内存中。CPU 读取这些指令，这样它就能运行程序。图 7-5 展示了一个由 CPU 从内存中读取的简单程序。

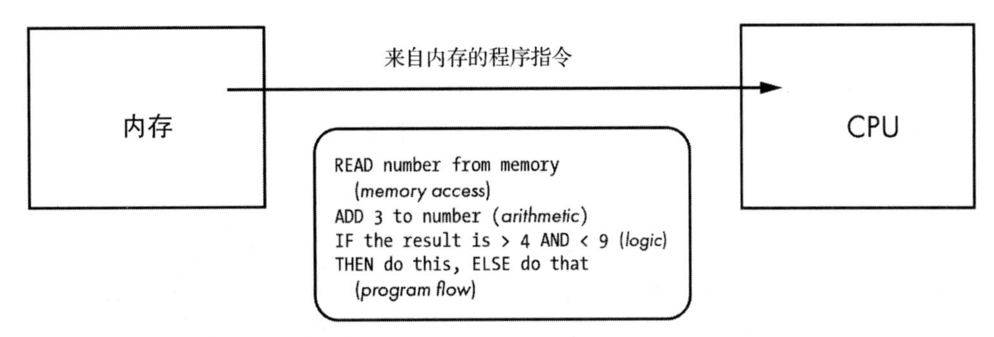

图 7-5　从内存读取示例程序并在 CPU 上运行

图 7-5 中的示例程序是用伪代码编写的，它不是用真正的编程语言编写的，而是一种人类可读的程序描述。该程序中的几条指令分别属于前述的类型（内存访问、算术运算、逻辑运算和程序流）。程序首先读取保存在内存特定地址中的数，然后在这个数上加 3，之后执行两个条件的逻辑与运算。如果逻辑运算结果为真，那么程序将执行 this；否则，程序将执行 that。不管你是否相信，所有的程序本质上都只是这些基本类型的各种组合。

7.3.1　指令集架构

尽管所有的 CPU 都实现了这些指令类型，但是不同处理器可用的指令还是有所不同。在一种 CPU 上存在的一些指令在另一种 CPU 上根本就不存在。甚至几乎所有 CPU 上都有的指令其实现方式也不尽相同。例如，用于表示“两数相加”的特定二进制位序列在不同类型的处理器上是不同的。使用相同指令的一系列 CPU 共享一个指令集架构（Instruction Set Architecture，ISA）——简称架构，它是表示 CPU 工作原理的模型。为特定 ISA 构建的软件可以在实现该 ISA 的任何 CPU 上运行。对于多种处理器模型，甚至不同制造商的处理器模型而言，都可以实现相同的架构。这样的处理器的内部工作方式可能差异很大，但通过遵循相同的 ISA，它们可以运行相同的软件。当前有两种主流的指令集架构：x86 和 ARM。

大多数台式计算机、笔记本计算机和服务器都使用 x86 CPU。该名称来源于 Intel 公司对其处理器的命名约定（每个处理器名称都以 86 结尾），如从 1978 年发布的 8086 到后来的 80186、80286、80386 和 80486。在 80486（简称 486）之后，Intel 开始用诸如 Pentium 和 Celeron 等名称来命名其处理器，虽然名称变了，但这些处理器仍然是 x86 CPU。Intel 之外的其他公司也生产 x86 处理器，特别是 Advanced Micro Devices（AMD）公司。

术语 x86 指的是一组相关的架构。随着时间的推移，新的指令被添加到 x86 架构中，但每一代架构都试图保持向后兼容性。这通常意味着在较早 x86 CPU 上开发的软件可以在较新的 x86 CPU 上运行，但是利用了新 x86 CPU 指令，在较新的 x86 CPU 上开发的软件则不能在较早的 x86 CPU 上运行，它们不能理解这些新的指令。

x86 架构主要包括三代处理器：16 位、32 位和 64 位处理器。让我们暂停一下，看看 CPU 是 16 位、32 位或 64 位处理器是什么意思。与处理器相关的位数——也称为它的位数或字长，是指处理器一次可以处理的位数。因此，32 位 CPU 可以操作长度为 32 位的数值。再具体一点，这表示计算机架构具有 32 位寄存器、32 位地址总线或 32 位数据总线，或者这三者都是 32 位的。我们将在后面详细讨论寄存器、数据总线和地址总线。

回到 x86 架构及其几代处理器，最初在 1978 年发布的 8086 处理器是 16 位处理器。受到 8086 的鼓舞，Intel 继续生产了兼容的处理器。Intel 后续的 x86 处理器也是 16 位的，直到 1985 发布了 80386 处理器，它采用了新的 32 位版 x86 架构。32 位版的 x86 有时也被称为 IA-32。多亏了向后兼容性，现代 x86 处理器仍然支持 IA-32。图 7-6 展示了 x86 处理器的一个例子。

图 7-6　Intel 486 SX（一个 32 位 x86 处理器）

有意思的是，是 AMD 而不是 Intel 把 x86 带入 64 位时代。在 20 世纪 90 年代末，Intel 的 64 位研究重点放在一种新的 CPU 架构上，这种架构被称为 IA-64 或 Itanium，但它不是 x86 ISA，最终它成了服务器的定制产品。在 Intel 关注 Itanium 时，AMD 抓住机会扩展了 x86 架构。2003 年，AMD 发布了第一款 64 位的 x86 CPU——Opteron 处理器。AMD 的架构最初被称为 AMD64，后来 Intel 采用了这个架构并把它称为 Intel 64。这两种实现在功能上基本相同，现在 64 位的 x86 通常称为 x64 或 x86-64。

尽管 x86 统治了个人计算机和服务器世界，但 ARM 处理器主宰了智能手机和平板电脑等移动设备领域。很多公司都生产 ARM 处理器。一家名为 ARM Holding 的公司开发了 ARM 架构，并将其设计授权给其他公司来实现。ARM CPU 通常用于片上系统（System-on-Chip，SoC）设计，这里，单个集成电路不仅包含 CPU，还包含内存和其他硬件。ARM 架构作为 32 位 ISA 起源于 20 世纪 80 年代。ARM 架构的 64 位版本于 2011 年推出。相比于 x86 处理器，由于降低了功耗和成本，ARM 处理器在移动设备中很受欢迎。ARM 处理器也可以用于 PC，但为了保持与现有 x86 PC 软件的向后兼容性，市场主要还是集中在 x86 上。不过在 2020 年，Apple 宣布它们打算把 macOS 计算机从 x86 迁移到 ARM CPU 上。

7.3.2　内部结构

在内部，CPU 由多个组件构成，这些组件协同工作以执行指令。我们将关注三个基本组件：处理器寄存器、算术逻辑单元和控制单元。处理器寄存器位于 CPU 里面，在处理过程中保存数据。算术逻辑单元（Arithmetic Logic Unit，ALU）执行逻辑和算术运算。处理器控制单元指挥 CPU，并和处理器寄存器、ALU 和内存通信。图 7-7 显示了 CPU 架构的简化示意图。

现在来看处理器寄存器。内存保存正在执行的程序的数据。但是，当程序要对一段数据进行操作时，CPU 需要在处理器硬件中设置一个临时的位置来存放数据。为了达到这个目的，CPU 有一些小型的内部存储位置，它们被称为处理器寄存器（简称“寄存器”）。与访问内存相比，CPU 访问寄存器是非常快的操作，但是寄存器只能存放少量的数据。由于寄存器太小了，因此衡量每个寄存器大小的单位是位而不是字节。例如，32 位 CPU 通常有 32 位“宽”的寄存器，这表示每个寄存器可以保存 32 位的数据。寄存器是在被称为寄存器文件（不要和文档或图片等数据文件搞混）的组件中实现的。寄存器文件中使用的存储单元一般是 SRAM。

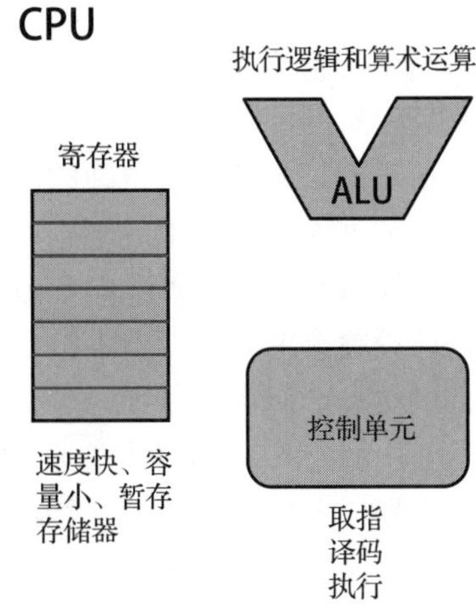

图 7-7　CPU 架构的简化示意图

ALU 在 CPU 内部处理逻辑和算术运算。我们之前介绍过组合逻辑电路，其输出是输入的函数。处理器的 ALU 就是一个完整的组合逻辑电路。ALU 的输入是被称为操作数的数值，以及指示要对这些操作数执行哪种操作的编码。ALU 输出该操作的结果和状态信息，这个状态信息提供了关于操作执行的更多细节。

控制单元是 CPU 的协调器。它以循环方式工作：从内存取一条指令，对该指令进行译码，然后执行它。由于正在运行的程序保存在内存中，因此控制单元需要知道读取哪个内存地址来取出下一条指令。控制单元通过查看一个被称为程序计数器（Program Counter，PC）的寄存器来确定这个地址，该寄存器在 x86 中也被称为指令指针。程序计数器存放下一条要执行的指令的地址。控制单元从指定的内存地址读取指令，把该指令存入被称为指令寄存器的寄存器中，并更新程序计数器使其指向下一条指令。然后，控制单元对当前指令进行译码，理解表示指令的 1 和 0 的含义。译码后，控制单元执行指令，这可能需要 CPU 中其他组件的协作。例如，执行加法运算就需要控制单元指示 ALU 执行所需的算术运算。一旦指令完成，控制单元就重复这个循环：取指、译码、执行。

7.3.3　时钟、内核和高速缓存

由于 CPU 执行有序的指令集，你可能想知道是什么使得 CPU 从一条指令前进到下一条指令。我们之前演示了如何利用时钟信号让电路从一个状态进入另一个状态，比如在计数器电路中。同样的原理在这里也适用。CPU 接收输入的时钟信号，如图 7-8 所示，时钟脉冲作为提供给 CPU 的信号，使其在状态间转换。

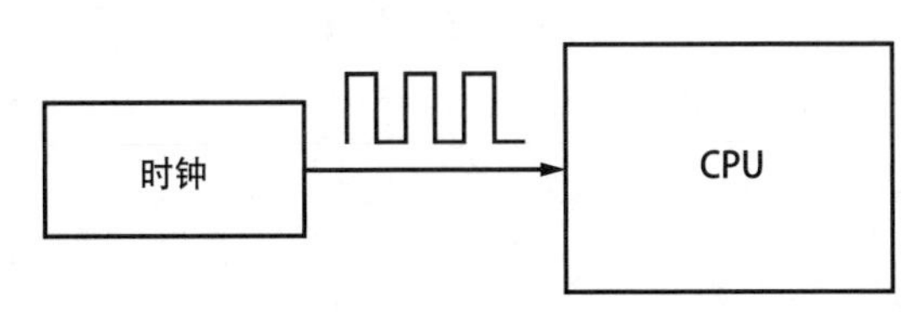

图 7-8　时钟为 CPU 提供振荡信号

认为 CPU 每个时钟周期只执行一条指令是过于简单的想法。有些指令需要多个周期才能完成。此外，现代 CPU 使用一种被称为流水线的方法，把指令分为更小的步骤，这样多条指令的步骤就可以由一个处理器并行运行。例如，处理器可以在取一条指令的同时对另一条指令进行译码并执行第三条指令。不过，把时钟的每个脉冲都看作使 CPU 在执行程序时前进的信号还是有帮助的。现代 CPU 的时钟频率以 GHz 为单位。例如，2 GHz 的 CPU 的时钟每秒振荡 20 亿次！

提高时钟频率会让 CPU 在单位时间内执行更多的指令。可惜的是，我们不能以任意高的时钟频率来运行 CPU。CPU 的输入时钟频率有上限，当超过这个上限时，CPU 会产生过多的热量。而且，CPU 的逻辑门也可能跟不上，导致意外的错误和崩溃。多年来，计算机行业中的 CPU 时钟频率上限在稳步提高。这种时钟频率的提高很大程度上是由于制造工艺的定期改进导致了晶体管密度的增加，这就使得 CPU 能具备更高的时钟频率，同时其功耗又大致保持不变。1978 年，Intel 8086 的时钟频率为 5 MHz，到了 1999 年，Intel Pentium Ⅲ 的时钟频率为 500 MHz，仅用了大约 20 年时钟频率就提高了 100 倍！之后，CPU 时钟频率继续快速提高，直到 2000 年初超过了 3 GHz 的阈值。从那时起，尽管晶体管的数量还在持续增加，但与晶体管尺寸有关的物理上限使得显著提升时钟频率变得不现实。

随着时钟频率上限趋于稳定，处理器设计者开始寻求一种新方法来让 CPU 完成更多的工作。CPU 的设计不再关注如何提高时钟频率，而是开始关注多条指令的并行执行。人们提出了多核 CPU 的概念，这种 CPU 具有多个处理单元，各处理单元被称为内核。如图 7-9 所示，CPU 内核实际上是一个独立的处理器，它与其他独立处理器一起存在于一个 CPU 封装中。

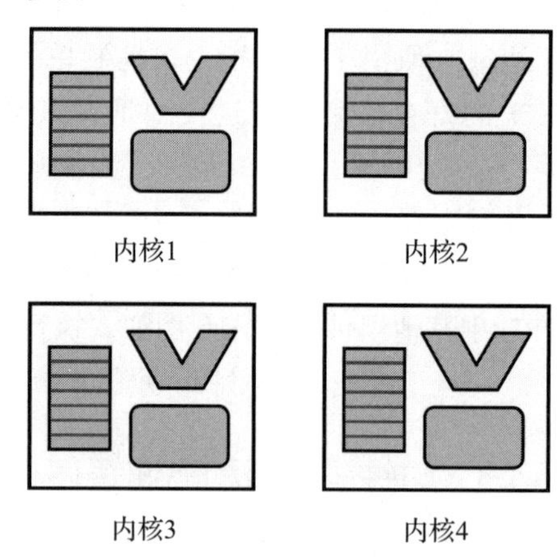

图 7-9　四核 CPU——每个内核都有自己的寄存器、ALU 和控制单元

请注意，并行运行的多个内核与流水线是不一样的。多核的并行性意味着每个内核处理不同的任务，即处理一组不同的指令。相反，流水线是发生在每个内核中的，它允许一个内核并行执行多条指令的小步骤。

添加到 CPU 处理器的每个内核都打开了一扇通向计算机并行执行其他指令的门。也就是说，向计算机的 CPU 添加多个内核并不意味着所有的应用程序都会立即或同等受益。必须编写软件来利用并行处理指令的优势，以获得多核硬件的最大收益。但是，即使单个程序的设计没有考虑并行性，整个计算机系统也可以受益，因为现代操作系统一次会运行多个程序。

我之前描述过 CPU 是如何把数据从内存加载到寄存器进行处理，然后再把数据从寄存器存回到内存以备后续使用的。事实证明，程序往往会一次又一次地访问相同的内存位置。

正如你所预料的，多次返回内存来访问相同的数据是低效的！为了避免这种低效，CPU 中驻留了小容量的存储器以保存经常被访问的内存数据的副本。这种存储器被称为 CPU 的高速缓存。

处理器会检查高速缓存，以查看其想要访问的数据是否在其中。如果在，处理器就可以通过读写高速缓存而不是内存来加快访问速度。当需要的数据不在高速缓存中时，处理器可以在从内存中读取该数据后把它放到高速缓存中。常见的处理器有多级高速缓存，一般是三级。我们把这些高速缓存划分为 L1 高速缓存、L2 高速缓存和 L3 高速缓存。如图 7-10 所示，CPU 首先查找 L1 是否有所需数据，然后查找 L2，再然后查找 L3，最后才查找内存。L1 高速缓存的访问速度是最快的，但它的容量也是最小的。L2 的速度较之慢一些，但容量要大一些，L3 则速度更慢，容量更大。请记住，即使是这些逐渐变慢的高速缓存，它们的访问速度也比内存访问速度要快。

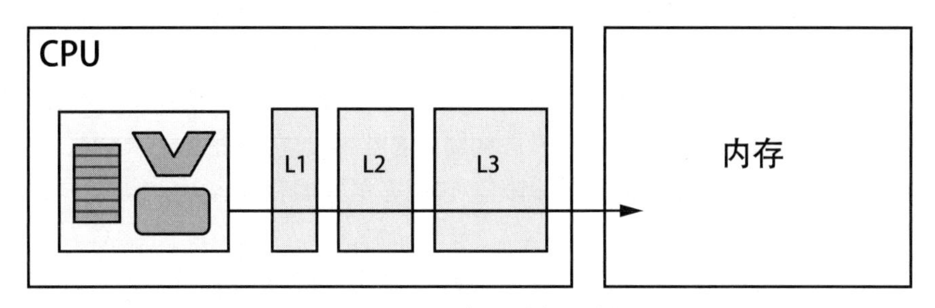

图 7-10　具有三级高速缓存的单核 CPU

在多核 CPU 中，有些高速缓存是专属每个内核的，有些则在内核之间共享。例如，每个内核都有自己的 L1 高速缓存，而 L2 和 L3 高速缓存则是共享的，如图 7-11 所示。

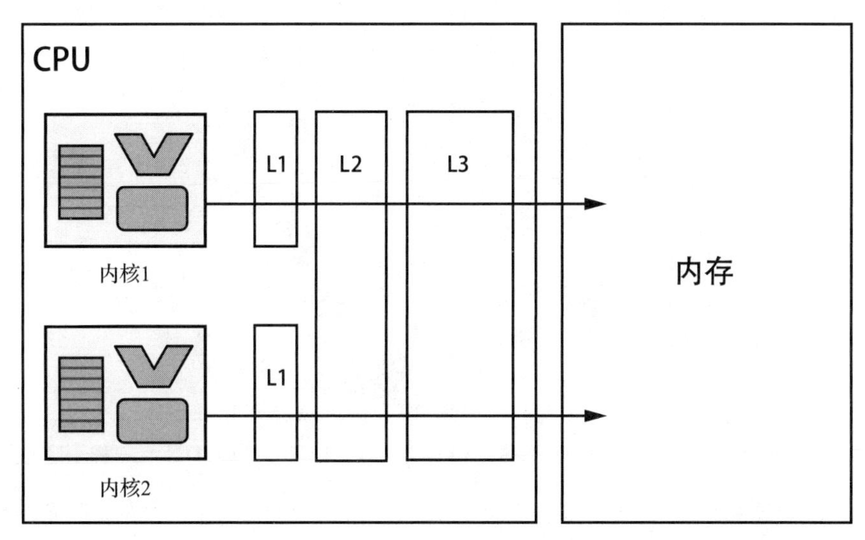

图 7-11　带高速缓存的双核 CPU。每个内核都有自己的 L1 高速缓存，而 L2 和 L3 高速缓存则是共享的

7.4 其他组件

我已经概括地叙述了计算机所需的两个基本组件：内存和处理器。但是，只有内存和处理器的设备与我们想要的有用设备之间还有些差距。第一个差距是，内存和 CPU 都是易失性的，它们在断电后就会丢失状态。第二个差距是，只有内存和处理器的计算机是无法与外界进行交互的。现在让我们看看辅存和 I/O 设备是如何填补这些差距的。

7.4.1 辅存

如果计算机只包含内存和处理器，那么每次设备断电时，它就会丢失所有的数据！为了强调这一点，这里的“数据”不仅是指用户的文件和设置，还包括已安装的应用程序，甚至是操作系统本身。这种相当不方便的计算机在每次开机时都需要人加载 OS 和应用程序。这可能会阻止用户关闭机器。不管你是否相信，前几代计算机就是这么工作的，但幸运的是，现在的工作方式不是这样的。

为了解决这个问题，计算机使用了辅存。辅存是非易失性的，所以即使在系统断电时，它也能保存数据。与 RAM 不同，辅存不是直接由 CPU 寻址的。相比于 RAM，通常这种存储器单位容量的价格更加便宜；与内存相比，它能有更大的存储容量。但是，辅存比 RAM 慢得多，它不适合替代内存。

在现代计算机设备中，硬盘驱动器和固态驱动器是最常见的辅存设备。硬盘驱动器（Hard Disk Drive，HDD）用高速旋转磁盘上的磁性来存储数据，固态驱动器（Solid-State Drive，SSD）用非易失性存储单元中的电荷来存储数据。与 HDD 相比，SSD 更快，更安静，更能容忍机械故障，因为 SSD 没有移动部件。图 7-12 是两个辅存设备的照片。

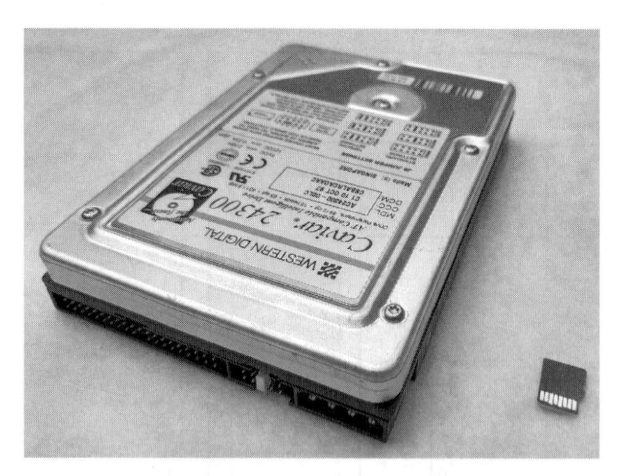

图 7-12 一个 1997 年的 4 GB 硬盘驱动器和一个现代 32 GB MicroSD 卡（一种固态存储器）

有了辅存，计算机就可以按需加载数据。当一台计算机上电时，操作系统将数据从辅存加载到内存，任何被设置为启动时运行的应用程序也会被加载。启动后，当应用程序运行时，程序代码会从辅存加载到内存。这也适用于本地存储的任何用户数据（文档、音乐、设置等），这些数据必须从辅存加载到内存，然后才能被使用。在通常的用法中，辅存一般简称为存储器，而内存（内存储器）/ 主存（主存储器）则简称为内存或 RAM。

7.4.2　输入 / 输出

即使使用了辅存，目前假设的计算机还存在一个问题。一个由处理器、内存和辅存构成的计算机无法与外界交互！这就需要输入 / 输出（I/O）设备了。I/O 设备是一种组件，它允许计算机从外界接收输入（键盘、鼠标），向外界发送数据（显示器、打印机），或两者皆可（触摸屏）。人与计算机的交互需要通过 I/O 设备实现。计算机与计算机的交互也需要通过 I/O 设备实现，一般是以计算机网络（比如互联网）的形式实现。辅存设备实际上是一种 I/O 设备。你可能不会把访问内部存储器看作输入 / 输出，但从 CPU 的角度来看，读写存储器只是另一种 I/O 操作。从存储设备读取数据是输入，向存储设备写入数据是输出。图 7-13 给出了一些输入和输出的例子。

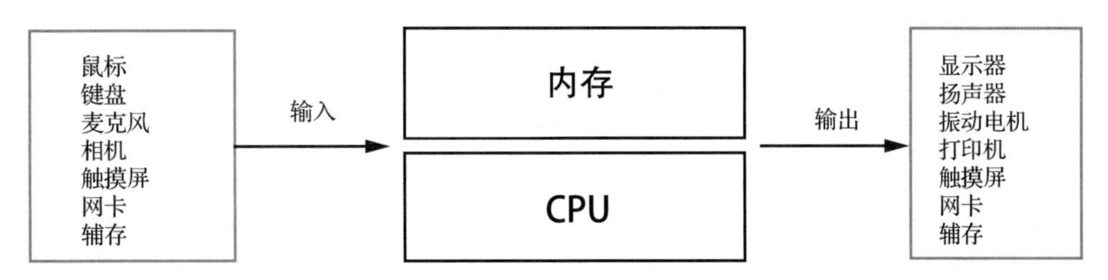

图 7-13　输入和输出的常见类型

那么 CPU 是如何与 I/O 设备进行通信的呢？计算机可以连接多种多样的 I/O 设备，它需要一种标准方式来与这些设备进行通信。为了理解这一点，我们需要先讨论一下物理地址空间，即计算机可用的硬件存储器地址范围。在 7.2 节中，我们已经介绍了内存字节是如何分配地址的。给定计算机系统上全部内存地址都会用一定数量的位来表示。位的数量不仅决定了每个内存地址的大小，而且决定了计算机硬件可用地址的范围——物理地址空间。地址空间通常大于计算机内部安装的 RAM 容量，从而留下一些未使用的物理内存地址。

例如，若一台计算机有 32 位的物理地址空间，则其物理地址范围为从 0x00000000 到 0xFFFFFFFF（32 位数能表示的最大地址）。这大约有 40 亿个地址或 4 GB 的地址空间，其中的每个地址都代表一个字节。假设这台计算机有 3 GB 的 RAM，那么 75% 的可用物理地址被分配给了 RAM 字节。

现在让我们回到计算机是如何与 I/O 设备进行通信的这个问题上。物理地址空间中的地址并不总是指向内存字节，它们也可以指向 I/O 设备。当物理地址空间被映射到 I/O 设备时，CPU 只需对分配给其的内存地址进行读写就可以与该设备通信，这被称为内存映射 I/O（Memory-Mapped I/O，MMIO），如图 7-14 所示。当计算机把 I/O 设备的存储空间看作内存时，它的 CPU 就不需要任何专用的 I/O 操作指令。

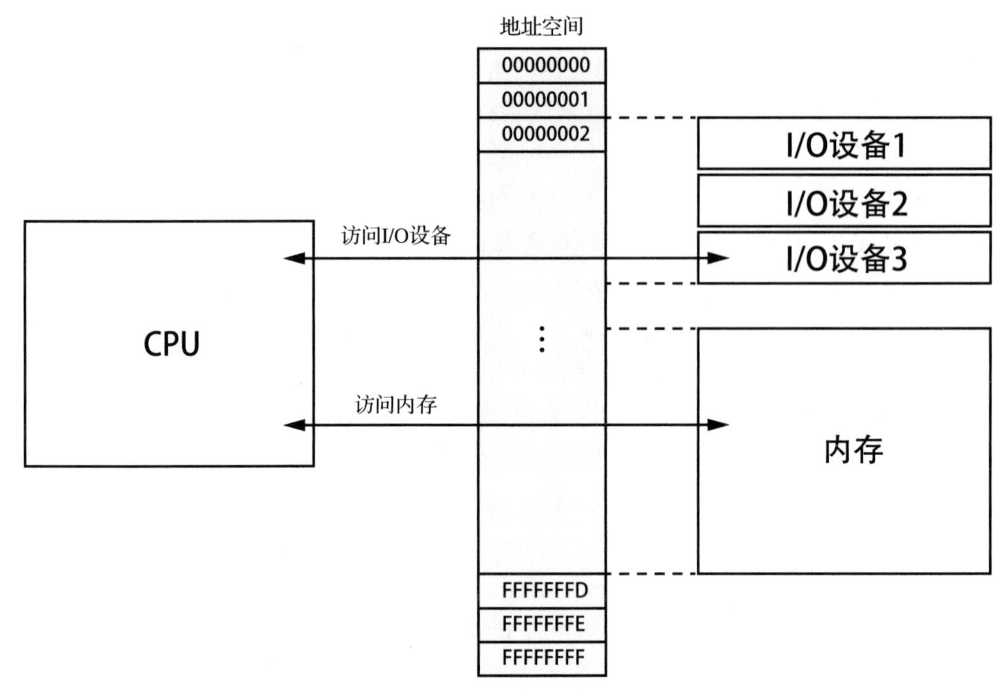

图 7-14　内存映射 I/O

但是，有些 CPU 系列，特别是 x86，确实包含了访问 I/O 设备的专用指令。当计算机使用这种方式时，它不是把 I/O 设备映射到物理内存地址，而是给设备分配一个 I/O 端口。端口就像是一个内存地址，但它不是指向内存中的位置，而是指向 I/O 设备。你可以把 I/O 端口集合看作另一个地址空间，它和内存地址不在一个空间。这意味着端口 0x378 与物理内存地址 0x378 指的不是同一个东西。通过独立的端口地址空间访问 I/O 设备被称为端口映射 I/O（Port-Mapped I/O，PMIO）。当前，x86 CPU 同时支持端口映射 I/O 和内存映射 I/O。

I/O 端口地址和内存映射 I/O 地址通常指向设备控制器，而不是直接指向存储在设备上的数据。例如，对于硬盘驱动器来说，磁盘的字节不会直接映射到地址空间。相反，硬盘驱动器的控制器提供一个通过 I/O 端口或内存映射 I/O 地址可以访问的接口，从而允许 CPU 请求对磁盘位置进行读写操作。

练习 7-2：了解生活中的硬件设备

选择一些计算机设备——比如笔记本计算机、智能手机或游戏机。就每个设备回答以下问题。你可能需要查看设备自身的设置才能找到答案，也可能需要通过网络进行一些研究。

- ❑ 这个设备有什么样的 CPU？
- ❑ 该 CPU 是 32 位的还是 64 位（或者其他）的？

- ❑ 该 CPU 的时钟频率是多少？
- ❑ 该 CPU 有 L1、L2 或 L3 高速缓存吗？如果有的话，多少钱？
- ❑ 该 CPU 使用哪种指令集架构？
- ❑ 该 CPU 有多少个内核？
- ❑ 该设备的内存容量有多大？是哪种类型的内存？
- ❑ 该设备的辅存容量有多大？是哪种类型的辅存？
- ❑ 该设备有哪些 I/O 设备？

7.5　总线通信

到目前为止，我们已经介绍了计算机中的内存、CPU 和 I/O 设备。我们还探讨了 CPU 通过内存地址空间与内存和 I/O 设备之间的通信。现在，让我们进一步讨论一下 CPU 是如何与内存和 I/O 设备通信的。

总线是计算机组件使用的一种硬件通信系统。总线的实现方式有多种，但在计算机发展的早期，总线只是一组并列的导线，每根导线携带一个电信号。每根导线上的电压表示一个位，这就使得多个数据位能并行传输。现在的总线设计并不总是这么简单，但其意图与之类似。

CPU、内存和 I/O 设备之间的通信经常使用三种常见的总线类型。地址总线充当选择器，用于选择 CPU 想要访问的内存地址。例如，如果程序希望向地址 0x2FE 写入数据，那么 CPU 就把 0x2FE 写到地址总线上。数据总线传送从内存读出的值以及向内存写入的值，所以如果 CPU 想要把值 25 写入内存，那么 25 就会被写到数据总线上，如果 CPU 正在从内存读取数据，那么 CPU 就从数据总线上读取这个值。控制总线管理发生在其他两种总线上的操作。例如，CPU 用控制总线来指示一个写操作即将发生，控制总线可以携带一个信号来指示某个操作的状态。图 7-15 展示了 CPU 是如何使用地址总线、数据总线和控制总线来读取内存的。

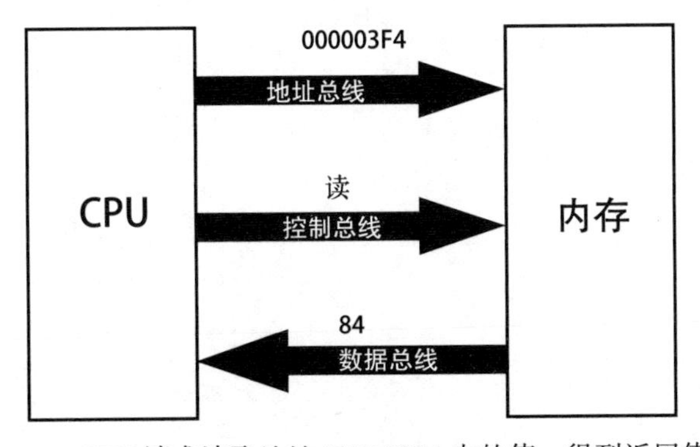

图 7-15　CPU 请求读取地址 000003F4 中的值，得到返回值 84

在图 7-15 展示的例子中，CPU 需要读取内存地址 000003F4 中存储的值。为此，CPU 把 000003F4 写到地址总线。CPU 还要在控制总线上设置一个特定的值，指示它希望执行一个读操作。这些总线的更新值作为内存控制器（管理与内存的交互的电路）的输入，告诉控制器 CPU 想要读取存储在内存地址 000003F4 中的值。作为回应，内存控制器检索存储在地址 000003F4 中的值（本例中为 84），并把它写到数据总线上，然后 CPU 可以从总线上读取该值。

7.6 总结

本章介绍了计算机硬件：执行指令的中央处理器（CPU）、在上电时保存指令和数据的随机存取存储器（RAM），以及与外界交互的输入 / 输出（I/O）设备。你了解了内存由单个位存储单元组成，SRAM 中用触发器实现存储单元，DRAM 中用晶体管和电容器实现存储单元。我们还介绍了内存地址是如何工作的，其中的每个地址都指向一个内存字节。你了解了 CPU 架构，包括 x86 和 ARM。我们探讨了 CPU 内部是如何工作的，了解寄存器、ALU 和控制单元。我们介绍了辅存和其他类型的 I/O 设备。最后，我们还讨论了总线通信。

第 8 章将从硬件转到使计算机独一无二的元素——软件。我们将讨论处理器执行的底层指令，以及这些指令是如何组合在一起来执行有用的操作的。你将有机会用汇编语言编写软件，并用调试工具来探究机器码。

第 8 章 Chapter 8

机器码与汇编语言

我们已经介绍了计算机的物理部分：内存、CPU 和 I/O 设备。理解计算机的硬件部分很重要，但是硬件只起一半作用。计算机的魔力在于软件。软件把计算机从固定用途的设备变成了高度灵活的设备，它能轻松地实现新的功能！本章将介绍底层软件——机器码和汇编语言。我发现交互方法是理解这些主题的最好方法，所以本章的大部分内容都体现在设计中。

8.1 软件术语

要讨论软件，需要首先介绍一些术语。告诉计算机做什么的指令被称为“软件”，这与硬件形成了对比，硬件是计算机的物理元素。完成任务的一组有序的软件指令被称为“程序”，编程就是编写这种程序的行为。

术语“应用程序”有时被用作程序的同义词，尽管应用程序往往指的是直接与人进行交互的程序，而不是与软件或硬件交互的程序。应用程序也可能由多个程序构成。app 这个词大约在 2008 年开始流行，其中含有的其他意思将在第 13 章中介绍。

另一个指代一组软件指令的名称是“计算机代码”或“代码”。CPU 执行“机器码”，而软件开发人员一般用高级编程语言编写源代码。术语“源代码”是指由开发人员最初编写的程序文本。这种代码一般不会用 CPU 能直接理解的形式来编写，因此在其能被计算机运行之前，还需要进行其他处理。我将在第 9 章详细介绍源代码和高级编程语言，但是现在，我们先来看看软件的基础：机器码。

机器码是二进制机器语言指令形式的软件。如第 7 章所述，CPU 的架构决定了 CPU 能理解的指令。就像人类语言是用词汇表构成的一样，机器语言是用 CPU 系列已知的指令列表构成的。词汇表中的词语排列成句子来表达含义，CPU 指令排列成程序后也具有相同功能。

不管程序最初是如何编写的（编写程序的方法有很多种），它最终都需要在 CPU 上作为一系列机器语言指令来执行。正如你所期望的，CPU 指令可以归结为一系列 0 和 1，就像计算机处理的所有其他事情一样。这里值得重复一下：不论程序最初是如何编写的，也不论用的是哪种编程语言，更不论使用的是什么技术，最后程序都会变成一系列的 0 和 1，表示 CPU 可以执行的指令。

几年前，我有一项工作是关于诊断软件故障的。通常，我要分析发生在其他公司编写的软件中的问题。我没有这类软件的源代码，也没有很多关于它应如何工作的相关信息，但是我的工作就是确定软件故障的原因！我有个同事对此很淡然，他常常提醒我“这就是个代码”。换句话说，故障软件就是一组被 CPU 解释为指令的 1 和 0。如果 CPU 可以理解代码，那么你也可以。

8.2　机器指令示例

我认为切入机器码主题的最简单方法就是看示例。我们来看看 ARM 系列处理器能理解的特定机器指令。你可能还记得，大多数智能手机上都能发现 ARM 处理器，所以你的手机可能也可以理解这条指令。

我们的示例指令告诉处理器把数字 4 移动到寄存器 `r7` 中，`r7` 是 ARM 处理器通用寄存器中的一个。回忆一下我们之前讨论的计算机硬件，寄存器是 CPU 中的一种小容量存储位置。执行这个操作的 ARM 指令的二进制形式如下：

```
11100011101000000111000000000100
```

我们来看看 ARM CPU 是如何理解这条指令的，如图 8-1 所示。注意，我们跳过了无关的一些位。

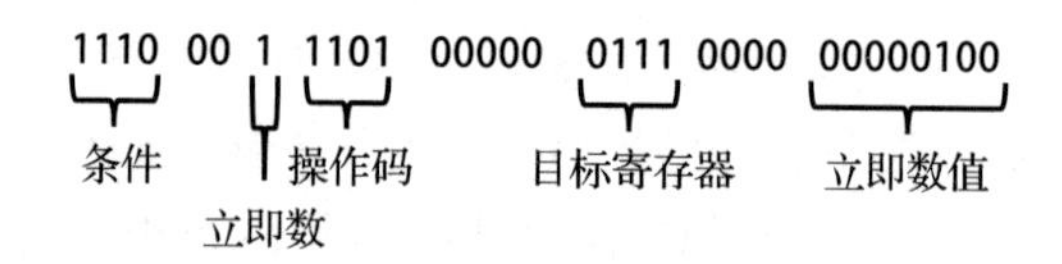

详细说明：
- 条件 = 1110 = 总是执行（无条件）
- 立即数 = 1 = 指令的最后8位是值
- 操作码 = 1101 = 移动数值，通常表示为“mov”
- 目标寄存器 = 0111 = r7
- 立即数值 = 0000 0100 = 十进制数4

图 8-1　ARM 指令

条件部分指示了在什么条件下该指令应该执行。1110 意味着这条指令是无条件执行的，所以 CPU 应该总是执行它。虽然本例中不是这样的，但是有些指令只需要在特定条件下执行。接下来的两位（本例中为 00）与我们的讨论无关，所以跳过它们。立即数位告诉我们将要访问的是寄存器中的值，还是指令本身指定的值（称为立即数）。本例中，立即数位为 1，要访问的是指令中指定的数。如果立即数位是 0，那么被访问寄存器将由指令中的其他位来指定。操作码表示 CPU 要执行的操作。本例中，操作码是 `mov`，意思是 CPU 要移动数据。目标寄存器 0111 告诉我们把值移动到寄存器 `r7`（0111 是十进制的 7）中。最后，立即数值 00000100 是十进制的 4，这是我们想要移动到 `r7` 中的数。简单概括一下，这个二进制序列告诉 ARM CPU 把数字 4 移动到 `r7` 寄存器中。

CPU 总是用二进制处理各种事情，但是绝大多数人很难处理这些 0 和 1。现在，我们用十六进制表示同样的指令，以便让它更容易读懂：

```
e3a07004
```

现在是不是好点啦？好吧，也许不是。这种格式比二进制格式更加紧凑，也更容易区分，但它的含义仍然不明显。对我们而言，幸运的是还有另一种方法来表示这条指令：汇编语言。汇编语言是一种编程语言，它的每一条语句都直接表示一条机器语言指令。每种类型的机器语言都有对应的汇编语言——如 x86 汇编语言、ARM 汇编语言等。汇编语言语句由一个表示 CPU 操作码的助记符和其他必需的操作码（比如寄存器或数值）组成。助记符是人类可读的操作码形式，它允许汇编语言程序员在代码中用 `mov` 而不是 1101。之前讨论过的相同的 ARM 指令也可以用如下汇编语言语句表示：

```
mov r7, #4
```

与相应的二进制和十六进制表示相比，这个语句当然是表示“把 4 移动到 `r7` 寄存器中”的更好的方式！最起码对人类来说更容易阅读。也就是说，汇编语言语句只是为了人类方便。CPU 从不会执行文本格式的指令，它只处理二进制格式的指令。如果程序员用汇编语言编写程序，那么在计算机执行该程序之前，汇编指令仍然必须转换成机器码。这要用“汇编器”来完成，汇编器是一种把汇编语言语句转换成机器码的程序。汇编语言文本文件被送入汇编器，汇编器输出的就是包含机器码的二进制目标文件，如图 8-2 所示。

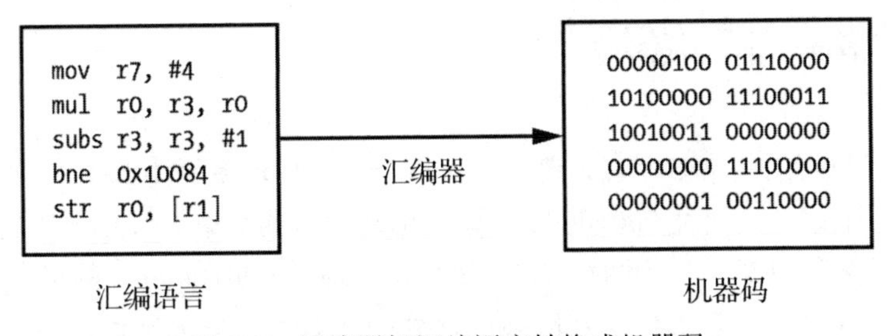

图 8-2　汇编器把汇编语言转换成机器码

8.3 用机器码计算阶乘

现在我们已经查看了单条 ARM 指令，接下来我们看看如何把多条指令组合在一起来执行有用的任务。我们来看一个计算整数阶乘的 ARM 机器码。你可能还记得在数学课上学过，n 的阶乘（写作 $n!$）是小于或等于 n 的正整数的乘积。例如，4 的阶乘为

$$4! = 4 \times 3 \times 2 \times 1 = 24$$

现在我们已经有了阶乘的定义，让我们来看看用 ARM 机器码如何实现阶乘算法。为了简单起见，我们不查看完整的程序代码，只看执行阶乘算法的部分。我们假设 n 的初始值保存在寄存器 `r0` 中，并且当代码完成时，计算结果也保存在 `r0` 中。

如同计算机处理的任何其他数据一样，在 CPU 访问机器码之前，必须把它加载到内存中。下面的是机器码的 32 位（4 字节）十六进制表示，以及每个值的内存地址。

```
地址        数据
0001007c    e2503001
00010080    da000002
00010084    e0000093
00010088    e2533001
0001008c    1afffffc
```

当我们的代码加载到内存时，阶乘逻辑从地址 0001007c 开始。来看看从这个地址开始的内存内容。请注意：0001007c 不是一个神奇的地址；它只是恰好是本例中代码加载的地方。还要注意，内存地址值增幅为 4，因为每个数据值都需要 4 个字节来存放。每条 ARM 指令长度都为 4 字节，所以这里的数据表示 5 条 ARM 指令。

把这些指令看作十六进制的值并不能让我们深入理解它们的含义，所以让我们对这些指令进行译码以便理解这个程序。在下面的清单中，我已经把十六进制的数值转换成相应的汇编语言助记符。如果你好奇的话，把机器语言手动翻译成汇编语言不是你需要了解的！我们有完成这项功能的软件，称为“反汇编器”。现在，这本书就充当了你的反汇编器。下面列出了每条指令，以及与之配对的汇编语句：

```
地址        数据        汇编
0001007c    e2503001    subs r3, r0, #1
00010080    da000002    ble  0x10090
00010084    e0000093    mul  r0, r3, r0
00010088    e2533001    subs r3, r3, #1
0001008c    1afffffc    bne  0x10084
00010090    ---
```

CPU 按顺序执行这些指令，直到遇到分支指令（比如 `ble` 或 `bne`），分支指令会让它跳转到程序的另一个部分。地址 00010090 标记着阶乘逻辑的结束。一旦到达这个地址，阶乘运算结果就已经保存到 `r0` 了。此时，CPU 执行位于地址 00010090 处的指令。

你可能好奇这些指令是如何表示阶乘的计算的。对大多数人来说，粗略地看一下这些指令不足以理解其所含的意思。采取循序渐进的方式，在每条指令执行时跟踪寄存器的值

能帮助你理解这个程序。我将给你提供一些必需的背景资料，然后你可以尝试评估这个程序是如何工作的。

为了理解这个程序，你首先需要对每条指令的说明。在表 8-1 中，我已经给出了这个程序中每条指令的解释。在这个表中，我使用了寄存器的占位符名称，比如 *Rd* 和 *Rn*。当你查看汇编代码时，你将看到实际使用的寄存器名称，比如 `r0` 和 `r3`。代码中列出的操作数顺序对应于表 8-1 中的操作数顺序。例如，`subs r3, r0, #1` 表示从存储在 `r0` 中的值中减去 1，并把结果存放到 `r3` 中。

表 8-1　一些 ARM 指令的解释

指令	详细信息
`subs` *Rd*, *Rn*, `#Const`	**减法** 将存储在寄存器 *Rn* 中的值减去常数值 Const，并把结果存放到寄存器 *Rd* 中。换句话说：*Rd*=*Rn*-Const
`mul` *Rd*, *Rn*, *Rm*	**乘法** 把存储在寄存器 *Rn* 中的值和存储在寄存器 *Rm* 中的值相乘，结果存放在寄存器 *Rd* 中。换句话说：*Rd*=*Rn*×*Rm*
`ble` *Addr*	**如果小于或等于，则跳转到分支指令** 如果前面的操作结果小于或等于 0，那么跳转到位于地址 *Addr* 处的指令，否则，继续执行下一条指令
`bne` *Addr*	**如果不相等，则跳转到分支指令** 如果前面的操作结果不等于 0，那么跳转到位于地址 *Addr* 处的指令，否则，继续执行下一条指令

分支和状态寄存器

分支指令实际并不查看前一条指令的数值结果。和大多数 CPU 一样，ARM 处理器也有一个寄存器专门跟踪状态。这个状态寄存器有 32 位，每个位对应一个特定的状态标志。例如，位 31 是 N 标志，当指令结果为负数时，该标志置 1。只有某些指令会影响这些标志状态。例如，`subs` 指令会改变标志的状态。如果某个减法运算结果是负的，那么 N 标志会置 1，否则，它会清零。其他指令（包括分支指令）则查看状态标志位来决定该做什么。这看上去是一种迂回的方式，但实际上，它简化了像 `bne` 这样的指令——处理器可以根据单个位的值进行分支（或不进行分支）。

关于这个主题的解释已经讲完了，本章剩余部分包含一个练习和两个设计。在练习 8-1 中，你将用表 8-1 中的详细信息来完成阶乘程序，以理解每条指令是如何工作的。

练习 8-1：把自己的大脑当作 CPU

尝试自己运行如下 ARM 汇编程序：

```
地址      汇编指令
0001007c  subs r3, r0, #1
00010080  ble  0x10090
00010084  mul  r0, r3, r0
00010088  subs r3, r3, #1
0001008c  bne  0x10084
00010090  ---
```

假设输入值 $n = 4$ 最初保存在 r0 中。当程序运行到 00010090 处的指令时，就表明已经到达本代码的末尾，且 r0 中将是预期的输出值 24。建议对于每条指令，在其执行前后都跟踪 r0 和 r3 的值。遍历这些指令，直到到达地址 00010090 处的指令，看看是否得到了预期的结果。如果一切正常，你应该多次循环执行相同的指令，这是有意为之的。

在纸上学习汇编语言是很好的开始，但是在计算机上尝试汇编语言会更好。

注意 请参阅设计 12 编写阶乘运算的汇编代码并在其执行时进行检查。此外，请参阅设计 13 学习一些检查机器码的其他方法。

8.4 总结

本章讨论了机器码，即特定于 CPU 的一系列指令，它们在内存中以字节表示。你学习了如何对示例 ARM 处理器指令进行编码，以及如何用汇编语言表示该指令。你了解到汇编语言是一种源代码，尤其是人类可读形式的机器码。我们还了解了怎样组合多条汇编语言语句来执行有用的操作。

第 9 章将讨论高级编程语言。这种语言提供了 CPU 指令集的抽象，允许开发人员编写更容易理解且可以在不同计算机硬件平台之间移植的源代码。

设计 12：汇编语言中的阶乘运算

前提条件：一个运行 Raspberry Pi 操作系统的 Raspberry Pi。建议参考附录 B 了解如何使用 Raspberry Pi 操作系统，包括如何处理文件，这在本章设计中会普遍用到。

本设计中，你将用汇编语言构建一个阶乘程序。然后你将查看生成的机器码。除了本章已经给出的代码之外，阶乘程序还包含一些其他的代码。具体说来，程序还要从内存读取 n 的初始值，把结果写回到内存中，并在最后把控制权交还给操作系统。

汇编指令和伪指令

由于要包含其他代码，因此表 8-2 解释了代码中用到的各种指令。你已经在表 8-1 中看到了其中的一些指令，但是表 8-2 中仍包含了全部指令以方便你参考。

表 8-2　设计 12 中使用的 ARM 指令

指令	详细信息
`ldr Rd, Addr`	**从内存加载到寄存器** 读取地址 *Addr* 中的值并将其放入寄存器 *Rd*
`str Rd, Addr`	**把寄存器的值存入内存** 把寄存器 *Rd* 中的值写入地址 *Addr*
`mov Rd, #Const`	**把常数移动到寄存器** 把常数值 *Const* 移动到寄存器 *Rd* 中
`svc`	**进行系统调用** 向操作系统发出请求
`subs Rd, Rn, #Const`	**减法** 将存储在寄存器 *Rn* 中的值减去常数值 *Const*，并把结果存放到寄存器 *Rd* 中。换句话说：*Rd* = *Rn*-*Const*
`mul Rd, Rn, Rm`	**乘法** 把存储在寄存器 *Rn* 中的值和存储在寄存器 *Rm* 中的值相乘，结果存放在寄存器 *Rd* 中。换句话说：*Rd* = *Rn* × *Rm*
`ble Addr`	**如果小于或等于，则跳转到分支指令** 如果前面的操作结果小于或等于 0，那么跳转到位于地址 *Addr* 处的指令，否则，继续执行下一条指令
`bne Addr`	**如果不相等，则跳转到分支指令** 如果前面的操作结果不等于 0，那么跳转到位于地址 *Addr* 处的指令，否则，继续执行下一条指令

当用汇编语言编写代码时，开发人员还会使用汇编伪指令。它们不是 ARM 指令，而是给汇编器的命令。这些伪指令以句点开头，所以很容易把它们与指令区分开来。在下面的代码中，你还可以看到文本后面跟着冒号——这些是标签，是给内存地址的名称。由于在编写代码的时候我们不知道指令会位于内存的什么位置，因此我们用标签而不是内存地址来引用内存位置。还有一件事情需要注意：@ 符号表示跟在其后面（同一行）的文本是注释。我已经用注释来解释程序，但是如果你愿意的话，也可以跳过注释。

输入并检查代码

这些背景知识足够了，毕竟这只是个设计！是时候输入代码了。在你的主文件夹根目录下，用你选择的文本编辑器创建一个名为 fac.s 的新文件。附录 B 中有 Raspberry Pi 文档，其中介绍了 Raspberry Pi 操作系统中使用文本编辑器的详细步骤。把如下 ARM 汇编代码输入文本编辑器中（无须保留缩进和空行格式，但一定要保留换行符，虽然额外的换行符不会有问题）。如果你还未理解这段代码，也不用担心，我会在代码的后面解释你需要理解的内容。

```
.global _start❶

.text❷
_start:❸
  ldr  r1, =n      @ set r1 = address of n❹
  ldr  r0, [r1]    @ set r0 = the value of n
  subs r3, r0, #1  @ set r3 = r0 - 1
  ble  end         @ jump to end if r3 <= 0
loop:
  mul  r0, r3, r0  @ set r0 = r3 x r0
  subs r3, r3, #1  @ decrement r3
  bne  loop        @ jump to loop if r3 > 0
end:
  ldr  r1, =result @ set r1 = address of result❺
  str  r0, [r1]    @ store r0 at result

@ Exit the program
  mov  r0, #0❻
  mov  r7, #1
  svc 0

.data❼
  n: .word 5❽
  result: .word 0
```

输入代码后，在主文件夹根目录下，在文本编辑器中将其保存为 fac.s。让我们从伪指令和标签开始，完整地看看这段代码。

如前所述，文本后面跟一个冒号（例如 `_start:`）表示内存位置的标签 ❸。标签 `_start` 标记程序开始执行的点。`.global` 伪指令使得 `_start` 标签对于链接器而言是可见的 ❶（我们马上就会说到链接器），因此它可以被设置为程序的入口点。`.text` 伪指令告诉汇编器，它后面的行是指令 ❷。

在代码结束的地方，`.data` 伪指令告诉汇编器，它后面的行是数据 ❼。在数据部分，程序存放了两个 32 位的值，每个值都用 `.word` 伪指令来指示 ❽。第一个是 *n* 的值，初值设置为 5。第二个是 `result`，初值设置为 0。这里的“word”表示 4 个字节或 32 位。

现在来看看除了本章内容之外，在代码中添加的功能部分。我们已经有了从内存加载 *n*、把阶乘结果保存到内存，以及退出程序的代码。`_start` 中的前两条指令从内存位置加载 *n* 的值 ❹。`ldr` 指令把数值加载到寄存器。我们用 `=n` 来引用 *n* 的地址。下一行中，`[r1]` 带有方括号，这是因为 `r1` 中是个地址，而程序要访问存放在这个地址中的值。

`end` 后面的两条指令是把结果保存到内存位置中的指令 ❺。第一条指令把名为 `result` 的内存位置的地址移动到 `r1` 寄存器中。之后，代码把 `r0` 寄存器中的值（恰好是计算得到的阶乘结果）保存到 `result` 内存地址，这个地址由 `r1` 引用。

`.text` 部分的最后三条指令用于干净地退出程序 ❻。这需要操作系统的帮助，所以我将跳过这些指令的细节，直到第 10 章再讨论操作系统。

汇编、链接和运行

你现在有了一个汇编语言指令的文本文件，但这不是计算机能运行的形式。你需要通过两个步骤把汇编语言指令转换成机器码字节。首先，你需要用汇编器把指令转换（汇编）成机器码字节。这一步的结果是一个目标文件，它包含了字节程序，但仍然不是最终程序运行所需的格式。接下来，你需要使用被称为"链接器"的程序把目标文件转换成操作系统能运行的可执行文件。这个过程如图 8-3 所示。

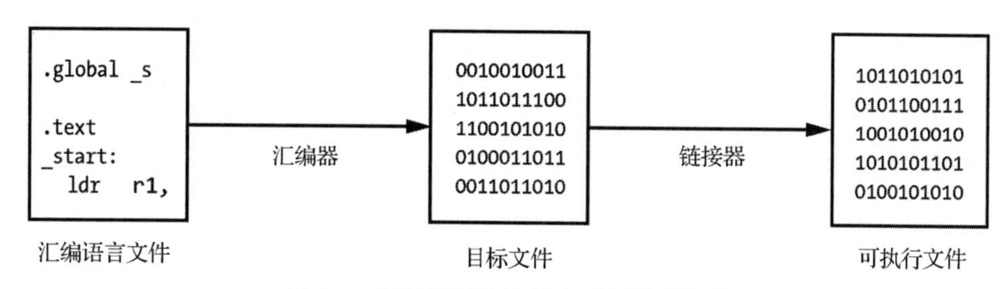

图 8-3　经过汇编和链接生成可执行文件

你可能会好奇为什么需要这两步。如果你在汇编作为一个程序而一起工作的多个源文件，那么每个源文件都将汇编成一个目标文件。然后，用链接器把各个目标文件组合成一个可执行文件。这允许之前创建的目标文件在需要的时候链接。本例中，只有一个目标文件，链接器只需简单地把它转换成可执行的格式。

现在，汇编代码：

```
$ as -o fac.o fac.s
```

`as` 工具是 GNU 汇编器，它把汇编语言语句转变成机器码。这个命令把生成的机器码写到名为 fac.o 的文件中，fac.o 是一个目标文件。如果 fac.o 文件没有用换行符结束，汇编器可能会发出一个警告——你可以安全地忽略这个警告。

源代码被汇编成目标文件后，你需要用 GNU 链接器（`ld`）把目标文件转换成可执行文件：

```
$ ld -o fac fac.o
```

这个命令把 fac.o 作为输入，然后输出一个名为 fac 的可执行文件。此时，你可以用如下命令来运行程序：

```
$ ./fac
```

这个命令会立即返回下一行，没有输出。这是因为程序实际上没有在屏幕上显示任何文本，它只计算阶乘，把阶乘结果保存到内存，然后退出。要与用户交互，程序需要向操作系统请求一些帮助。但是，由于我们试图让这个程序尽可能地最小化，因此你不需要做这些。

用调试器加载程序

既然程序没有任何输出，那你怎么知道它在做什么？你可以使用调试器，它是一个可以在进程运行时对其进行检查的程序。调试器可以附加到正在运行的程序上，然后暂停其执行。当程序暂停时，调试器可以查看寄存器和目标进程的内存。在这里，你可以使用 GNU 调试器 gdb，目标程序是 fac 程序。

首先，执行如下命令：

```
$ gdb fac
```

当运行这个命令时，gdb 加载 fac 文件，但不执行指令。当出现（gdb）提示符时，输入如下命令查看程序的起始地址：

```
(gdb) info files
```

你应该看到这样的一行输出，不过具体地址可能有所不同：

```
Entry point: 0x10074
```

这就告诉你程序的入口点是地址 0x10074。请记住，在你写程序时，你并不知道使用哪些内存地址，所以你用标签来代替地址。既然程序已经构建好并加载到内存，便可以查看实际的内存地址了。入口点地址对应于 _start 标签，因为那是程序开始的地方。现在，你可以使用 gdb 从程序入口点开始反汇编机器码。反汇编是把机器码字节看作汇编语言指令的过程。下面的命令使用 0x10074 作为起始地址（如果你的入口点不一样，则使用你自己的地址）：

```
(gdb) disas 0x10074
Dump of assembler code for function _start:
   0x00010074 <+0>:     ldr     r1, [pc, #40]   ; 0x100a4 <end+20>
   0x00010078 <+4>:     ldr     r0, [r1]
   0x0001007c <+8>:     subs    r3, r0, #1
   0x00010080 <+12>:    ble     0x10090 <end>
```

运行这个命令后，你应该看到前四条指令被反汇编。默认情况下，gdb 只反汇编少量指令。这是一个很好的开始，但看到整个程序会更好。为此，你需要告诉 gdb 你想看到的代码的结束地址。如果看一下之前输入 fac.s 中的代码，你会看到在程序中总共有 12 条指令。每条指令是 4 个字节，所以程序的长度应该是 48 个字节。这意味着程序应该在起始地址之后 48 个字节结束，所以结束地址应该是 0x00010074+48。你可以自己来做这个加法，但由于在 gdb 中，因此你可以要求它来做这个计算并找到程序的结束地址（如果需要的话，用你的入口点地址来替换 0x10074）：

```
(gdb) print/x 0x00010074 + 48
$1 = 0x100a4
```

开始的时候，print 命令输出可能会有点令人费解。命令中 /x 的含义是“打印用十六进制表示的结果”。如果你查看输出，你会看到左边的值（$1）是一个为了方便而临时设置的变量，它是 gdb 中的一个暂存位置。把值保存到方便的变量中是 gdb 让你之后能轻松返回该结果的方式。等号后面的值是要打印的值，即计算的结果，本例为 0x100a4。

现在你知道了结束地址（0x100a4），你可以要求 gdb 反汇编完整的程序。请注意，如果你的起始地址与本例的不同，你需要在下面的命令中替换这两个地址：

```
(gdb) disas 0x10074,0x100a4
Dump of assembler code from 0x10074 to 0x100a4:
   0x00010074 <_start+0>:      ldr     r1, [pc, #40]   ; 0x100a4 <end+20>❶
   0x00010078 <_start+4>:      ldr     r0, [r1]
   0x0001007c <_start+8>:      subs    r3, r0, #1
   0x00010080 <_start+12>:     ble     0x10090 <end>
   0x00010084 <loop+0>: mul    r0, r3, r0
   0x00010088 <loop+4>: subs   r3, r3, #1
   0x0001008c <loop+8>: bne    0x10084 <loop>
   0x00010090 <end+0>:  ldr    r1, [pc, #16]   ; 0x100a8 <end+24>❷
   0x00010094 <end+4>:  str    r0, [r1]
   0x00010098 <end+8>:  mov    r0, #0
   0x0001009c <end+12>: mov    r7, #1
   0x000100a0 <end+16>: svc    0x00000000
```

这看起来非常像你刚开始输入 fac.s 并汇编的内容，只不过现在每条指令都被分配了地址，而且对 *n* 和 result 的引用也被替换成相对于程序计数器的内存偏移量（例如，[pc, #40]❶）。程序计数器或指令指针存放的是当前指令的内存地址。为了简单起见，我不会详细说明为什么这里使用程序计数器偏移量，你只要知道 0x10074❶ 和 0x10090❷ 处的指令分别把 *n* 和 result 的内存地址加载到 r1 中。

运行并用调试器断点检查程序

现在程序已经加载到内存，让我们看看程序是否按预期工作。为此，你需要在某些指令上设置断点，这能让你在断点处查看程序的状态。断点告诉调试器在到达某个地址时暂停执行。在某个地址上设置断点可使程序在执行相应指令之前立即停止执行。在下面的示例命令中，我使用了系统上显示的地址，如果你的内存地址与之不同，请确保使用你自己的地址。

你将设置如下断点：

- 0x10074　程序开始。
- 0x1007c　阶乘逻辑的开头，第一条指令后面的 8 个字节。当程序到达这条指令时，寄存器 r0 应该是输入值 *n*，在程序中该值被硬编码为 5。
- 0x10090　阶乘逻辑的结尾，第一条指令后面的 0x1C 个字节。当程序到达这条指令时，寄存器 r0 应该保存计算出来的阶乘值。
- 0x100a0　程序的最后一条指令。当程序到达这条指令时，标记为 result 的内存位置应保存阶乘结果。

按下面所示设置断点（如果你的起始地址不是 0x10074，请调整地址）：

```
(gdb) break *0x10074
(gdb) break *0x1007c
(gdb) break *0x10090
(gdb) break *0x100a0
```

现在，开始运行程序：

```
(gdb) run
Starting program: /home/pi/fac

Breakpoint 1, 0x00010074 in _start ()
```

你将看到如上所示的输出，表示程序在第一个断点停止。此时，程序准备执行第一条指令，你可以查看一下当前状态。首先，查看一下寄存器，实际上此时我们唯一关心的是程序计数器（pc），因为我们想要确认当前指令在起始地址 0x10074 处。现在，让调试器显示 pc 寄存器的值：

```
 (gdb) info register pc
pc             0x10074  0x10074 <_start>
```

这告诉你，和预期的一样，程序计数器指向起始地址和第一个断点。另一种确认当前指令的方法是简单地反汇编代码，如下所示：

```
(gdb) disas
Dump of assembler code for function _start:
=> 0x00010074 <+0>:     ldr     r1, [pc, #40]   ; 0x100a4 <end+20>
   0x00010078 <+4>:     ldr     r0, [r1]
   0x0001007c <+8>:     subs    r3, r0, #1
   0x00010080 <+12>:    ble     0x10090 <end>
```

注意 => 符号表示当前指令。

现在你确认了程序已经准备好执行其第一条指令，你可以查看两个有标记的内存地址 n 和 result 的当前值。它们分别应该是 5 和 0，因为这是你在 fac.s 中给它们定义的初始值。你可以再次使用 print 命令来查看这些值。当你这样做的时候，你需要将数据类型定义为 int（32 位整数），这样 print 命令就知道如何显示这些值。

```
(gdb) print (int)n
$2 = 5
(gdb) p (int)result
$3 = 0
```

注意在第二个命令中 p 是如何代替 print 的。gdb 支持命令缩写，这可以节省打字时间。如你所见，print 命令使得输出有标记内存位置的值更加容易！

虽然输出已标记内存位置的值很方便，但这确实带来了一个问题：gdb 中的 print 命令如何得知你在原始 fac.s 文件中给这些内存位置提供的标签？CPU 不使用这些标签，它只使用内存地址。机器码也不通过名称引用这些内存位置。调试器之所以可以这样做是因为文件 fac 既保存了机器码，也保存了符号信息。这些调试符号告诉调试器某些命名的内存位置，比如 `n` 和 `result`。通常，在把可执行文件分发给最终用户之前会移除符号信息，但是 fac 可执行文件中仍存有符号信息。

请记住，`n` 和 `result` 只是内存位置的标签，你如何找到这些变量的实际内存地址呢？一种方法是使用 & 运算符输出地址，在 `gdb` 中它表示“……的地址”。因此，&n 的意思是“n 的地址”。现在，输出 `n` 的地址和 `result` 的地址。

```
(gdb) p &n
$4 = (<data variable, no debug info> *) 0x200ac
(gdb) p &result
$5 = (<data variable, no debug info> *) 0x200b0
```

这告诉你 *n* 的值存放在地址 0x200ac 中，`result` 的值存放在地址 0x200b0 中。注意，这些值在内存中是连续的，因为 *n* 和 `result` 都是 4 个字节。你可以用 `x` 命令检查内存：

```
(gdb) x/2xw 0x200ac
0x200ac:        0x00000005      0x00000000
```

`x/2xw` 命令的意思是检查两个连续的值，用十六进制显示，每个都是“字”大小（4 个字节），起始地址为 0x200ac。因此，在这里你会再次看到 *n* 为 5，`result` 为 0。这是查看内存的另一种方法，这次没有使用命名标签。

回到程序——你已经确认了初始内存值是按照预期设置的。继续执行到下一个断点，验证 `r0` 是否被设置为 *n* 的初始值。

```
(gdb) continue
Continuing.

Breakpoint 2, 0x0001007c in _start ()

(gdb) disas
Dump of assembler code for function _start:
   0x00010074 <+0>:     ldr     r1, [pc, #40]    ; 0x100a4 <end+20>
   0x00010078 <+4>:     ldr     r0, [r1]
=> 0x0001007c <+8>:     subs    r3, r0, #1
   0x00010080 <+12>:    ble     0x10090 <end>
End of assembler dump.

(gdb) info registers r0
r0             0x5      5
```

从前面的输出可以看到，程序已经按预期推进到指令 0x1007c，且 `r0` 的值也是预期的 5（*n* 的值）。到目前为止，都很好。现在，前进到下一个断点，`r0` 应该是计算 5 的阶乘所得值，即 120。你可以把 `continue` 命令缩写为 `c`，`info registers` 命令缩写为 `i r`。

```
(gdb) c
Continuing.

Breakpoint 3, 0x00010090 in end ()

(gdb) disas
Dump of assembler code for function end:
=> 0x00010090 <+0>:     ldr     r1, [pc, #16]   ; 0x100a8 <end+24>
   0x00010094 <+4>:     str     r0, [r1]
   0x00010098 <+8>:     mov     r0, #0
   0x0001009c <+12>:    mov     r7, #1
   0x000100a0 <+16>:    svc     0x00000000
   0x000100a4 <+20>:    andeq   r0, r2, r12, lsr #1
   0x000100a8 <+24>:    strheq  r0, [r2], -r0   ; <UNPREDICTABLE>
End of assembler dump.

(gdb) i r r0
r0             0x78     120
```

一切看上去都很好。回想一下，此时阶乘输出还未保存到 `result` 内存地址。现在，验证 `result` 还没有改变：

```
(gdb) p (int)result
$6 = 0
```

虽然阶乘输出暂时存放在 `r0` 中，但它还未写入内存。继续前进到程序结尾（最后一个断点），看看 `result` 内存位置是否已经更新：

```
(gdb) c
Continuing.

Breakpoint 4, 0x000100a0 in end ()

(gdb) p (int)result
$7 = 120
```

你应该看到 `result` 的值为 120。如果是，那么很好，程序是按预期工作的。

破解程序以计算另一个阶乘

这个程序是硬编码计算 5 的阶乘的。如果想让它计算其他数的阶乘，该怎么办呢？你可以修改 fac.s 源代码中的硬编码值，重新编译代码并再次运行它。你也可以编写一些代码，使用户能在运行时输入期望的 *n* 值。但是，想象一下，如果你不再拥有访问源代码的权限，并且你只想用一种快捷方式来改变程序运行时的行为，即用除了 5 之外的其他值来代替硬编码的 *n* 值。

首先，用 `run` 命令重启程序，并用 `y` 和 `n` 来回答问题：

```
(gdb) run
The program being debugged has been started already.
Start it from the beginning? (y or n) y
```

```
Starting program: /home/pi/fac

Breakpoint 1, 0x00010074 in _start ()
```

现在，回到程序的起点，即第一个断点处。你可以编辑 *n* 的内存值，把它设置为 7 而不是 5。首先，获取 *n* 的内存地址，把这个地址处的值设为 7。然后，输出 *n* 以确保已修改成功。

```
(gdb) p &n
$8 = (<data variable, no debug info> *) 0x200ac

(gdb) set {int}0x200ac = 7

(gdb) p (int)n
$9 = 7
```

现在转到程序的结尾，查看 `result` 是否已更新为预期的 7 的阶乘值，即 5040。你可以去掉中间的两个断点（编号 2 和 3），这样可以直接到达结尾：

```
(gdb) disable 2
(gdb) disable 3

(gdb) c
Continuing.

Breakpoint 4, 0x000100a0 in end ()

(gdb) p (int)result
$10 = 5040
```

此时，你应该看到 `result` 的值为 5040。如果是，那么你已经成功地破解了一个程序，使其执行你的命令——而且完全没有涉及源代码！

现在，你可能想尝试把 *n* 设置为其他值，看看是否能得到预期的结果。为此，用 `run` 命令重启程序，编辑 *n* 的内存值，继续前进到最后一个断点，然后检查 `result` 的值。但是，如果使用的 *n* 值大于 12，则会得到错误的结果。参阅附录 A 中练习 8-1 的答案来了解其原因。

如果你允许程序继续执行到结尾，那么进程退出，你会得到一条类似于“Inferior 1（process 946）exited normally”的消息。这不是对你代码的侮辱，“inferior”只是 `gdb` 对正在调试的目标的称呼！你可以随时通过在 `gdb` 中输入 `quit` 来退出调试器。

设计 13：检查机器码

前提条件：设计 12。

假设给你的是 fac 可执行文件，而不是原始的汇编语言源文件。你想知道程序是做什么的，但你又没有源代码。如同你在设计 12 中看到的，你可以用 `gdb` 调试器来检查 fac 可执行文件。本设计将展示一组用于检查机器码的不同工具。

在 Raspberry Pi 上打开一个终端。默认情况下，终端应打开主文件夹，用 ~ 符号表示。这个文件夹中应该有三个与阶乘运算相关的文件，它们来自设计 12。用如下命令来检查它们：

```
$ ls fac*
```

你会看到：

- fac 可执行文件。
- fac.o 汇编时生成的目标文件。
- fac.s 汇编语言源代码文件。

在这个虚构的场景中，你只有可执行文件 fac，并且你想知道从这个文件的内容可以了解到程序的哪些信息。首先，用 hexdump 工具查看文件所含字节的十六进制值：

```
$ hexdump -C fac
```

hexdump 输出的开头应该类似于图 8-4（没有注释），显示 fac 可执行文件中的字节。

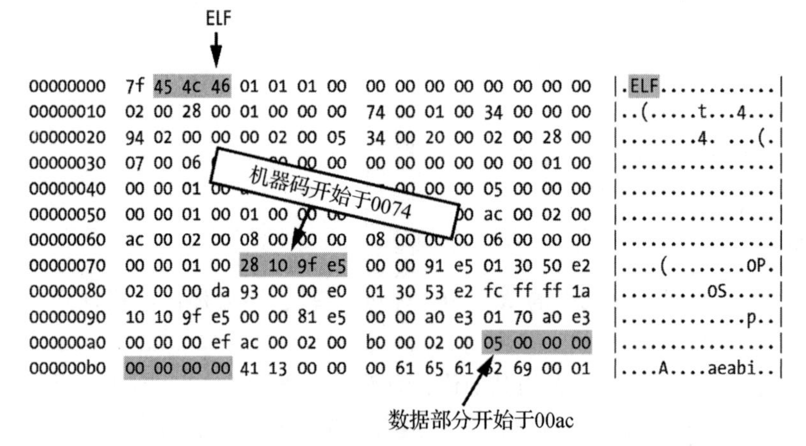

图 8-4 Linux 可执行文件的机器码

你看到的只是文件中字节的顺序列表，每个字节显示为两个字符的十六进制值。如果该命令的输出太大，以至于终端窗口装不下，就向上滚动来查看开头的字节。左列的八字符十六进制数表示对应行上第一个字节在文件中的偏移量。每行有 16 个字节，这意味着每行（沿左侧）的偏移量增幅为 0x10。输出的右侧是解释为 ASCII 的相同的字节。不能对应可输出 ASCII 字符的字节代码用句点表示。

偏移量为 00000000 的地方是文件的开头，在这里你会看到 7f，后面跟着 45 4c 46（ASCII 的 ELF）。它表示这个文件是可执行或可链接的格式（Executable and Linkable Format，ELF）。ELF 文件是可执行程序的标准 Linux 格式。这 4 个字节标识 ELF 头，是描述文件内容的一组属性。ELF 头的后面是程序头，它提供操作系统运行程序所需的详细信息。

看过头信息后，便可以找到包含程序机器指令的文本部分。在我的系统中，偏移量 00000074 处是文本部分的开头，文本以字节 `28 10 9f e5` 开头。如果把这些字节从后往前重新排列，就会得到 `e59f1028`，它是 `ldr r1, [pc, #40]` 的机器码指令。在这个部分中，每一组 4 个字节都是一条机器指令。用这种方式来查看程序可以很好地提醒，`fac` 程序的代码仅仅表示为字节序列。参阅图 8-1，了解如何用二进制表示机器码。

在后面的输出中——在我的系统中是偏移量为 000000ac 的地方，你会看到文件的数据部分，其中包含了程序定义的两个初始 4 字节的值。这里看不到 `n` 和 `result` 标签，但能看到 `05 00 00 00` 和 `00 00 00 00`。在你的系统中，这些字节的偏移量可能和我的不一样。

附带说明一下，计算机保存较大数值数据的字节顺序称为“端序”（endianness）。当计算机首先保存最低有效字节（在最低地址）时，称为“小端序”。首先保存最高有效字节时，称为“大端序”。在 `hexdump` 输出中，你看到的是小端序存放，因为 32 位机器指令 `e59f1028` 的保存顺序是：`28 10 9f e5`。首先保存的是最低有效字节。*n* 和 `result` 的值也是如此。*n* 的值保存顺序为 `05 00 00 00`，当你把它看成 32 位整数时，它表示的是 00000005。

如果你想查看这个十六进制数据的某些部分，但又要把其分成多个部分时，可以使用 `objdump` 工具：

```
$ objdump -s fac
```

这会转储出一些与之前相同的字节，但是分成了多个部分，如下所示：

```
Contents of section .text:
 10074 28109fe5 000091e5 013050e2 020000da  (........0P.....
 10084 930000e0 013053e2 fcffff1a 10109fe5  .....0S.........
 10094 000081e5 0000a0e3 0170a0e3 000000ef  .........p......
 100a4 ac000200 b0000200                    ........
Contents of section .data:
 200ac 05000000 00000000                    ........
Contents of section .ARM.attributes:
 0000 41130000 00616561 62690001 09000000  A....aeabi......
 0010 06010801                             ....
```

注意左侧的数字是如何变化的。`.text` 部分（即代码）不是从 0074 开始的，而是从 10074 开始的。包含 *n* 和 `result` 值的 `.data` 部分不是从 00ac 开始的，而是从 200ac 开始的。`hexdump` 工具只显示文件内的字节偏移量，而 `objdump` 输出指出的是程序运行时字节加载到内存中的地址。查看 ELF 可执行文件中各个部分地址的另一种方法是用 `readelf -e fac`。这将显示文件中的头信息。

你现在可以尝试 `objdump` 的另一个功能——反汇编机器码，这样你就可以在机器码字节值旁边看到汇编语言指令了。

```
$ objdump -d fac

fac:     file format elf32-littlearm

Disassembly of section .text:

00010074 <_start>:
   10074:       e59f1028        ldr     r1, [pc, #40]   ; 100a4 <end+0x14>❶
   10078:       e5910000        ldr     r0, [r1]
   1007c:       e2503001        subs    r3, r0, #1
   10080:       da000002        ble     10090 <end>

00010084 <loop>:
   10084:       e0000093        mul     r0, r3, r0
   10088:       e2533001        subs    r3, r3, #1
   1008c:       1afffffc        bne     10084 <loop>

00010090 <end>:
   10090:       e59f1010        ldr     r1, [pc, #16]   ; 100a8 <end+0x18>
   10094:       e5810000        str     r0, [r1]
   10098:       e3a00000        mov     r0, #0
   1009c:       e3a07001        mov     r7, #1
   100a0:       ef000000        svc     0x00000000
   100a4:       000200ac        .word   0x000200ac
   100a8:       000200b0        .word   0x000200b0
```

你应该看到类似于上面的输出。请注意，地址 10074 上的指令 ❶ 与图 8-4 高亮显示的字节序列相同，即机器码的前 4 个字节。这个输出与设计 12 的 `gdb` 输出非常相似。考虑一下这意味着什么：使用诸如 `gdb` 或 `objdump` 之类的工具，你可以轻松地查看任何可执行文件的机器码和相应的汇编语言代码！

使用前面描述的方法，你可以用视图的方式查看 ELF 可执行文件的内容。这适用于 Linux 系统上的所有标准 ELF 文件，而不仅仅是你编写的代码。请随意探索计算机上任意 ELF 文件的机器码。例如，如果你想查看 `ls` 的机器码——`ls` 是之前用于列出目录内容的工具，首先，你需要找到 `ls` ELF 文件的文件系统位置，如下所示：

```
$ whereis ls
ls: /bin/ls /usr/share/man/man1/ls.1.gz
```

这告诉我们 `ls` 的二进制可执行文件位于 /bin/ls（你可以忽略返回的任何其他结果）。现在，你可以运行 `objdump`（或任何其他已描述过的工具）来查看 `ls` 的机器码：

```
$ objdump -d /bin/ls > ls.txt
```

这个命令的输出相当长，所以它被重定向到名为 ls.txt 的文件。你在终端窗口看不到反汇编的代码，它已经被写入 ls.txt 文件，这个文件可以用文本编辑器来查看。当然，由于 Linux 是开源的，因此你可以在线查找 `ls` 工具的源代码。不过，并非所有工具都是开源的，这个设计应该能让你了解到如何查看任意 Linux 可执行程序的反汇编代码。

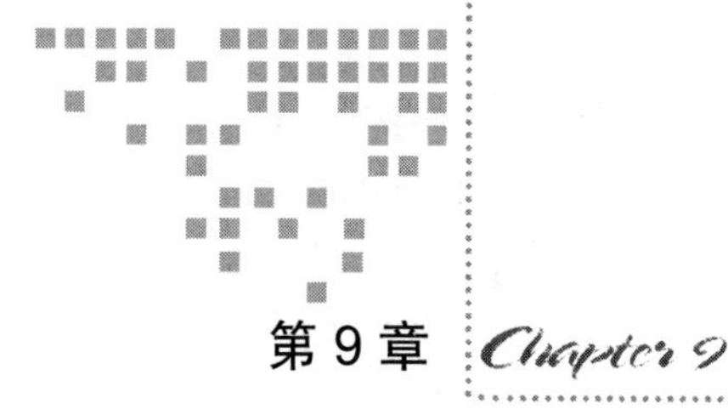

第9章 Chapter 9

高级编程

第8章研究了软件的基础：在处理器上运行的机器码，以及汇编语言（一种人类可读的机器码表示）。尽管所有的软件最终都必须转换成机器码的形式，但绝大多数软件开发人员都用更高、更抽象的语言编写程序。本章将介绍高级编程。我们将概述高级编程，讨论各种编程语言中的常见元素，并研究几个示例程序。

9.1 高级编程概述

虽然可以用汇编语言（甚至可以用机器码）编写软件，但这既费时又容易出错，并且会使软件难以维护。此外，汇编语言是特定于CPU架构的，所以，如果汇编语言开发人员想要在其他类型的CPU上运行其程序，就必须重新编写代码。为了克服这些缺点，人们开发了高级编程语言，这就允许程序用独立于特定CPU的语言来编写，并且它们在语法上更接近人类语言。许多语言都需要编译器——一种把高级程序语句转换为特定处理器机器码的程序。使用高级编程语言，软件开发人员可以编写程序一次，然后针对不同类型的处理器进行编译，有时只需对源代码进行少量修改，甚至不用修改。

编译器的输出是一个目标文件，它包含了针对特定处理器的机器码。正如我们在设计12中讨论的一样，计算机执行的目标文件的格式不正确。另一种被称为链接器的程序用于把一个或多个目标文件转换成一个可执行文件，这样操作系统就可以运行这个可执行文件了。链接器还可以在需要的时候引入其他已编译代码库。编译和链接过程如图9-1所示。

编译和链接的过程被称为打包。但是，在常见的用法中，软件开发人员在说到编译代码时，其实际意思是指包含编译、链接和任何其他把代码转换成最终形式所需步骤的完整过程。编译器通常会自动调用链接步骤，使其对软件开发人员的可见度降低。

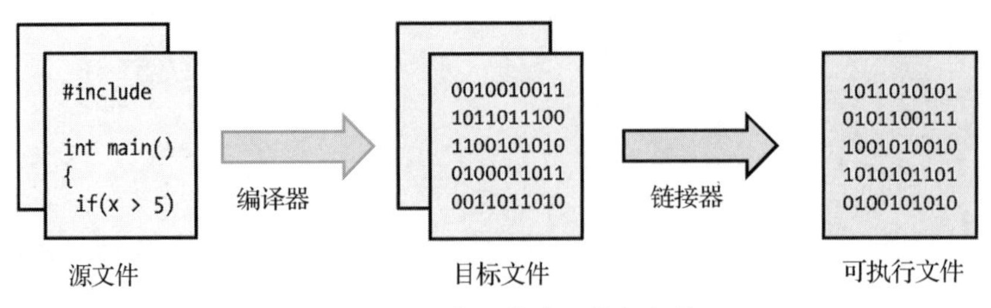

图 9-1 从源代码构建可执行文件

9.2 C 和 Python 简介

学习高级编程最好的方法是研究编程语言并用这些语言编写一些程序。本章选择两种高级语言：C 和 Python。这两种语言都很强大，也很有用，下面用它们来演示编程语言如何用不同的方式来提供类似的功能。我们先对它们进行简要介绍。

C 编程语言可追溯到 20 世纪 70 年代早期，当时它被用于编写 UNIX 操作系统的一个版本。尽管 C 是一种高级语言，但它与底层机器码离得并不远，这使得它成为操作系统开发或其他直接与硬件交互的软件开发的绝佳选择。20 世纪 80 年代出现了 C 的升级版，称为 C++。C 和 C++ 是功能强大的语言，几乎可以用来完成所有事情。然而，这些语言很复杂且没有提供很多防止程序员错误的保护措施。对于需要与硬件交互的程序以及那些要求高性能的程序（比如游戏）来说，它们仍然是主流的选择。C 对于教育目的也很有用，它提供了底层概念与高级概念之间的直接映射，这就是本章选择它的原因。

与 C 相比，Python 编程语言离底层硬件更远。Python 最早是在 20 世纪 90 年代发布的，历经多年越来越受欢迎。它以易读且对初学者友好而闻名，同时它还能提供支持复杂软件设计所需的一切。Python 有“自带电池”的理念，意思是 Python 的标准发行版包含了有用的功能库，开发人员能轻松地将其用于程序设计中。Python 的直接属性使其成为教授编程概念的上佳选择。

现在，我们来看看大多数高级编程语言中都有的元素。我们的目标不是把你教成特定语言的程序员，而是让你熟悉编程语言中常见的思想。请记住，高级编程语言中的功能是 CPU 指令的抽象。如你所知，CPU 提供访问内存、逻辑运算和控制程序流的指令。让我们来看看高级语言如何揭开这些底层功能。

9.3 注释

我们先介绍编程语言的一个特性，这个特性实际上并不会指示 CPU 做事情。几乎所有的编程语言都支持在代码中添加注释。注释是源代码中对代码解读的文本。注释是给其他开发人员看的，通常会被编译器忽略，它们对编译的软件没有任何影响。在 C 编程语言中添加注释的方式如下所示：

```
/*
  This is a C-style comment.
  It can span multiple lines.
*/

// This is a single-line C comment, originally introduced in C++.
```

Python 用 # 表示注释，如下所示：

```
# This is a comment in Python.
```

Python 不支持多行注释，程序员只需一行接一行地使用多个单行注释即可。

9.4 变量

内存访问是处理器的基本功能，因此它也是高级语言的必备功能。编程语言访问内存的最基本方式是通过变量。变量是一个确定的内存地址。变量允许程序员给内存地址（或内存地址范围）指定一个“名字”，然后通过这个名字访问对应地址的数据。在大多数编程语言中，变量都有“类型”，以说明它们所保存数据的种类。例如，一个变量可能是整数类型或文本字符串类型的。变量也有一个“值”，它是存储在内存中数据。变量还有一个“地址”，尽管这通常对程序员而言是隐藏的，这个地址是变量值在内存中的存储位置。最后，变量有“作用域”，意思是只有在程序的某些部分（即作用域）才能访问它们。

9.4.1 C 中的变量

我们来看一个 C 编程语言变量的例子：

```
// Declare a variable and assign it a value in C.
int points = 27;
```

这段代码声明了一个变量，变量名为 `points`，类型是 `int`，在 C 语言中这表示该变量保存整数。该变量被分配了一个值，即 27。当运行代码时，十进制数 27 被保存到某个内存地址，不过开发人员不用操心存储这个变量的具体地址。当前，大多数 C 编译器把 `int` 视为 32 位的数，因此在运行时（程序执行的时间）为这个变量分配 4 个字节（4 B × 8 bit/B = 32 bit），而变量的内存地址指的就是第一个字节的地址。

现在声明第二个变量并为其赋值，然后看看这两个变量是如何分配内存的。

```
// Two variables in C
int points = 27;
int year = 2020;
```

我们先后声明了两个变量：points 和 year。它们都是整数，所以每个变量都需要 4 个字节的存储空间。变量在内存中的存储方式如表 9-1 所示。

表 9-1　变量在内存中的存储方式

地址	变量名	变量值
0x7efff1cc	?	?
0x7efff1d0	year	2020
0x7efff1d4	points	27
0x7efff1d8	?	?

表 9-1 中使用的内存地址只是例子，实际地址随硬件、操作系统、编译器等不同而不同。注意地址增幅为 4，因为存储的是 4 字节整数。已知变量前后的地址都用问号表示变量名和变量值，因为根据前面的代码，我们并不知道存储在那里的是什么。

注意　请参阅设计 14 查看内存中的变量。

如同“变量”这个名字所暗示的，变量的值是可以变化的。在前面的 C 程序中，如果需要把 points 设置为其他值，我们只需简单地在后面的程序中这样写：

```
// Setting a new points value in C
points = 31;
```

请注意，与前面的 C 代码片段不同，这行代码没有在变量名的前面指定 int 类型或任何其他类型。我们只需要在最初声明变量时指定类型即可。在这个例子中，变量已经在前面声明过了，所以这里只需给它赋值即可。不过，C 语言要求变量类型保持不变，因此，一旦 points 被声明为 int，那么就只能为它赋整数值。如果试图赋其他类型的值，比如文本字符串，就会在代码编译时出错。

9.4.2　Python 中的变量

并不是所有的语言都要求声明类型。例如，Python 就可以像下面这样声明并赋值变量：

```
# Python allows new variables without specifying a type.
age = 22
```

在这个例子中，Python 可识别出数据类型为整数，因此程序员不用指定类型。与 C 语言不同，变量类型可以随着时间变化，所以下列语句在 Python 中是有效的：

```
# Assiging a variable a value of a different type is valid in Python.
age = 22
age = 'twenty-two'
```

让我们仔细看看在这个例子中实际发生了什么。Python 变量没有类型，但赋给它的值是有类型的。这是一个重要的区别：类型与值相关联，而不是与变量相关联。Python 变量可以引用任何类型的值。当变量被分配新值时，并不是变量的类型真的发生了变化，而是变量绑定了不同类型的值。C 语言则与此相反，C 语言变量自身有类型，且只能保存该类型的值。这个差异解释了为什么 Python 中的变量可以被赋予不同类型的值，而 C 中的变量则不可以。

注意 请参阅设计 15 更改 Python 中变量引用的值的类型。

9.5 栈和堆

当程序员使用高级语言访问内存时，后台管理内存的细节是模糊的，具体取决于使用的编程语言。像 Python 这样的编程语言会让程序员几乎看不到内存分配的细节，而像 C 这样的语言则会暴露一些底层的内存管理机制。不管这些细节是否暴露给程序员，程序通常使用两种类型的内存：栈和堆。

9.5.1 栈

栈（stack）是内存的一个区域，其运行模型为后进先出（Last-In First-Out，LIFO）。也就是说，最后入栈的项是最先出栈的。你可以把栈想象成一叠盘子。当你往这一叠盘子上放新盘子时，新的盘子是放在顶部的。当要从这个栈上取盘子时，最先拿掉的是顶部的盘子。这并不是说栈中的内容只能按 LIFO 顺序访问（读或修改）。实际上，当前栈中的任何项在任何时候都可以被读取和修改。但是，当从栈中移除不需要的项时，它们会以从上到下的顺序被丢弃，也就是说，最后入栈的项会最先被删除。

保存栈顶值的内存地址存储在“栈指针”处理器寄存器中。当向栈顶添加一个值时，会调整栈指针的值以增加栈的大小，为新值腾出空间。当从栈顶移除一个值时，也会调整栈指针的值以减小栈的大小。

编译器生成的代码利用栈来跟踪程序执行的状态，以及保存局部变量。这个机制对高级语言程序员是透明的。图 9-2 展示了 C 程序是如何使用栈来保存之前在表 9-1 中介绍的两个局部变量的。

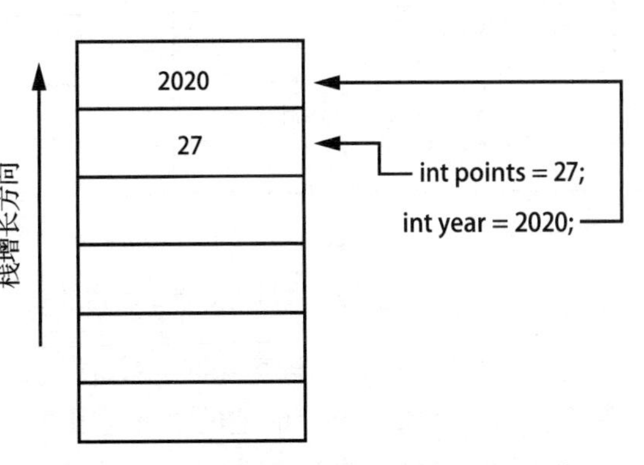

图 9-2 栈用于保存 C 语言程序中的变量值

在图 9-2 中，首先声明 `points` 变量，并为其赋值 27，这个值保存在栈中。接下来声明了 year 变量，并为其赋值 2020。在栈中，第二个值位于前一个值“之上”。其他值将继续添加到栈顶，直到不再需要它们，此时会将它们从栈中移除。请记住，图中的每个长条只表示内存中的一个已经分配了内存地址的位置，虽然图中没有显示这些地址。你可能会惊讶地发现，在许多架构中，分配给栈的内存地址实际上会随着栈增长而减少。在本例中，这就意味着 year 变量的地址低于 points 变量的地址。

栈的访问速度很快，非常适合用于有限范围的小容量内存分配。独立的栈可供程序的每个执行线程使用。我们将在第 10 章详细地讨论线程，但现在你可以把线程看作程序中的并行任务。栈是有限资源，分配给栈的内存是有限的。在栈中存放过多的值会导致被称为“栈溢出”的故障。

9.5.2 堆

栈的作用是存放只需临时使用的小值。对于较大的或需要持续较长时间的内存分配，更适合使用堆（heap）。堆是程序可用的内存池。和栈不同，堆不采用 LIFO 模型，如何分配堆内存并没有标准模型。栈是特定于线程的，而程序的任何线程都可以访问堆。

程序从堆中分配内存，并且这个内存的使用会一直持续，直到它被程序释放或者程序结束。释放内存分配的意思就是把它释放回可用内存池。当分配的内存不再被引用时，有些编程语言会自动释放堆内存，执行这个操作的一种常见方法被称为“垃圾回收”。其他编程语言（比如 C 语言）则需要程序员编写代码来释放堆内存。当释放未使用的内存时会发生内存泄漏。

在 C 编程语言中，用一种被称为指针的特殊变量来跟踪内存分配。指针就是一种保存内存地址的变量。指针值（内存地址）可以存储在栈内的局部变量中，这个值可以指向堆中的位置，如图 9-3 所示。

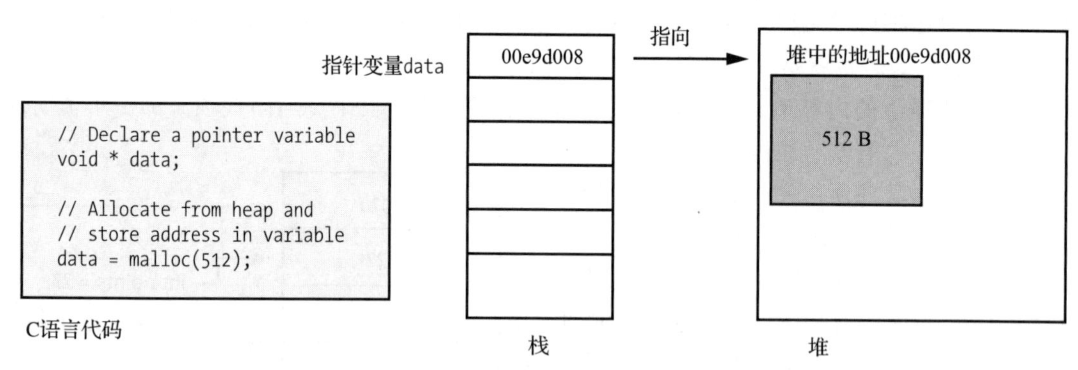

图 9-3 名为 data 的指针变量在栈内，它指向堆中的一个地址

图 9-3 中的代码片段声明了一个名为 data 的变量。这个变量的类型是 void *，意思是它是一个指向内存地址的指针（用 * 表示），这个内存地址可以保存任何类型的数据（void 的含义是未指定类型）。由于 data 是局部变量，因此它在栈上分配。下一行代码调

用了 `malloc`，它是 C 语言中的一个函数，用于从堆中分配内存。程序正在申请 512 B 的内存，`malloc` 函数返回新分配内存中第一个字节的地址。该地址存储在栈内的 `data` 变量中。我们最终得到了一个局部变量，它在栈内的某个地址处，这个变量保存的是从堆中分配的地址。

注意　请参阅设计 16 亲眼看看变量是如何在正在运行的程序中分配内存的。

9.6　算术运算

由于处理器提供了执行算术运算的指令，因此高级语言也提供。汇编语言需要特定命名的指令（例如 ARM 处理器上用于减法运算的 `subs` 指令）进行算术运算，不同于汇编语言，高级语言通常包含表示常见算术运算的符号，因此在代码中执行算术运算就变得简单了。包括 C 和 Python 在内的大量编程语言使用相同的运算符进行加减乘除运算，如表 9-2 所示。

表 9-2　常用算术运算符

运算	运算符
加	+
减	-
乘	*
除	/

跨多种编程语言的另一个常见约定是用等于符号（=）表示赋值而不是表示相等。也就是说，形如 `x=5` 的语句表示把 `x` 的值设置为 5。因此，可以用自然的方式为算术运算的结果变量赋值，就如下列语句一样：

```
// Addition is easy in C.
cost = price + tax;

# Addition is easy in Python too.
cost = price + tax
```

到目前为止，我们的重点在于整数运算，这在计算中很常见。但是，计算机和高级语言还支持所谓的浮点运算。与整数不同，浮点值可以表示小数。有些编程语言隐藏了这方面的细节，但是在内部，CPU 对浮点运算和整数运算采用了不同的指令。在 C 语言中，浮点变量用浮点类型（比如 `float` 和 `double`）声明，如下所示：

```
// Declaring a floating-point variable in C
double price = 1.99;
```

Python 可以推断变量的类型，所以整数和浮点值都以同样的方式进行声明：

```
# Declaring integer and floating-point varibles in Python
year  = 2020 # year is an int
price = 1.99 # price is a float
```

整数与浮点数之间的差异有时会导致意想不到的结果。举个例子，假设有如下 C 代码：

```
// Dividing integers in C
int x = 5;
int y = 2;
int z = x / y;
```

你预期的 z 值是多少？事实证明，由于涉及的所有数都是整数，因此 z 的最终值是 2，不是 2.5。作为整数，z 不能保存小数数值。

现在，我们稍微修改一下代码，如下所示：

```
// Dividing integers in C, result stored in a float
int x = 5;
int y = 2;
float z = x / y;
```

注意，z 现在的类型是 float。你现在预期的 z 值是多少？有意思的是，z 现在等于 2.0，仍然不是 2.5！这是因为除法运算发生在两个整数之间，所以其结果也是整数。除法运算结果是 2，当它被赋值给浮点变量 z 时，其值为 2.0。C 语言是很确切的，它被编译成与程序员所述非常相似的指令。这对于那些想要精确控制任务处理的程序员来说非常棒，但对于那些希望从其编程语言中获得更直观行为的程序员来说就不总是那么好了。

Python 试图变得更有用：自动分配类型以允许在这种情况下获得小数结果。如果我们用 Python 编写与之等效的代码，z 中保存的结果将为 2.5。

```
# Dividing integers in Python
# z will be 2.5 and its inferred type is float
x = 5
y = 2
z = x / y
```

有些语言提供算术运算符，用缩写方式表示运算。例如，C 语言提供了递增（加 1）和递减（减 1）运算符，如下所示：

```
// In C, we can add one to a variable the long way,
x = x + 1;
// or we can use this shortcut to increment x.
x++;
// On the other hand, this will decrement x.
x--;
```

注意　有趣的是，编程语言 C++ 的名字意在传递一种想法，即它是对 C 编程语言的改进。

Python 还为算术运算提供一些快捷运算符。+= 和 -= 运算符允许程序员对变量进行加减运算，例如：

```
# In Python, we can add 3 to a variable like this...
cats = cats + 3

# Or we can do the same thing with this shortcut...
cats += 3
```

+= 和 -= 运算符在 C 语言中也可以使用。

9.7　逻辑运算

如前所述，处理器非常善于执行逻辑运算，因为逻辑是数字电路的基础。编程语言也提供了逻辑处理功能。绝大多数高级语言提供两种类型的运算符来处理逻辑运算：按位运算符和布尔运算符。前者处理整数的位，后者处理布尔（真 / 假）值。这里的术语可能会令人困惑，因为不同的编程语言使用不同的术语。Python 用“按位”和“布尔”描述，C 用“按位”和“逻辑”描述，其他语言还使用其他术语。这里我们继续使用“按位”和“布尔”等说法。

9.7.1　按位运算符

按位运算符作用于整数值的每个位上，其结果为整数值。按位运算符类似于算术运算符，但并不执行加法或减法运算，而是对整数的位执行 AND、OR，以及其他逻辑运算。这些运算符按照第 2 章介绍的真值表工作，并行地对整数的所有位进行运算。

许多编程语言（包括 C 和 Python）都使用表 9-3 所示的运算符进行按位运算。

表 9-3　编程语言中常用的按位运算符

按位运算	按位运算符
AND	&
OR	|
XOR	^
NOT（取反）	~

让我们看看 Python 中的按位运算：

```
# Python does bitwise logic.
x = 5
y = 3
a = x & y
b = x | y
```

上面代码的结果是 a 为 1，b 为 7。我们来看二进制中的这些运算（见图 9-4），弄清楚为什么是这样的。

```
x = 5 = 0101              x = 5 = 0101
y = 3 = 0011              y = 3 = 0011
------------ AND          ------------ OR
    0001                      0111
```

图 9-4　对 5 和 3 进行 AND 和 OR 按位运算

首先来看图 9-4 中的 AND 按位运算，回忆一下第 2 章的内容，AND 意味着当两个输入都是 1 时，结果为 1。这里一次查看一列的位。如你所见，对于两个输入来说，只有最右边的位都为 1，所以 AND 的结果是二进制的 0001 或十进制的 1。因此，前面的代码为 a 赋值 1。

对于 OR 运算，只要有一个输入（或两个输入都）为 1，结果就为 1。在本例中，两个输入右边的 3 列位中每一列都至少有一位为 1，所以结果是二进制的 0111 或十进制的 7。因此，前面的代码为 b 赋值 7。

练习 9-1：按位运算

考虑如下 Python 语句。该代码执行后，a、b 和 c 的值是多少？

```
x = 11
y = 5
a = x & y
b = x | y
c = x ^ y
```

9.7.2 布尔运算符

高级编程语言中的另一种逻辑运算符是布尔运算符。布尔运算符处理布尔值，其结果也是布尔值。

我们先花点时间谈谈布尔值。布尔值指“真”和“假”。不同的编程语言用不同的方式表示“真”和“假”。布尔变量是一个确定的内存地址，其中保存了一个布尔值（“真”或“假”）。例如，在 Python 中我们可以用布尔变量来跟踪某商品是否在销售：`item_on_sale = True`。

表达式可以计算为“真”或“假”，且其结果不用存储到变量中。例如，根据 `item_cost` 变量的值，表达式 `item_cost > 5` 在运行时可以计算为“真”或“假”。

布尔运算符允许对布尔值执行逻辑运算，比如 AND、OR 和 NOT。例如，可以用 Python 的 AND 布尔运算符来检查两个条件是否都为真：`item_on_sale AND item_cost > 5`。AND 左右两边的表达式的计算结果都是布尔值，所以整个表达式的计算结果也是布尔值。这里，C 和 Python 使用不同的运算符，如表 9-4 所示。

表 9-4　C 和 Python 编程语言中的布尔运算符

布尔运算	C 运算符	Python 运算符
AND	&&	and
OR	||	or
NOT	!	not

当我们讨论返回布尔值的运算符时，不能遗漏比较运算符。比较运算符用来比较两个

值并把比较结果评估为“真”或“假”。例如，>运算符比较两个数并确定一个是否大于另一个[注]。表9-5展示了在C和Python中都使用的比较运算符。

表9-5 C和Python编程语言中的比较运算符

比较运算	比较运算符
等于	==
不等于	!=
大于	>
小于	<
大于或等于	>=
小于或等于	<=

在前面的例子 `item_cost > 5` 中，你已经看到了其中一个运算符的用法。注意，对于等于运算符，C和Python都使用双等号，因为单等号表示赋值。这就意味着 `x == 5` 是一个比较运算，需返回“真”或“假”，而 `x = 5` 是一个赋值操作，表示把 `x` 的值设置为5。

9.8 程序流

布尔运算符和比较运算符用于计算表达式是否为真，但这本身并不是很有用，因为我们需要的是一种回应方式！程序流或控制流语句可以改变程序的行为以响应某些条件。让我们来看一些跨编程语言的常见程序流结构。

9.8.1 if语句

`if` 语句（通常与 `else` 语句一起使用）允许程序员在条件为真时执行一些操作。反过来，`else` 语句允许程序在条件为假时执行另一些不同的操作。下面是一个Python示例：

```
   # Age check in Python
❶ if age < 18:
     ❷ print('You are a youngster!')
❸ else:
     ❹ print('You are an adult.')
```

本例中，`if` 语句❶检查 `age` 变量引用的值是否小于18。如果是，它会输出一条消息，指示用户非常年轻❷。如果 `age` 为18或更大的值❸，那么 `else` 语句告诉系统输出另一条消息❹。

下面是同一“检查年纪”的逻辑，这次用C语言编写：

```
   // Age check in C
   if (age < 18)
❶ {
     printf("You are a youngster!");
❷ }
   else
```

[注] 运算符左侧的数是否大于运算符右侧的数。——译者注

```
  {
    printf("You are an adult.");
  }
```

在 C 语言例子中，请注意 if 语句后面使用的花括号 ❶❷。这些括号标记了响应 if 应执行的代码块。在 C 语言中，代码块可以由多行代码构成，不过当代码块由单行组成时可以忽略花括号。Python 不使用花括号来分隔代码块，它使用缩进格式表示。在 Python 中，具有相同缩进级别（例如缩进 4 个空格）的连续行被视为同一个代码块的组成部分。

Python 还包含 elif 语句，其含义为“else if”。仅当某 elif 语句前面的 if 或 elif 语句为假时，才处理该 elif 语句。

```
# A better age check in Python
if age < 13:
    print('You are a youngster!')
elif age < 20:
    print('You are a teenager.')
else:
    print('You are older than a teen.')
```

同样的功能在 C 语言中可用 else 加上 if 来实现：

```
// A better age check in C
if (age < 13)
  printf("You are a youngster!");
else if (age < 20)
  printf("You are a teenager!");
else
  printf("You are older than a teen.");
```

注意，由于这里的代码块都是单行的，所以省略了花括号。

9.8.2 循环

有些时候，程序需要反复执行某个操作。while 循环允许代码重复运行，直到满足某个条件。在下面的 Python 例子中，while 循环被用于输出从 1 到 20 的数字：

```
# Count to 20 in Python.
n = 1
while n <= 20:
    print(n)
    n = n + 1
```

初始时，变量 n 被设置为 1。当 n 小于或等于 20 时才开始运行 while 循环。由于 n 初始为 1，符合要求，因此 while 循环运行，输出 n 的值，然后将 n 加 1。现在，n 等于 2，代码回到 while 循环的顶部。这个过程一直持续到 n 等于 21，此时它不再满足 while 循环的要求，所以循环结束。

下面是用C语言实现的相同功能：

```
// Count to 20 in C.
int n = 1;
while(n <= 20)
{
  printf("%d\n", n);
  n++;
}
```

在这两个例子中，while 循环的循环体使 n 的值递增。实际上，还有一种更简洁的方式可以实现这一功能。for 循环允许对某个范围内的数字或一组值进行迭代，以便程序员对其中每个数字执行一些操作。这里给出一个C语言的例子：输出数字1到10。

```
  // C uses a for loop to iterate over a numeric range.
  // This will print 1 through 10.
  for(❶int x = 1; ❷x <= 10; ❸x++)
  {
❹  printf("%d\n", x);
  }
```

for 循环声明 x 并将其初始值设置为1❶，表明当 x 小于或等于10时循环将继续❷，最后声明 x 在循环体运行后递增❸。通过把这些信息全部放入单行的 for 语句中，我们可以轻松地查看循环运行的条件。for 循环的循环体只输出 x 的值❹。

Python 的 for 循环则采用不同的方法，它允许程序对一组值中的每一个重复执行操作。下面的 Python 示例输出列表中的动物名：

```
# Python uses a for loop to iterate over a collection.
# This will print each animal name in animal_list.
animal_list = ['cat', 'dog', 'mouse']
for animal in animal_list:
    print(animal)
```

首先，声明一个动物名称列表变量，并命名为 animal_list。在 Python 中，列表是一个有序的值集合。接着，在 for 循环中，对 animal_list 中的每一项，代码块都要运行一次，且每次代码运行时，列表中的当前值都被赋给 animal 变量。因此，第一次运行循环体时，animal 等于 cat，程序输出 cat。接下来依次输出 dog 和 mouse。

9.9 函数

循环允许一组指令连续运行多次。但是，还有一种情况也很常见，即程序多次运行一组特定指令，且不一定是循环。这样的指令可能需要从程序的不同部分、在不同的时间、用不同的输入和输出来调用。当程序员意识到同一代码需要出现在多个地方时，他们可能会把这些代码编写成函数。函数是一组程序指令，它可以被其他代码调用。函数可选地接收输入（称为“参数”）并返回输出（称为“返回值”）。不同的高级语言使用不同术语称呼函数，例如子例程、过程或方法。在某些情况下，这些不同的名称实际上传递了略有差异的含义，但在这里，我们坚持用术语“函数”。

把字符串转换成小写、将文本输出到屏幕、从互联网下载文件都是可以以函数的形式使用可重用代码执行的例子。程序员希望避免多次输入相同的代码，因为多次输入相同的代码意味着维护了相同代码的多个副本，且增加了程序总的代码量。这违反了“不重复自己”(Don’t Repeat Yourself DRY）的软件工程原则，该原则鼓励减少重复性代码。

函数是封装的另一个例子。我们在之前的硬件部分看到过封装，这里我们再次到它，这次是软件封装。函数封装了代码块的内部细节，并提供了使用该代码的接口。想要使用函数的开发人员只需了解其输入和输出，无须完全了解该函数的内部工作方式。

9.9.1 定义函数

函数在使用前必须先定义。一旦定义了函数，你就可以通过调用来使用它。“函数定义”包括了函数名、输入参数、函数的程序语句（称为函数体），在某些语言中还有返回值类型。这里有一个 C 语言函数的例子，即给定半径，计算圆的面积的函数：

```
  // C function to calculate the area of a circle
❶ double ❷areaOfCircle(❸double radius)
  {
    double area = 3.14 * radius * radius;
 ❹ return area;
  }
```

开始的 double 类型 ❶ 表示函数返回一个浮点数（double 是 C 语言中的一种浮点类型）。函数名为 areaOfCircle❷，旨在传递函数的功能——在本例中为计算圆的面积。函数接收一个名为 radius 的输入参数 ❸，其类型也是 double。

位于开始和结束花括号之间的是函数体，它准确定义了函数的功能。我们声明了一个名为 area 的局部变量，它的类型也是 double。函数用 $\pi \times \texttt{radius}^2$ 计算面积，并把结果赋给 area 变量。最后，函数返回 area 变量的值 ❹。注意，area 变量的作用域是有限的，它不能在函数外被访问。当函数返回时，局部变量 area 被丢弃（它可能存储在栈中），但它的值可能通过处理器寄存器被返回给调用者。

下面是一个类似的面积函数，只不过这次是用 Python 编写的。

```
# Python function to calculate the area of a circle
def area_of_circle(radius)
    area = 3.14 * radius * radius
    return area
```

让我们比较一下这两个函数。两个函数都用 $\pi \times \texttt{radius}^2$ 计算面积，然后返回结果值。两个函数也都接收了一个名为 radius 的输入参数。C 语言版本显式定义返回类型为 double，radius 的类型也是 double，而 Python 语言版本没有要求声明类型。Python 中函数定义以 def 关键字开始。

9.9.2 调用函数

虽然在程序中定义了函数，但函数不一定会被运行。函数定义只是让代码在需要时可以供其他代码调用。这种调用被称为“函数调用”。调用代码传递所有需要的参数，并把控制权转给函数。然后，函数执行其代码并把控制权（以及所有输出）返还给调用者。下面演示一下如何在 C 语言中调用示例函数：

```
// Calling a function twice in C, each time with a different input
double area1 = areaOfCircle(2.0);
double area2 = areaOfCircle(38.6);
```

这是在 Python 中的调用：

```
# Calling a function twice in Python
area1 = area_of_circle(2.0)
area2 = area_of_circle(38.6)
```

当函数返回时，由调用代码把返回值存储在某个地方。两个例子都声明用变量 area1 和 area2 保存函数调用的返回值。在两种语言中，area1 是 12.56，area2 是 4678.4744。实际上，调用代码可以忽略返回值，不将它们赋给变量，但考虑到本函数的目的，这不是十分有用。图 9-5 演示了调用函数时是如何把控制权暂时移交给被调用函数的。

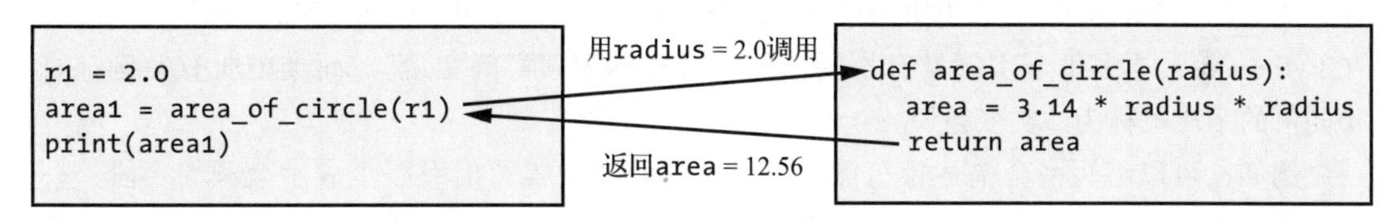

图 9-5 调用一个函数

在图 9-5 中，左边的 Python 代码调用 area_of_circle 函数，向它传递输入参数 radius 的值 2.0。然后，左边的代码进入等待状态，直到右边的函数完成其工作。一旦右边的函数返回，左边的代码就把返回值存储到变量 area1 中，然后继续执行。

9.9.3 使用库

尽管程序员确实可以自定义函数，但编程的一个重要部分是如何充分利用其他人已经编写好的函数。编程语言通常包括大量函数，它们称为该语言的“标准库”。这里，“库”是指给其他软件使用的代码集合。C 和 Python 都有标准库，以提供函数完成诸如输出到控制台、处理文件和处理文本等功能。Python 的标准库使用特别广且备受推崇。虽然并非总是如此，但一种语言的绝大多数实现都涵盖了该语言的标准库，所以程序员可以依赖这些函数。

注意 请参阅设计 17 用所学知识编写一个简单的 Python 版猜谜游戏。这包括使用 Python 标准库。

除了标准库，其他函数库也可以供编程语言使用。开发人员编写库给其他人使用，并以源代码或编译文件的形式进行共享。这些库有时候是非正式共享的，某些编程语言用众所周知且被接受的机制来发布库。一组共享的库称为包，共享这种包的系统称为包管理器。C 语言有几种可用的包管理器，但没有一个是被 C 程序员广泛接受成为标准的。Python 包含的包管理器称为 `pip`。`pip` 使得为 Python 安装社区开发软件库变得容易，它常常被 Python 开发人员使用。

9.10 面向对象的编程

编程语言被设计来支持特定的编程范例或方法，例如过程式编程、函数式编程和面向对象的编程。一种语言可以被设计为支持一个或多个范例，软件开发人员用适合某种范例的方法来使用该语言。让我们来看一个流行的范例：面向对象的编程。这是一种编程方法，其中的代码和数据通过称为“对象”的结构组合在一起。对象的意思是以模拟现实世界概念的方式来表示数据和功能的逻辑分组。

面向对象的编程语言通常使用基于类的方法。“类”是对象的蓝图。从类创建的对象被称为该类的一个“实例”。类中的函数定义被称为“方法”，类中声明的变量被称为“字段”。在 Python 中，类中每个实例具有不同值的字段被称为“实例变量”，而类中所有实例都有相同值的字段被称为“类变量”。

例如，可以编写一个描述银行账户的类。银行账户类可能有一个表示余额的字段、一个表示持有者姓名的字段，以及用于取款和存款的方法。这个类描述了通用银行账户，但是没有银行账户的具体实例存在，直到从这个类创建一个银行账户对象，如图 9-6 所示。

如图 9-6 所示，`BankAccount` 类描述了银行账户的字段和方法，使我们了解银行账户的样子。有两个对象已经被创建，它们是 `BankAccount` 类的实例。这些对象是具体的银行账户，分配了姓名和余额。我们可以用每个对象的 `withdraw` 和 `deposit` 方法来修改其 `balance` 字段。在 Python 中，向名为 `myAccount` 的银行账户存款如下，结果是使其 `balance` 字段增加 25：

```
myAccount.deposit(25)
```

注意 参阅设计 18 尝试用 Python 来实现刚才描述的银行账户类。

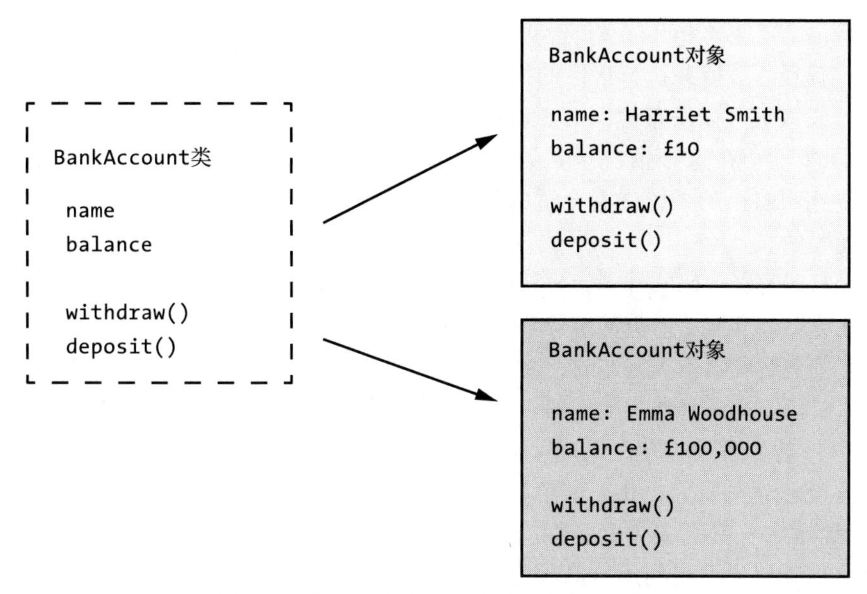

图 9-6　从银行账户类创建的银行账户对象

9.11　编译或解释

如前所述，源代码最初是由开发人员编写的程序文本，一般不用 CPU 能直接理解的编程语言来编写。CPU 只能理解机器语言，所以需要额外的步骤：源代码必须编译成机器语言或者在运行时由其他代码解释。

在编译语言（例如 C 语言）中，源代码被转换成能被处理器直接执行的机器指令。这个过程在 9.1 节已经描述过了。源代码在开发过程中进行编译，编译后的可执行文件（有时称为二进制文件）被交付给最终用户。当最终用户执行这个二进制文件时，他们无须访问源代码。编译后的代码往往执行速度很快，但它只在编译它的架构上运行。图 9-7 的例子展示了开发人员如何利用 GNU C 编译器（gcc）从命令行编译并运行 C 程序。

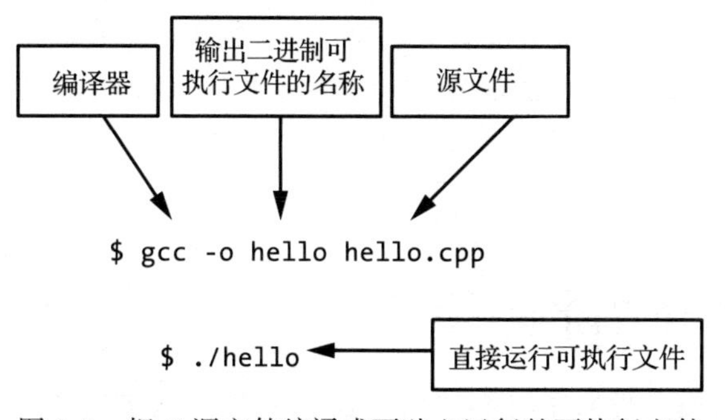

图 9-7　把 C 源文件编译成可独立运行的可执行文件

在解释语言（例如 Python 语言）中，源代码不会提前编译。相反，它由所谓的解释器程序读取，解释器读取并执行程序的指令。CPU 运行的实际上是解释器的机器码。解释语言代码的开发人员可以发布他们的源代码，且最终用户可以直接运行该代码，不需要潜在的复杂编译步骤。在这种情况下，开发人员不用操心如何针对许多不同平台来编译代码——只要用户自己的系统中有合适的解释器，他们就能运行代码。这样，发布的代码就是与平台无关的。

由于运行时解释代码的开销，解释代码往往比编译代码运行得慢。当用户已经安装了所需的解释器，或者用户在技术上足够熟练以至于安装解释器不成问题时，发布解释代码效果最好。否则，开发人员需要把解释器与他们的软件绑定在一起，或者指导用户安装解释器。图 9-8 展示了从命令行运行 Python 程序的例子，这里假设已经安装了 Python 3 解释器。请注意 hello.py 中的 Python 源代码是如何直接提供给解释器的——不需要中间步骤。

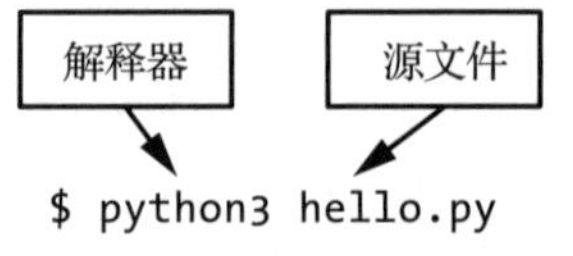

图 9-8　Python 解释器运行 Python 源代码

有些语言采用的系统利用这两种方法的混合方法。这样的语言会编译成中间语言或字节码。字节码类似于机器码，但并不针对特定硬件架构，字节码被设计成在虚拟机上运行，如图 9-9 所示。

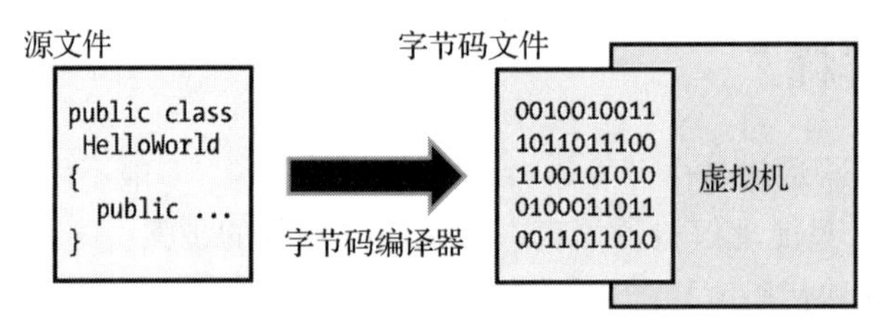

图 9-9　字节码编译器把源代码转换成在虚拟机内运行的字节码

在这里，虚拟机是一种用来运行其他软件的软件平台。虚拟机提供虚拟 CPU 和执行环境，抽象了真实底层硬件和操作系统的详细信息。例如，Java 源代码被编译成 Java 字节码，然后在 Java 虚拟机中运行。类似地，C# 源代码被编译成公共中间语言（Common Intermediate Language，CIL）并在 .NET 公共语言运行时（Common Language Runtime，CLR）虚拟机中运行。Python 的原始实现 CPython 实际上会在运行 Python 源代码之前就把它转换成字节码，尽管这是 CPython 编译器的实现细节，且对绝大多数 Python 开发人员隐藏。使用字节码的编程语言保留了解释语言的平台独立性，同时也保留了编译代码的一些性能提升。

9.12　用 C 语言计算阶乘

为了总结高级编程，我们来看看阶乘算法的实现，这次使用 C 语言。我们之前是用 ARM 汇编语言实现的，所以用 C 语言实现同样的逻辑应该可以很好地比较汇编语言和高级语言。这里的C语言代码使用了之前讨论的一些概念。选择使用C语言而不是Python的原因是，C语言是编译语言，我们可以查看编译后的机器码。下面是一个简单的计算数字阶乘的C语言函数：

```
// Calculate the factorial of n.
int factorial(int n)
{
  int result = n;

  while(--n > 0)
  {
    result = result * n;
  }

  return result;
}
```

其他代码可以调用这个函数，传递参数 n 为要计算其阶乘的数字。该函数在内部计算阶乘值，将其保存到局部变量 `result` 中，并把计算值返回给调用者。和在第8章对汇编代码所做的一样，让我们再次用练习来深入研究一下这段代码。

练习 9-2：在脑海中运行一个 C 程序

尝试在脑海中或用纸笔来运行前面的阶乘函数。假设输入值为 n=4。当函数返回时，返回的预期值应为24。建议在执行每行代码前后都跟踪一下 n 和 `result` 的值。完成整个代码，直到到达 `while` 循环的末尾，看看是否得到了预期值。

注意，`while` 循环的条件（`--n>0`）把递减运算符（`--`）放在变量 n 的前面，这表示在 n 与 0 进行比较之前其值需要减1。每次评估 `while` 循环条件时都会执行这个操作。

我希望你能发现这个算法的C语言版比ARM汇编版更具可读性。这个版本阶乘代码的另一个主要优点在于它没有与特定类型的处理器绑定。给定合适的编译器，它就可以在所有处理器上编译。如果在ARM处理器上编译早期的C代码，你会看到生成的机器码类似于之前查看的ARM汇编代码。你将有机会在设计19中进行实践，不过这里我已经为你编译并反汇编好了代码：

```
Address   Assembly
0001051c  sub     r3, r0, #1
00010520  cmp     r3, #0
00010524  bxle    lr
00010528  mul     r0, r3, r0
0001052c  subs    r3, r3, #1
00010530  bne     00010528
00010534  bx      lr
```

正你所见，从C语言源程序生成的代码与第8章中介绍的汇编阶乘代码非常相似。虽然也有一些差异，但其具体细节与我们所讨论内容无关。这里需要注意的是，程序可以用像C这样的高级语言编写，编译器可以完成把高级语言语句转换成机器码的困难工作。你可以看到高级语言是如何简化开发人员的工作的，但最终，我们仍然要转换成机器码字节，因为这才是处理器所需要的。

请参阅设计19尝试编译并反汇编C语言的阶乘程序。

这里发生了一些有趣的事情，我想确保你没有错过它。我们从用C编程语言编写的源代码开始，把它编译成机器码，然后再反汇编成汇编语言。这意味着，如果你的计算机上有已经编译好的程序或软件库，你就能把它的代码当作汇编语言代码来查看。你可能无法访问原始源代码，但程序的汇编版本在你的掌握中。

我们一直在专门研究适合ARM处理器的机器码和汇编语言，但就像之前所说的那样，用像C语言那样的高级语言来开发程序的一个好处是，同样的代码可以在不同的处理器上编译。实际上，相同的代码甚至能在不同的操作系统上编译，只要相关代码不使用针对特定操作系统的功能。为了说明这一点，我已经为32位x86处理器编译了同样的阶乘运算C代码，这次使用的是Windows而不是Linux。下面是生成的机器码，显示为汇编语言：

```
Address   Assembly
00406c35  mov     ecx,dword ptr [esp+4]
00406c39  mov     eax,ecx
00406c3b  jmp     00406c40
00406c3d  imul    eax,ecx
00406c40  dec     ecx
00406c41  test    ecx,ecx
00406c43  jg      00406c3d
00406c45  ret
```

我不会详细介绍这段代码，但你可以随意地研究x86指令集并自行解释该代码。我希望你从这个例子中学到：像C语言这样的高级语言使开发人员编写的代码比汇编语言更易懂，且能轻松地在各种处理器上进行编译。

9.13 总结

本章介绍了高级编程语言。这些语言独立于特定的CPU，在语法上更接近人类语言。你学习了这些语言中常见的元素，比如注释、变量、函数和循环功能。你看到了这些元素是如何用两种编程语言（C语言和Python）表示的。我们查看了一个C语言示例程序，你看到了通过编译高级代码生成的反汇编机器码。

第10章将介绍操作系统。我们将概述操作系统提供的功能，介绍操作系统的各种系列，并深入研究操作系统的工作原理。在此过程中，你将有机会探索 Raspberry Pi OS，它是为 Raspberry Pi 量身定制的 Linux 版本。

设计 14：查看变量

前提条件：运行 Raspberry Pi OS 的 Raspberry Pi。

在本设计中，将编写使用变量的高级代码，并查看它在内存中的工作方式。在主文件夹根目录下，使用文本编辑器创建一个新文件 vars.c。在文本编辑器中输入如下 C 代码（不需要保留缩进和空行，但要保证保留换行符）：

```
#include <stdio.h>❶
#include <signal.h>

int main()❷
{
  int points = 27;❸
  int year = 2020;❹

  printf("points is %d and is stored at 0x%08x\n", points, &points);❺
  printf("year is %d and is stored at 0x%08x\n", year, &year);

  raise(SIGINT);❻

  return 0;
}
```

现在，让我们查看一下源代码。源代码首先包含了几个头文件❶。这些文件包括了 C 编译器所需的详细信息，这些信息与程序稍后要使用的 `printf` 和 `raise` 函数有关。接下来是 `main` 函数❷，这是程序开始执行的入口点。程序声明了两个整数变量 `points`❸ 和 `year`❹，并为它们分配了值。之后，程序输出这两个变量的值和它们的内存地址（以十六进制的形式）❺。`raise`（`SIGINT`）语句使程序停止执行❻。通常，最终用户运行的代码中不使用该语句，它是用于辅助调试的一种技术。

文件保存后，用 GNU C 编译器（`gcc`）把代码编译成可执行文件。在 Raspberry Pi 上打开一个终端，输入如下命令来调用编译器。这个命令把 vars.c 作为输入，编译并链接代码，然后输出一个名为 `vars` 的可执行文件。

```
$ gcc -o vars vars.c
```

现在尝试用如下命令运行已编译的代码。程序应输出其两个变量的值和地址：

```
$ ./vars
```

确认程序正常工作后，就在 GNU 调试器（`gdb`）下运行该程序，查看内存中的变量：

```
$ gdb vars
```

此时 gdb 已经加载了文件，但指令都还未执行。在 (gdb) 提示符下，输入如下内容开始执行程序，该程序会一直执行，直到执行 raise(SIGINT) 语句。

```
(gdb) run
```

当程序返回 (gdb) 提示符后，你应该会看到输出的变量值和内存地址的信息。在这些信息后面，你可能会看到一条类似“no such file or directory”这样令人担忧的语句——你可以忽略它。它只表明调试器试图寻找一些不在系统上的源代码。需要注意的是，输出应该是这样的：

```
Starting program: /home/pi/vars
points is 27 and is stored at 0x7efff1d4
year is 2020 and is stored at 0x7efff1d0
```

现在你知道了内存地址，而且由于你已经在使用调试器了，因此很容易查看这些地址中保存的内容。在这个输出中，你可以看到 year 保存在低地址，points 保存在 4 个字节之后，所以你将从 year 变量的地址（在本例中为 0x7efff1d0）开始转储内存。下面的命令从 0x7efff1d0 地址开始，以十六进制的形式转储了内存中的 3 个 32 位值。你的地址可能不同，如果不同，请用你系统上的 year 地址替换 0x7efff1d0。

```
(gdb) x/3xw 0x7efff1d0
0x7efff1d0:     0x000007e4      0x0000001b      0x00000000
```

在这里，你可以看到存储在 0x7efff1d0 中的值为 0x000007e4。这是十进制的 2020，即预期的 year 值。4 个字节后存储的值为 0x0000001b，即十进制的 27，也是预期的 points 值。内存中的下一个值正好是 0，它不是我们的变量。我们通常用十六进制来查看内存，但如果你想用十进制查看这些值，则可以改用如下命令：

```
(gdb) x/3dw 0x7efff1d0
0x7efff1d0:     2020    27      0
```

你正在查看 32 位（4 字节）内存块，因为这是这个程序使用的变量大小。但内存实际上是按字节编址的，这意味着每个字节都有自己的地址。这就是 points 的地址比 year 的地址大 4 个字节的原因。我们来看看相同内存范围中的字节序列：

```
(gdb) x/12xb 0x7efff1d0
0x7efff1d0:     0xe4    0x07    0x00    0x00    0x1b    0x00    0x00    0x00
0x7efff1d8:     0x00    0x00    0x00    0x00
```

这里重点看一下 year 的值，注意一下最低有效字节（0xe4）为什么排在第一个。这是由于采用的是小端序存储（设计 13 讨论过）。你可以用 q 退出 gdb（即使调试会话还是活跃的，它也会问你是否想要退出，回答 y 即可）。

设计 15：改变 Python 中变量引用的值类型

前提条件：运行 Raspberry Pi OS 的 Raspberry Pi。

在本设计中，你将编写代码把 Python 变量设置成某种类型的值，然后再更新该变量以引用不同类型的值。在主文件夹根目录下，使用文本编辑器创建一个新文件 vartype.py。在文本编辑器中输入如下 Python 代码：

```
age = 22
print('What is the type?')
print(type(age))

age = 'twenty-two'
print('Now what is the type?')
print(type(age))
```

这段代码为名为 age 的变量设置一个整数值并输出该值的类型，然后再为 age 设置字符串值并再次输出其类型。

保存文件后，你可以用 Python 解释器从终端窗口运行该文件，如下所示：

```
$ python3 vartype.py
```

你应该看到如下输出：

```
What is the type?
<class 'int'>
Now what is the type?
<class 'str'>
```

你可以看到如何仅通过给变量赋新值就能把值类型从整数修改为字符串。不要被术语 class 迷惑了，在 Python 3 中，内置类型（比如 int 和 str）被看作类（9.10 节有介绍）。在 Python 中为变量设置不同类型的值很容易，但这在 C 语言中是根本不被允许的。

Python 的版本

现在 Python 有两个主要的版本正在使用中，即 Python 2 和 Python 3。自 2020 年 1 月 1 日起 Python 2 不再得到支持，这意味着 Python 2 将不会有新的漏洞修复。Python 开发人员被鼓励把之前的项目迁移到 Python 3，且新项目应该采用 Python 3。因此，本书中的设计项目使用 Python 3。在 Raspberry Pi OS 以及其他一些 Linux 发行版上，从命令行运行 python 将会调用 Python 2 解释器，而运行 python3 将会调用 Python 3 解释器。这就是本书中的设计项目特地要求你运行 python3 而不是 python 的原因。也就是说，在其他平台上，甚至是在未来的 Raspberry Pi OS 版本中，这可能是不适用的，且输入 python 可能实际调用 Python 3。你可以按如下方法检查调用的 Python 版本：

```
$ python --version
$ python3 --version
```

设计 16：栈或堆

前提条件：设计 14。

在本设计中，你将在正在运行的程序中查看变量在栈或堆中是否分配了内存空间。在 Raspberry Pi 上打开一个终端，开始调试之前在设计 14 中编译的 `vars` 程序：

```
$ gdb vars
```

此时，`gdb` 已经加载了文件，但指令还没有执行。在 `gdb` 提示符下，输入如下内容以执行程序，该程序会一直执行，直到执行 `SIGINT` 语句：

```
(gdb) run
```

再次查看 `points` 和 `year` 变量的内存地址。在我的代码中，这些变量位于 0x7efff1d4 和 0x7efff1d0，但你的地址可能不同。现在，用如下命令来查看正在运行的程序的全部内存映射位置：

```
(gdb) info proc mappings
```

输出列出了这个程序使用的各种内存范围的开始和结束地址。找到包含变量地址的那个。这两个变量地址应该在一个范围内。对我而言，这一项匹配：

```
0x7efdf000 0x7f000000    0x21000        0x0 [stack]
```

如你所见，`gdb` 表明这个内存范围被分配给了栈，这正好是我们期望局部变量应该在的位置。你可以用 `q` 退出 `gdb`（即使调试会话还是活跃的，它也会问你是否想要退出，回答 `y` 即可）。

现在，让我们来看看堆上分配的内存。你需要修改 vars.c 并重新构建它以便程序分配一些堆内存。用文本编辑器打开现有的 vars.c 文件。在首行添加下面的代码行：

```
#include <stdlib.h>
```

然后在 `SIGINT` 行前面添加下面的两行代码：

```
void * data = malloc(512);
printf("data is 0x%08x and is stored at 0x%08x\n", data, &data);
```

我们来介绍一下这些改变的含义。我们调用内存分配函数 `malloc` 从堆中分配 512 字节的内存。`malloc` 函数返回新分配内存的地址。这个地址保存在名为 `data` 的新局部变量中。然后，程序输出两个内存地址：新的堆分配地址和 `data` 变量自身的地址（它应该在栈上）。

保存文件后，用 `gcc` 编译代码：

```
$ gcc -o vars vars.c
```

现在，再次运行这个程序：

```
$ gdb vars
(gdb) run
```

检查新输出的值。对我而言，输出的值如下：

```
data is 0x00022410 and is stored at 0x7efff1ac
```

我们希望第一个地址（即从 malloc 返回的地址）在堆上。第二个地址（即 data 局部变量的地址）应该在栈上。同样，运行如下命令以查看该程序的内存范围以及这两个地址的位置。

```
(gdb) info proc mappings

...
           0x22000    0x43000    0x21000          0x0 [heap]
...
       0x7efdf000 0x7f000000    0x21000          0x0 [stack]
```

找到匹配的地址范围，并确认该地址落在预期的堆和栈范围中。你可以用 q 退出 gdb。

设计 17：编写猜谜游戏

在本设计中，将以本章介绍的内容为基础，用 Python 编写一个猜谜游戏。在主文件夹根目录下，使用文本编辑器创建一个新文件 guess.py。在文本编辑器中输入如下 Python 代码。在 Python 中，缩进很重要，所以请确保采用合适的缩进。

```
from random import randint❶

secret = randint(1, 10)❷
guess = 0❸
count = 0❹

print('Guess the secret number between 1 and 10')

while guess != secret:❺
    guess = int(input())❻
    count += 1

    if guess == secret:❼
        print('You got it! Nice job.')
    elif guess < secret:
        print('Too low. Try again.')
    else:
        print('Too high. Try again.')

print('You guessed {0} times.'.format(count))❽
```

我们来看看这个程序是如何工作的。这段代码首先导入一个名为 randint 的函数，该函数产生随机整数❶。这是使用别人编写的函数的例子，randint 是 Python 标准库的一部分。对 randint 的调用返回 1～10 的一个随机整数，我们把它存储在名为 secret 的变量中❷。然后，代码把变量 guess 设置为 0❸。这个变量保存玩家猜测的数字，其初始值为 0，我们可以肯定这个值与 secret 的值不匹配。第三个变量名为 count❹，它跟踪玩家到目前为止猜测的次数。

只要玩家猜测的数字与 secret 不匹配就继续运行 while 循环❺。循环内的代码调用内置函数 input，从控制台获取用户猜测的数字❻，将其转换成整数并保存到 guess 变量中。每次输入猜测数字时，都要把它与 secret 变量进行比较，看它们是否匹配❼。当玩家的 guess 与 secret 匹配时，退出循环，程序输出玩家猜测的次数❽。

保存文件后，你可以用 Python 解释器运行该文件：

```
$ python3 guess.py
```

多运行几次这个程序，每次运行时都修改 secret 的值。你可能想试着修改程序，以便扩大允许的整数范围或者加入你自己的自定义消息。作为挑战，请尝试修改程序，使得在猜测数字非常接近正确值时，程序输出不同的消息。

设计 18：使用 Python 中的银行账户类

在本设计中，你将用 Python 编写一个银行账户类，然后以该类为基础创建一个对象。在主文件夹根目录下，使用文本编辑器创建一个新文件 bank.py。在文本编辑器中输入如下 Python 代码。如果你愿意，可以不输入注释（以 # 开头的行）。注意 __init__ 的开始和结尾有两个下划线。

```
# Define a bank account class in Python.
class BankAccount:❶
    def __init__(self, balance, name):❷
        self.balance = balance❸
        self.name = name❹

    def withdraw(self, amount):❺
        self.balance = self.balance - amount

    def deposit(self, amount):❻
        self.balance = self.balance + amount

# Create a bank account object based on the class.
smithAccount = BankAccount(10.0, 'Harriet Smith')❼

# Deposit some additional money to the account.
smithAccount.deposit(5.25)❽
```

```
# Print the account balance.
print(smithAccount.balance)❾
```

这段代码定义了一个名为 `BankAccount` 的新类 ❶。当创建该类的实例时，自动调用其 `__init__` 函数 ❷。这个函数把实例变量 `balance`❸ 和 `name`❹ 设置为传递给初始化函数的值。这些变量对于该类创建的每个对象实例而言都是独一无二的。类定义中还包含两个方法：`withdraw`❺ 和 `deposit`❻。它们只修改 `balance`。定义类之后，便可创建类的实例 ❼。现在可以通过访问其变量和方法来使用这个银行账号对象。这里先进行存款 ❽，之后检索新余额并输出 ❾。

保存文件后，你可以用 Python 解释器运行该文件：

```
$ python3 bank.py
```

你应该看到 15.25 的账户余额被输出到终端窗口。实际上，这种计算银行余额的方法过于复杂。数字在程序中都是硬编码的，我们真的不需要用面向对象的方法来解决这个问题。但是，我希望这个例子有助于你理解类和对象是如何工作的。

设计 19：用 C 语言实现阶乘

前提条件：设计 12 和设计 13。

在本设计中，你将用 C 编程语言构建一个阶乘程序，就像在本章前面介绍的一样。然后，你将查看编译代码时生成的机器码。在主文件夹根目录下，使用文本编辑器创建一个新文件 fac2.c。输入如下 C 代码：

```
#include <stdio.h>

// Calculate the factorial of n.
int factorial(int n)❶
{
  int result = n;

  while(--n > 0)
  {
    result = result * n;
  }

  return result;
}

int main()❷
{
  int answer = factorial(4);❸
  printf("%d\n", answer);❹
}
```

你可以看到 factorial 函数 ❶ 与本章前面给出的 C 语言例子一模一样，这是计算阶乘的核心代码。但是，为了使它成为一个有用的程序，我们还需要将 main 函数 ❷ 作为入口点——程序开始执行的地方。在 main 函数中，程序以值 4 调用 factorial 函数，将结果保存到局部变量 answer❸。然后，程序在终端输出 answer 的值 ❹。

保存文件后，用 gcc 把代码编译为可执行文件。下面的命令将 fac2.c 作为输入，输出名为 fac2 的可执行文件。不需要单独的链接步骤。还要注意 -O 命令行选项表示开启编译器优化。之所以在这里添加这个选项是因为在这种情况下，它生成的代码与设计 12 中的汇编代码更相似。

```
$ gcc -O -o fac2 fac2.c
```

现在尝试用下面的命令运行代码。如果一切都是按预期工作的，那么程序将会在下一行输出计算结果 24。

```
$ ./fac2
```

现在你已经有了一个 fac2 可执行文件，请尝试使用你在设计 12 和设计 13 中用过的方法来检查已编译的文件。这里不再介绍所有的细节，但你之前用过的方法在这里也有效。下面是一些让你开始的命令：

```
$ hexdump -C fac2
$ objdump -s fac2
$ objdump -d fac2
$ gdb fac2
```

你应该立刻看到 fac2 文件中有很多东西。对于用 C 语言编写的程序，编译后的 ELF 二进制文件会带来一些开销。在我的计算机上，原始 fac ELF 文件有 940 个字节，而 fac2 ELF 文件有 8364 个字节，提升到了约 9 倍！当然，C 语言版本确实包含了除输出值以外的其他功能，所以大小预计会增加一些。

当查看反汇编代码时，factorial 函数是最先要检查的。把它与第 8 章用汇编语言编写的阶乘代码进行比较，你可能会注意到 gdb 显示的入口点与 main 不同。这是因为 C 程序有些初始化代码在调用 main 入口点之前就已经被调用了。如果想跳过这段代码，直接进入阶乘函数，则可以先设置断点（break factorial）再运行，然后反汇编。

在你机器上生成的机器指令可能会有所不同，但这里显示的是在我的计算机上生成的 factorial 函数机器码以及相应的汇编语言。这是 objdump -d fac2 的输出：

```
00010408 <factorial>:
    10408:      e2403001        sub     r3, r0, #1❶
    1040c:      e3530000        cmp     r3, #0❷
    10410:      d12fff1e        bxle    lr❸
    10414:      e0000093        mul     r0, r3, r0❹
    10418:      e2533001        subs    r3, r3, #1❺
```

```
1041c:      1afffffc      bne     10414 <factorial+0xc>❻
10420:      e12fff1e      bx      lr❼
```

在函数被调用之前，n 的值已经被存入 r0。函数开始后，它立刻递减 n 并把结果存入 r3 ❶。然后，程序把 r3（即 n）与 0 进行比较 ❷。如果小于或等于 0 ❸，那么程序从函数返回。否则，保存在 r0 中的 result 将计算为 result × n ❹。接着 n 减 1❺，如果 n 不为 0 ❻，程序再次执行循环，分支跳回到地址 10414 ❹。当 n 等于 0 时，循环结束，函数返回 ❼。

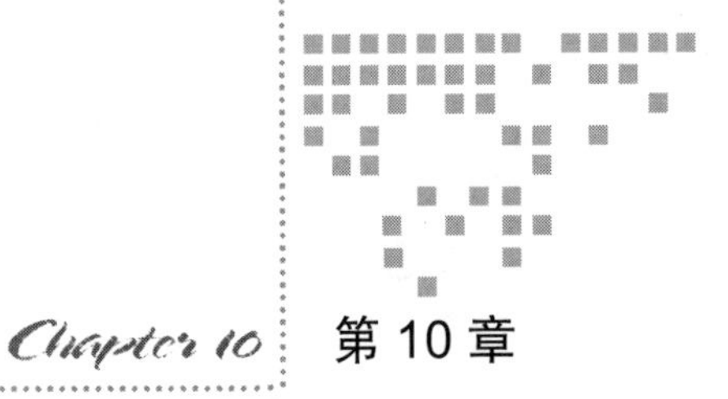

Chapter 10 第 10 章

操作系统

到目前为止，我们已经查看了计算机的硬件和软件。本章将介绍一种特殊的软件：操作系统。首先，我们将介绍无操作系统（OS）编程遇到的挑战。然后，我们将对一些操作系统进行概述。本章的主要内容是详细介绍操作系统的一些核心功能。在设计项目中，你将有机会查看 Raspberry Pi 操作系统的工作原理。

10.1 无操作系统编程

我们首先考虑一下在没有操作系统的情况下使用设备和对设备进行编程会是什么样子。你很快就能看到，操作系统提供了硬件和其他软件之间的接口。而在没有操作系统的设备上，软件能直接访问硬件。有许多这样工作的计算机，但是我们特别关注其中的一种类型：早期的视频游戏机。如果我们回顾 Atari 2600、任天堂娱乐系统和世嘉 Genesis 等游戏机，便会发现硬件从卡带运行代码，操作系统是不存在的。图 10-1 展示了这种理念，即游戏软件直接在主机硬件上运行，软件和硬件之间没有任何其他的东西。

图 10-1 早期视频游戏直接在游戏机硬件上运行，没有操作系统

对于这样的系统，只需要插入一个卡带并打开系统，就可以开始游戏了。游戏机一次只运行一个程序，即当前在卡带中的游戏。在大多数这种类型的系统上，在没有插卡带时打开系统不会产生任何作用，因为 CPU 没有任何要运行的指令。如果要切换到另一款游戏，则需要关闭系统，更换卡带，再重新打开它。系统运行的时候是没有切换程序这个概念的，也没有程序会在后台运行。一个程序——游戏——得到了硬件完全的关注。

对于程序员而言，为像这样的系统开发游戏就意味着要承担起用代码直接控制硬件的责任。系统上电后，CPU 就开始运行卡带上的代码。游戏开发人员不仅要为游戏逻辑编写软件，还需要初始化系统、控制视频硬件、读取控制器输入的硬件状态等。不同的控制台硬件有完全不同的设计，所以开发人员需要了解硬件的复杂性。

幸运的是，对于老式游戏开发人员而言，游戏机在其制造过程中或多或少会保留相同的硬件设计。例如，所有的任天堂娱乐系统（Nintendo Entertainment System，NES）控制台都有相同类型的处理器、RAM、图像处理单元（Picture Processing Unit，PPU）和音频处理单元（Audio Processing Unit，APU）。要成为一名成功的 NES 开发人员，你需要对所有这些硬件都有深入的了解，在出售给玩家的每个 NES 中，硬件都是一样的。开发人员清楚地知道系统中的硬件，所以他们可以针对这种特定的硬件编写代码，这就使得他们能充分利用系统的性能。但是，如果要把他们的游戏移植到另一种游戏机上，那他们通常必须重写大部分代码。此外，每个游戏卡带还要包括类似的代码以完成基本任务，比如初始化硬件。虽然开发人员可以重用他们之前为其他游戏编写的代码，但这仍然意味着不同的开发者要反复地解决相同的问题，并获得不同程度的成功。

10.2 操作系统概述

操作系统为编程提供了一种不同的模型，在此过程中，它还解决了直接针对特定硬件编写代码遇到的许多挑战。操作系统（OS）是一种软件，它与计算机硬件通信，并为程序执行提供环境。操作系统允许程序请求系统服务，比如从存储器读取数据或通过网络进行通信。操作系统处理计算机系统的初始化并管理程序的执行，包括并行运行多个程序或多任务处理，以确保多个程序能在处理器上共享时间以及共享系统资源。操作系统设置边界以保证把一个程序与其他程序和操作系统隔离开来，并确保共享系统的用户被授予适当的访问权限。你可以把操作系统视为硬件和应用程序之间的代码层，如图 10-2 所示。

这一层提供了一组功能，它们抽象了底层硬件的细节，使开发人员能专注于其软件的逻辑，而不是与特定硬件的通信。如你所料，考虑到现在计算机设备的多样性，这是非常有用的。想想智能手机和 PC 硬件令人惊诧的多样性，为每种类型的设备编写代码是不切实际的。操作系统隐藏了硬件的细节，并提供了应用程序得以构建的公共服务。

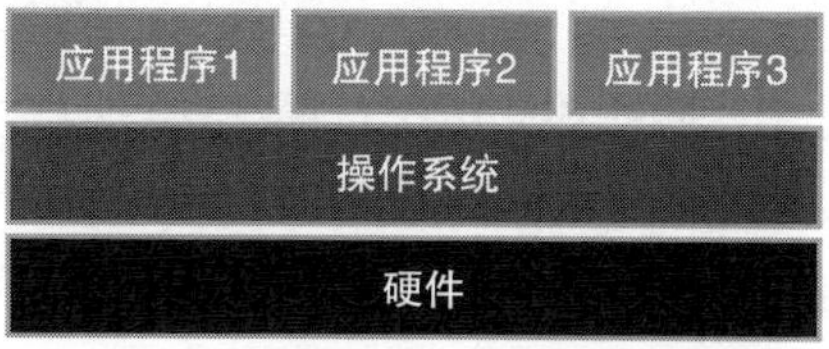

图 10-2 操作系统充当硬件和应用程序之间的代码层

从高层次来看，操作系统包含的组件可以分为两类：

- 内核；
- 其他组件。

操作系统内核负责管理内存，助力设备 I/O 以及为应用程序提供一组系统服务。内核允许多个程序并行运行，并共享硬件资源。它是操作系统的核心部分，但它自身无法为最终用户提供与系统交互的方法。

操作系统还包括非内核组件，例如壳（shell），这是一种使用内核的用户界面。术语“壳”和“内核”是操作系统隐喻的一部分，这里操作系统被视为坚果或种子，内核是核心，壳包裹着它。壳可以是命令行界面（Command Line Interface，CLI），也可以是图形用户界面（Graphical User Interface，GUI），例如 Windows shell GUI（包括桌面、开始菜单、任务栏和文件资源管理器），以及 Linux 和 UNIX 系统上的 Bash shell CLI。

操作系统的某些功能是由后台运行的软件提供的，与内核不同，它们被称为守护进程或服务（不要与前面提到的内核系统服务混淆）。Windows 上的任务调度程序和 UNIX 与 Linux 上的 cron 都是这种服务，它们都允许用户调度程序在特定时间运行。

操作系统通常还包括供开发人员使用的软件库。这种库含有许多应用程序可以使用的通用代码。此外，操作系统自身的组件（如壳和服务）也使用此类库提供的功能。

当与硬件交互时，内核与设备驱动程序合作。“设备驱动程序”（简称“驱动程序”）是用于与特定硬件交互的软件。操作系统内核需要与各种硬件一起工作，所以软件开发人员不会把内核设计成知道如何与每个硬件设备进行交互，而是在设备驱动程序中实现与特定设备交互的代码。操作系统通常包含一组用于通用硬件的设备驱动程序，也提供安装其他驱动程序的机制。

绝大多数操作系统都包含一组基本应用程序，比如文本编辑器和计算器，我们一般把它们统称为实用程序。Web 浏览器也是许多操作系统的标配。这种实用程序可以说不是操作系统真正的组成部分，而是简单的应用程序，但在实际使用中，绝大多数操作系统都包括这类软件。图 10-3 提供了操作系统所包含组件的汇总示意图。

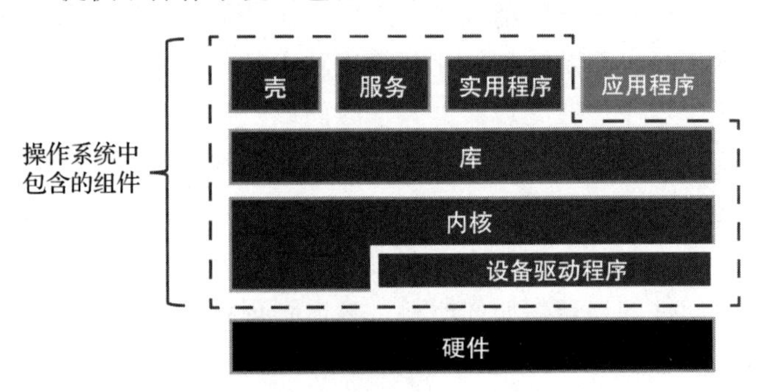

图 10-3　操作系统包含多个组件

如图 10-3 所示，位于硬件的正上方，作为软件栈的基础的是内核和设备驱动程序。库提供了构建应用程序的功能，所以库显示为内核和应用程序之间的层。壳、服务和实用程序也建立在库之上。

10.3　操作系统系列

如今有两个主要的操作系统系列：类 UNIX 操作系统和 Microsoft Windows。顾名思义，类 UNIX 操作系统的行为类似于 UNIX 操作系统。Linux、macOS、iOS 和 Android 都是类UNIX操作系统。UNIX最早是由贝尔实验室开发的，其历史可以追溯到20世纪60年代。UNIX最初运行在PDP-7小型机上，但后来被移植到多种计算机上。UNIX最早是用汇编语言编写的，后来改用C语言编写，这使得它能针对各种处理器进行编译。如今，它被用于服务器，而且由于苹果的macOS和iOS（这两种操作系统都是基于UNIX的），它在个人计算机和智能手机上也有强大的影响力。UNIX支持多用户、多任务和统一的分层目录结构。它有强大的命令行壳，由明确定义的标准命令行工具支持，它们一起使用可以完成复杂任务。

Linux内核最初由Linus Torvalds开发，他的打算是创建类似于UNIX的操作系统。Linux不是UNIX，但它肯定是类UNIX。它的行为很像UNIX，但却不包含任何UNIX源代码。Linux发行版是一个把Linux内核与其他软件捆绑在一起的操作系统。Linux内核是开源的，这意味着它的源代码是免费的。很多Linux发行版都是免费提供的。典型的Linux发行版包括一个Linux内核和一组来自GNU项目的类UNIX组件。

GNU是一个递归的首字母缩写，代表GNU's的Not UNIX，它是始于20世纪80年代的一个软件项目，其目的是创建一个类UNIX的操作系统作为自由软件。GNU项目和Linux是分开进行的，但它们已经变得密切相关。1991年发布的Linux内核促使人们努力把GNU软件移植到Linux。当时，GNU没有完整内核，而Linux缺少壳、库等部分。Linux为GNU代码的运行提供内核，而GNU项目给Linux提供壳、库和实用程序。这样，两个项目相辅相成，一起构成一个完整的操作系统。

如今，人们常常用术语“Linux”来指代结合了Linux内核和GNU软件的操作系统。这点存在争议，因为把整个操作系统称为“Linux”并没有意识到GNU软件在许多Linux发行版中扮演的重要角色。我在本书中遵循了把整个操作系统称为Linux的惯例，而不是称其为GNU/Linux或其他名称。

当前，Linux普遍用于服务器和嵌入式系统，它在软件开发人员中很受欢迎。Android操作系统以Linux内核为基础，所以Linux在智能手机市场占有重要地位。Raspberry Pi操作系统（以前称为Raspbian）也是一个包含GNU软件的Linux发行版，我们将继续使用Raspberry Pi操作系统来探索Linux。总的说来，本书在举例类UNIX行为时，将使用Linux而不是UNIX。

Microsoft Windows是个人计算机（包括台式计算机和笔记本计算机）的主流操作系统。它还在服务器领域（Windows服务器）占有重要地位。Windows的独特之处在于它不会追溯回UNIX。早期的Windows版本是以MS-DOS（Microsoft磁盘操作系统）为基础的。尽管在家用计算机市场很受欢迎，但这些早期Windows版本还不够强大，无法在服务器或高端工作站市场上与类UNIX操作系统竞争。

在开发Windows的同时，微软与IBM一起在20世纪80年代创建了OS/2操作系统，即IBM PC在MS-DOS上的预期接替者。微软和IBM在OS/2项目的发展方向上存在分歧，1990年，IBM接管了OS/2的开发，而微软则转向已经在开发的另一个操作系统Windows NT。与基于MS-DOS的Windows版本不同，Windows NT基于新内核。Windows NT被设计成可以在不同的硬件之间移植，与各类软件兼容，支持多用户，并提供高级别的安全性和可靠性。微软从数字设备公司（Digital Equipment Corporation，DEC）雇用了 Dave Cutler 来主持 Windows NT 的开发工作。他带来了许多前 DEC 工程师，NT 内核要素的设计可以追溯到 Dave Cutler 在 DEC 所做的关于 VMS 操作系统的研究。

Windows NT 早期版本的定位是以商业为中心的 Windows 版本，它与以消费者为中心的 Windows 版本共存。这两个 Windows 版本在实现上有诸多不同，但它们共享一个类似的用户界面和编程接口。用户界面相似意味着熟悉 Windows 的用户能轻松有效地在 Windows NT 上工作。通用编程接口使得为基于 DOS 的 Windows 开发的软件能在 Windows NT 上运行，有时甚至无须修改。随着 2001 年 Windows XP 的发布，微软把 NT 内核引入了以消费者为中心的 Windows 版本中。从 Windows XP 发布开始，台式计算机和服务器的所有 Windows 版本都是基于 NT 内核构建的。

表 10-1 列出了现在常见的一些操作系统，以及它们所属的操作系统系列。

表 10-1 常见的操作系统

操作系统	系列	说明
Android	类 UNIX	Android 使用 Linux 内核，虽然它与 UNIX 不太相似。它的用户体验和应用程序编程接口与典型的 UNIX 系统有很大差异
iOS	类 UNIX	iOS 以类 UNIX 的开源 Darwin 操作系统为基础，与 Android 相似，iOS 用户体验和编程接口也与典型的 UNIX 系统有差异
macOS	类 UNIX	macOS 以类 UNIX 的开源 Darwin 操作系统为基础
PlayStation 4	类 UNIX	PlayStation 4 OS 以类 UNIX 的 FreeBSD 内核为基础
Raspberry Pi 操作系统	类 UNIX	Raspberry Pi 操作系统是 Linux 发行版
Ubuntu	类 UNIX	Ubuntu 是 Linux 发行版
Windows 10	Windows	Windows 10 使用 Windows NT 内核
Xbox One	Windows	Xbox One 有一个使用 Windows NT 内核的操作系统

练习 10-1：了解你生活中的操作系统

选择你拥有或使用的几个计算机设备，比如笔记本计算机、智能手机或者游戏机，看看每个设备运行的操作系统是什么？它们属于哪个操作系统系列（Windows、类 UNIX 或其他）？

10.4 内核模式和用户模式

操作系统负责确保在其上运行的程序能运行良好。这在实践中是什么意思呢？让我们看一些例子。一个程序不能干扰其他程序或内核。用户不能修改系统文件。应用程序不能直接访问硬件，所有这样的访问请求都必须通过内核。考虑到这些要求，操作系统要如何保证非操作系统代码符合操作系统要求呢？这是利用 CPU 功能来处理的，该功能赋予操作系统特殊权限，同时对其他代码设置限制，这就是“代码的特权级”。处理器可能提供两个以上的特权级，但大多数操作系统只使用两个等级。较高权限称为“内核模式”，较低权限称为“用户模式”。内核模式也称为“管理者模式”。运行在内核模式下的代码拥有对系统的完整访问权限，包括访问全部内存、I/O 设备和特殊 CPU 指令。运行在用户模式下的代码具有有限的访问权限。一般来说，内核和许多设备驱动程序运行在内核模式下，而其他所有代码则运行在用户模式下，如图 10-4 所示。

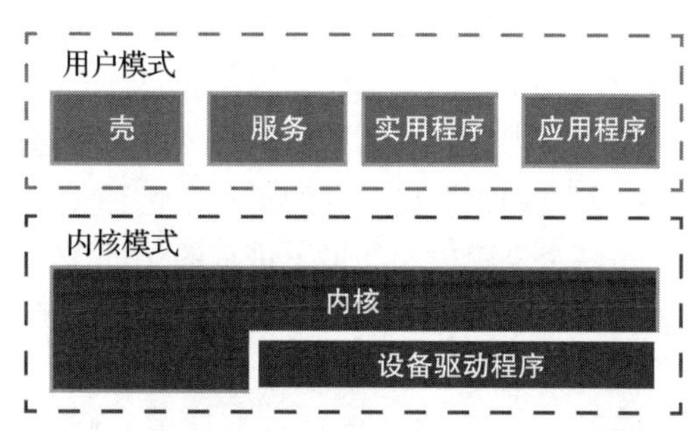

图 10-4 在用户模式和内核模式下运行的代码划分

允许在内核模式下运行的代码是“可信的”，而在用户模式下运行的代码是“不可信的”。内核模式下运行的代码对整个系统拥有完整的访问权限，所以它最好是值得信任的！通过只允许可信代码在内核模式下运行，操作系统可以确保用户模式的代码行为良好。

Windows 中的内核模式组件

值得注意的是，微软的 Windows 还有一些主要组件运行在内核模式下。在 Windows 中，基本的内核模式功能实际上分成两种：内核和执行组件。这种区分只在讨论 Windows 内部架构时才有意义，大多数开发人员或用户并不关心这种区分。实际上，内核和执行组件的编译机器码都包含在同一个文件（ntoskrnl.exe）中。在本书其余部分，我将不会区分 Windows NT 内核和执行组件。除了内核、执行组件和设备驱动程序，Windows 还有其他主要组件也运行在内核模式下。硬件抽象层（Hardware Abstraction Layer，HAL）把内核、执行组件和设备驱动程序与底层硬件（比如不同的主板）隔离开来。窗口和图形系统（win32k）提供了绘制图形和以编程方式与用户界面元素进行交互的功能。

10.5 进程

操作系统的一个主要功能是为程序提供运行平台。正如我们在第 9 章看到的，程序是机器指令序列，通常存储在可执行文件中。但是，一组存储在文件中的指令自身并不能执行任何工作。需要把文件中的指令加载到内存，并指示 CPU 运行该程序，同时还要确保程序不会出现异常。这就是操作系统的工作。当操作系统启动一个程序时，它会创建一个进程，即该程序的运行实例。之前，我们讨论过在用户模式下运行的代码（比如壳、服务和实用程序）——这些都在进程中执行。如果代码运行于用户模式下，它就在进程中运行，如图 10-5 所示。

进程是运行程序的容器。这个容器包含一个私有虚拟内存地址空间（稍后进行详细讨论）、加载到内存的程序代码副本，以及关于进程状态的其他信息。程序可以启动多次，每次执行都会使得操作系统创建一个新的进程。每个进程都有唯一的标识符（一个编号），称为进程标识符、进程 ID 或 PID。

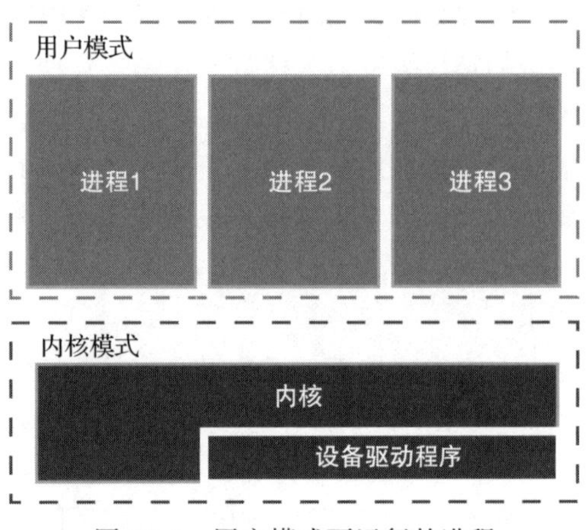

图 10-5　用户模式下运行的进程

除了由内核启动的初始进程外，每个进程都有一个父进程，即启动它的进程。这种父子关系创建了一个进程树。如果子进程的父进程在该子进程之前结束，那么这个子进程就会变成孤儿进程，这意味着它没有父进程，这一点都不奇怪。在 Windows 中，孤儿进程只保持无父状态。在 Linux 中，孤儿进程通常被 init 进程采用，它是 Linux 系统中启动的第一个用户模式进程。

图 10-6 展示了 Raspberry Pi 操作系统中的进程树。这个视图是使用 `pstree` 实用程序生成的。

```
systemd─┬─2*[agetty]
        ├─avahi-daemon───avahi-daemon
        ├─cron
        ├─dbus-daemon
        ├─dhcpcd
        ├─nginx───4*[nginx]
        ├─nmbd
        ├─rsyslogd─┬─{in:imklog}
        │          ├─{in:imuxsock}
        │          └─{rs:main Q:Reg}
        ├─smbd─┬─cleanupd
        │      ├─lpqd
        │      └─smbd-notifyd
        ├─sshd───sshd───sshd───bash───pstree
        ├─systemd───(sd-pam)
        ├─systemd-journal
        ├─systemd-logind
        ├─systemd-timesyn───{sd-resolve}
        ├─systemd-udevd
        ├─thd
        └─wpa_supplicant
```

图 10-6　`pstree` 显示的一个 Linux 进程树示例

在图 10-6 中，我们看到 init 进程是 `systemd`。它是启动的第一个进程，之后再由它启动别的进程。子线程用大括号表示（马上将讨论线程）。为了生成这个输出，我从命令行壳运行了 `pstree` 命令，在这个输出中，你可以看到 `pstree` 本身正在按预期运行。它是

bash（壳）的子代，bash 又是 sshd 的子代。换句话说，你可以从这个输出看出，我是从一个远程安全壳（Secure Shell，SSH）会话中打开的 Bash 壳运行的 pstree。

要在运行 Windows 的计算机上查看进程树，建议使用进程资源管理器（Process Explorer）工具，它可以从微软下载。该工具是一个 GUI 应用程序，它能为你提供计算机上运行的进程的丰富视图。

注意 请参阅设计 20 查看设备上运行的进程。

10.6 线程

默认情况下，程序按顺序执行指令，一次处理一个任务。但是，如果程序需要并行执行两个或更多任务呢？例如，假设程序需要在更新用户界面的同时执行一些长时间运行的计算——可能是为了显示一个进度条。如果程序是完全按顺序执行的，那么当程序开始计算时，用户界面就会被忽略，因为分配给程序的 CPU 时间必须消耗在其他地方。期望的行为是在计算进行时更新 UI——这是需要并行执行的两个独立任务。操作系统通过执行线程（简称“线程”）来提供这种功能。线程是进程中可调度的执行单元。线程在进程中运行，它可以执行任何被加载到该进程的程序代码。

线程运行的代码通常包含程序希望完成的特定任务。由于线程属于进程，因此它们与该进程中所有其他线程一起共享地址空间、代码和其他资源。进程从一个线程开始，当有工作需要并行处理时，可以根据需要创建其他线程。每个线程都有一个被称为线程 ID 或 TID 的标识符。内核也创建线程来管理其工作。图 10-7 展示了线程、进程和内核之间的关系。

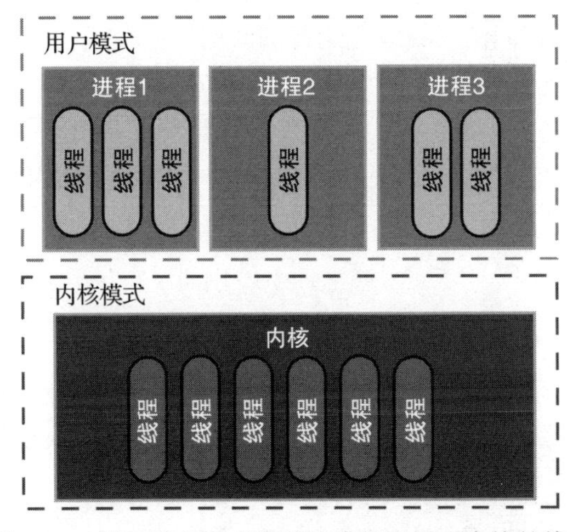

图 10-7 属于用户模式进程的线程和属于内核的线程

在 Windows 中，线程和进程是不同的对象类型。进程对象是一个容器，线程属于进程。在 Linux 中，这种区别更加微妙。Linux 内核使用一个数据类型来表示进程和线程，这个数据类型同时充当进程和线程。在 Linux 中，共享一个地址空间并有共同进程标识符的一组线程被视为一个进程，没有单独的进程类型。

用来指示进程和线程标识符的 Linux 术语可能会令人困惑。在用户模式下，进程有进程 ID（PID），线程有线程 ID（TID），就和 Windows 一样。但是，Linux 内核把线程 ID 作为 PID，而把进程 ID 作为线程组标识符（TGID）！

请参阅设计 21 创建自己的线程。

并行运行多个线程的真正含义是什么？假设计算机正在运行 10 个进程，每个进程有 4 个线程。那么仅在用户模式下就有 40 个线程！我们说线程并行运行，但 40 个线程真的可以同时运行吗？不能，除非计算机有 40 个处理器核，但它很可能没有。每个处理器核一次只能运行一个线程，所以设备中核的数量决定了能同时运行的线程数。

物理核和逻辑核

不是所有的核都具有同等的并行能力。物理核是 CPU 内部核的硬件实现。逻辑核表示单个物理核一次运行多个线程（每个逻辑核一个线程）的能力。Intel 把这个功能称为超线程。例如，我用来写这本书的计算机有两个物理核，每个都有两个逻辑核，所以总共有四个逻辑核。这就意味着我的计算机可以同时运行 4 个线程，尽管逻辑核无法实现物理核完全的并行性。

如果我们有 40 个线程需要运行，但只有 4 个核，那么会发生什么呢？操作系统会实现一个调度器，即负责确保每个线程轮流运行的软件组件。不同的操作系统用不同的方法实现调度，但基本目标都是相同的：给线程运行的时间。一个线程获得一小段时间来运行（称为量子），然后该线程挂起，让另一个线程运行。稍后，再次调度第一个线程，从其中断的地方开始继续执行。通常，这对线程代码和编写应用程序的开发人员是隐藏的。从线程代码的角度来看，它是连续运行的，开发人员编写多线程应用程序时，就好像所有线程都在并行运行一样。

10.7 虚存

操作系统支持多个正在运行的进程，其中的每一个进程都需要使用内存。大多数情况下，一个进程不需要读写另一个进程的内存，实际上，这通常是不可取的。我们不希望行为不端的进程窃取数据或覆盖其他进程的数据，或者更糟的是，覆盖内核数据。此外，开发人员不希望由于其他进程的使用使得自己进程的地址空间碎片化。出于这些原因，操作系统不会授权用户模式的进程去访问物理内存，相反，为每个进程提供的是虚存（virtual memory）——一种为每个进程提供自己的大容量且私有的地址空间的抽象。

我们在第 7 章讨论了内存寻址：硬件中的每个物理字节都被分配了一个地址。这种硬件内存地址被称为物理地址。这些地址通常对用户模式进程是隐藏的。操作系统为进程提供了虚存，其中的每个地址都是虚拟地址。每个进程都有自己的虚存空间。对于单个进程，内存看上去就是一个大的地址范围。当进程向某个虚拟地址写入数据时，该地址不会直接引用硬件内存位置。这个虚拟地址在需要时被转换成物理地址，如图 10-8 所示，但转换的过程对进程是隐藏的。

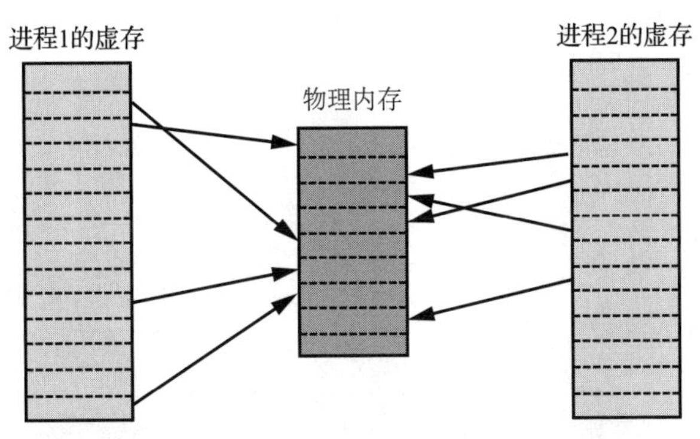

图 10-8　每个进程的虚拟地址空间映射到物理内存

这种方法的优点是，给每个进程都提供了一个大的、私有的虚拟地址范围。通常，系统上的每个进程都有相同的内存地址范围。例如，每个进程可能被授予 2 GB 的虚拟地址空间，其地址从 0x00000000 到 0x7FFFFFFF。这看上去似乎有问题：当两个程序试图使用相同内存地址时，会发生什么？一个程序会覆盖或读取另一个程序的数据吗？幸亏有虚拟寻址，这不是问题。

多个程序的相同虚拟地址映射到不同的物理地址，所以一个程序不会意外访问到内存中另一个程序的数据。这意味着，对于不同的进程，存储在某个虚拟地址中的数据是不同的——虚拟地址可能相同，但存储在其中的数据是不同的。也就是说，如果程序需要共享内存，就会有相应的机制。在旧的操作系统中，内存空间没有进行如此清晰的划分，导致程序有很多机会破坏其他程序甚至操作系统中的内存。幸运的是，所有的现代操作系统都确保了进程间的内存分离。

重要的是要理解尽管进程的地址空间可能是 2 GB 大小，但这并不意味着全部 2 GB 的虚存都可以立即供该进程使用。这些地址中只有一部分是由物理内存支持的。回忆一下你在第 8 章和第 9 章完成的设计，那些你正在查看的地址是虚拟内存地址，而不是物理地址。

内核有独立的虚拟地址空间，其地址范围与分配给用户模式进程的地址范围不同。与用户模式地址空间不同，内核地址空间由所有运行于内核模式的代码共享。这意味着任何在内核模式下运行的代码都可以访问内核地址空间中的所有内容。这也让这些代码有机会修改内核内存的内容。这强化了在内核模式下运行的代码必须是可信的这一思想！

那么如何在用户模式和内核模式之间划分虚拟地址空间呢？让我们看一个 32 位的操作系统。正如第 7 章所讨论的，对于 32 位系统，内存地址表示为一个 32 位数，这意味着地址空间总共有 4 GB。这个地址空间中的地址必须在内核模式和用户模式之间进行划分。对于 4 GB 的地址空间，Windows 和 Linux 都允许根据配置划分为 2 GB 用户模式虚拟地址 /2 GB 内核模式虚拟地址，或者 3 GB 用户模式虚拟地址 /1 GB 内核模式虚拟地址。图 10-9 显示了对虚存平均 2 GB 的划分。

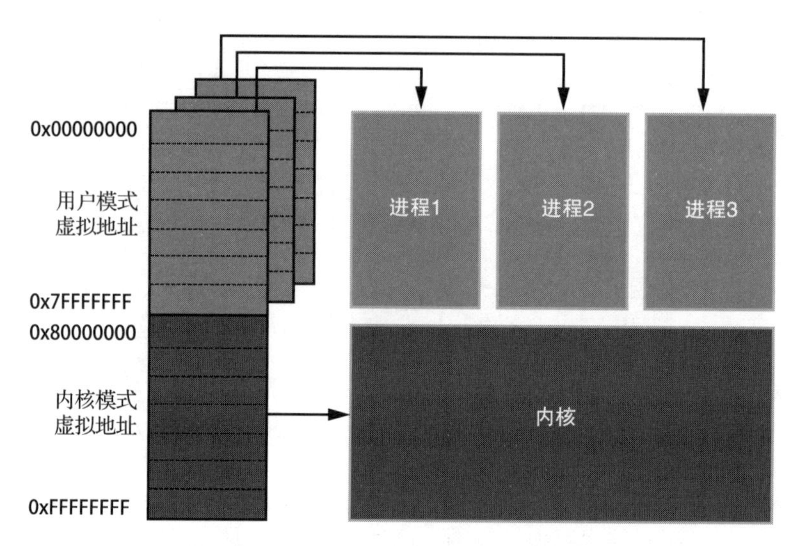

图 10-9　32 位系统虚拟地址空间的平均划分

请注意，这里我们只关注虚拟地址。不论其有多少物理内存，32 位系统都有 4 GB 的虚拟地址空间。假设一台计算机只有 1 GB RAM，在 32 位操作系统下，它还是有 4 GB 的虚拟地址空间。回忆一下，虚拟地址范围不代表映射的物理内存，只表示可以映射的物理内存的范围。也就是说，内核与所有的运行中进程所请求的虚存当然有可能大于 RAM 的总大小。在这种情况下，操作系统可以把一些内存字节内容移动到辅存，以便为新请求的内存腾出 RAM 空间，这个过程称为分页。通常，最少被使用的内存首先被分页，这样频繁使用的内存可以保留在 RAM 中。当需要被分页的内存时，操作系统必须把它加载回 RAM。分页允许使用更大的虚存，但代价是在辅存和 RAM 之间移动字节时产生的性能损失。请记住，辅存比 RAM 慢得多。

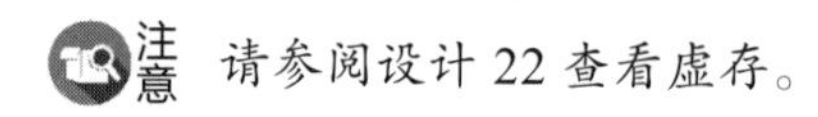

注意　请参阅设计 22 查看虚存。

随着 64 位处理器和操作系统的到来，有可能出现更大的地址空间。如果我们用完整的 64 位来表示内存地址，那么虚拟地址空间将是 32 位地址空间的 40 亿倍！但是，现在不需要这么大的地址空间，所以64位操作系统使用较少的位数来表示地址。不同处理器上不同的64位操作系统表示地址的位数不同。64位Linux和64位Windows都支持48位地址，这相当于256 TB的虚拟地址空间，大约是32位地址空间的65 000倍——对于现在的典型应用程序而言，这个空间已经足够了。

10.8 应用程序编程接口

当大多数人想到操作系统时，他们会想到用户界面，即壳。壳是人们所看到的，它会影响人们如何看待这个系统。例如，Windows用户一般把Windows看作任务栏、“开始”菜单、桌面等。但用户界面实际上只是操作系统代码的一小部分，它只是个界面，是系统与用户相遇的地方。从应用程序（或软件开发人员）的角度来看，与操作系统的交互不由UI定义，而是由操作系统的应用程序编程接口（Application Programming Interface，API）来定义。API不仅适用于操作系统，任何想以编程方式进行交互的软件都可以提供API，但这里我们重点关注操作系统API。

操作系统API是一种规范，它在源代码中定义，在文档中描述，它详细说明了程序应如何与操作系统交互。典型的操作系统API包括与操作系统交互所需的函数（含它们的名称、输入和输出）以及数据结构列表。操作系统中包含的软件库提供了API规范的实现。软件开发人员所说的“调用”或“使用”API是一种简洁地表示他们的代码正在调用API中指定（并在软件库中实现）的函数的方式。

就像UI为用户定义操作系统的“个性”一样，API也为应用程序定义操作系统的个性。图10-10展示了用户和应用程序是如何与操作系统交互的。

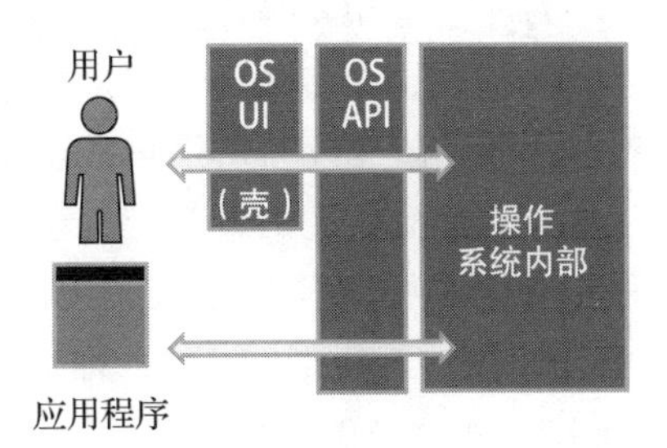

图10-10 操作系统界面：UI对用户，API对应用程序

如图10-10所示，用户与操作系统的用户界面（也称为壳）进行交互。壳把用户命令转换成API调用。然后，API再调用内部操作系统代码来执行请求的操作。应用程序无须通过UI，它们只需直接调用API即可。从这个角度来说，壳与操作系统API的交互就像任何其他应用程序一样。

让我们来看一个通过API与操作系统交互的例子。创建文件是操作系统的常见功能，是用户和应用程序都需要的。图形壳和命令行壳为用户提供了创建文件的简单方式。但是，应用程序不需要通过GUI或CLI来创建文件。让我们看看应用程序如何以编程方式来创建文件。

对于UNIX或Linux系统，你可以用API函数`open`来创建文件。下面的C语言例子使用`open`函数创建了名为hello.txt的新文件。`O_WRONLY`标志指示只写操作，`O_CREAT`指示要创建一个文件：

```
open("hello.txt", O_WRONLY|O_CREAT);
```

同样的操作在 Windows 中可以用 `CreateFileA` API 函数来实现：

```
CreateFileA("hello.txt", GENERIC_WRITE, 0, NULL,
    CREATE_NEW, FILE_ATTRIBUTE_NORMAL, NULL);
```

这两个例子都使用 C 语言。操作系统通常是用 C 语言编写的，所以它们的 API 自然就适合在 C 程序中使用。对于用其他语言编写的程序，在程序运行时仍然必须调用操作系统 API，但编程语言把该 API 调用封装在自己的语法中，对开发人员隐藏了 API 的细节。这使得代码可以在不同的操作系统间移植。甚至 C 语言也是这样的，它提供了能在任何操作系统上使用的标准函数库。反过来，这些函数在运行时必须调用特定于操作系统的 API。再考虑一下创建文件的例子，在 C 语言中，我们可以换用 `fopen` 函数，如下面的代码所示，这个函数是 C 语言标准库的一部分，可以在任何操作系统上运行：

```
fopen("hello.txt", "w");
```

作为另一个例子，我们可以用如下 Python 代码来创建新文件。这行代码能在任何安装了 Python 解释器的操作系统上运行。Python 解释器负责代表应用程序来调用合适的操作系统 API。

```
open('hello.txt', 'w')
```

对于类 UNIX 操作系统，API 根据 UNIX 或 Linux 的特定风格以及内核的版本会有所不同。但是，大多数类 UNIX 操作系统完全或部分符合标准规范。这个标准被称为可移植操作系统接口（Portable Operating System Interface，POSIX），它不仅为操作系统 API 提供了标准，而且为壳的行为及其包含的实用程序提供了标准。POSIX 为类 UNIX 操作系统提供了一个基线，但现代类 UNIX 操作系统一般都有自己的 API。Cocoa 是 Apple macOS 的 API，iOS 也有类似的 API，称为 Cocoa Touch。Android 也有自己的一组编程接口，统称为 Android 平台 API。

另一个主要的操作系统系列 Windows 有自己的 API。Windows API 一直在增长和扩展。Windows API 的最初版本是 16 位的，现在称为 Win16。当 Windows 在 20 世纪 90 年代升级为 32 位操作系统时，32 位版本的 API，即 Win32 也发布了。现在，Windows 是 64 位操作系统，也有相应的 Win64 API。微软还在 Windows 10 中引入了一个新的 API，即通用 Windows 平台（Universal Windows Platform，UWP），其目的是让应用程序的开发在运行 Windows 的各类设备上保持一致。

注意　请参阅设计 23 尝试与 Linux 操作系统 API 进行交互。

10.9 用户模式气泡和系统调用

如前所述，在用户模式下运行的代码访问系统是受限的。那么，用户模式代码能做些什么呢？它可以读写自己的虚存，执行算术和逻辑运算，还可以控制自己代码的程序流。但用户模式代码不能访问物理内存地址，包括用于内存映射 I/O 的地址。这意味着它无法独自将文本输出到控制台窗口、从键盘接收输入、把图形绘制到屏幕、播放声音、接收触摸屏输入、通过网络进行通信，或从硬盘读取文件！我喜欢说“用户模式代码运行在气泡中”（见图 10-11）。它不能与外界进行交互，至少在没有帮助的情况下不能。另一种说法是，用户模式代码不能直接执行 I/O。这样做的实际效果是，在用户模式下运行的代码可以执行有用的工作，但它不能在没有帮助的情况下分享这项工作的成果。

图 10-11 进程在用户模式气泡中运行。它可以执行算术运算、逻辑运算，可以访问虚存，还可以控制程序流，但它不能直接与外界进行交互

你可能好奇用户模式应用程序是如何与用户交互的。当然，应用程序能够以某种方式与外界进行交互，但这是如何实现的呢？答案是用户模式代码有另一个重要功能：它可以请求内核模式代码代表它执行工作。当用户模式代码请求内核模式代码代表它执行特权操作时，这个过程被称为系统调用，如图 10-12 所示。

例如，如果用户模式代码需要读取文件，它会通过系统调用来请求内核从某个文件中读取某些字节。内核与存储设备驱动程序配合使用，执行必要的 I/O 来读取文件，然后把被请求数据提供给用户模式进程，如图 10-13 所示。

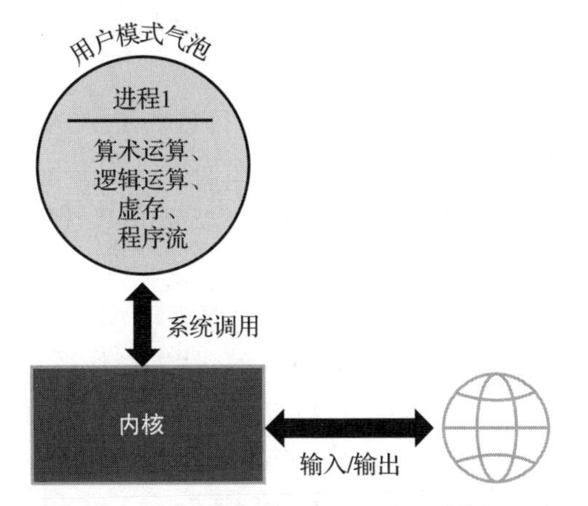

图 10-12 在内核的帮助下，通过系统调用，用户模式进程可以与外界交互

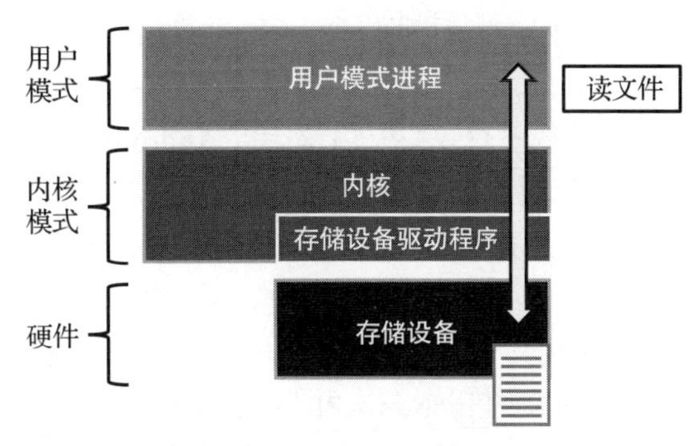

图 10-13 内核充当用户模式代码的中介，这些代码需要访问硬件资源，比如辅存

用户模式代码不需要了解关于物理存储设备或相关设备驱动程序的任何信息。内核提

供了抽象，把细节封装起来，并允许用户模式代码简单地完成工作。我们之前介绍的示例 API 函数 open 和 CreateFileA 在后台的工作方式是这样的：通过系统调用请求特权操作。当然，内核允许与否是有限制的。例如，用户模式进程不能读取其无权访问的文件。

CPU 提供专用指令以方便系统调用。在 ARM 处理器上，使用 SVC 指令（以前是 SWI），它被称为管理程序调用。在 x86 处理器上，可使用 SYSCALL 和 SYSENTER 指令。Linux 和 Windows 都实现了大量的系统调用，每个调用都用唯一的编号进行标识。例如，在 ARM 的 Linux 上，write 系统调用（写入文件）的编号是 4。要进行系统调用，程序需要把所需的系统调用的编号加载到某个处理器寄存器，并把任何附加参数放入其他特定寄存器中，然后再执行系统调用指令。

尽管软件开发人员可以直接用机器码或汇编语言进行系统调用，但幸运的是，在大多数情况下不需要这样做。操作系统和高级编程语言为程序员提供了用自然方式进行系统调用的方法，通常是通过操作系统 API 或编程语言的标准库。程序员只需简单地编写代码便可执行一个操作，甚至都可能没有意识到后台正在执行一个系统调用。

注意 请参阅设计 24 观察程序进行的系统调用。

10.10 API 和系统调用

前面我们讨论了操作系统 API，并且只讨论了系统调用。那么，操作系统 API 和系统调用有什么不同呢？这两者是相关的，但它们不等价。系统调用为用户模式代码请求内核模式服务定义了一种机制。API 描述了应用程序与操作系统交互的一种方式，无论是否调用了内核模式代码。一些 API 函数使用了系统调用，而其他 API 函数不需要系统调用，具体情况取决于操作系统。

让我们先来看看 Linux。如果我们把 Linux 的定义限制为内核，我们可以说 Linux API 是使用 Linux 系统调用的有效规范，因为系统调用是内核的编程接口。然而，基于 Linux 的操作系统不仅仅只是内核。以 Android 为例，它使用的就是 Linux 内核。Android 有它自己的一套编程接口，即 Android 平台 API。

对于 Microsoft Windows，Windows NT 内核通过被称为本地 API（Native API）的接口提供了一组系统调用。应用程序开发人员很少直接使用本地 API，它是供操作系统组件使用的。相反，开发人员使用 Windows API，它充当本地 API 的包装器。但是，并不是所有的 Windows API 函数都需要系统调用。让我们看几个 Windows API 的例子。Windows API 函数 CreateFileW 创建或打开一个文件。它是本地 API NtCreateFile 的包装器，NtCreateFile 对内核进行系统调用。相比之下，Windows API 函数 PathFindFileNameW（在路径中查找文件名）不与本地 API 交互或进行任何系统调用。

创建文件需要内核的帮助，而在路径字符串中查找文件名则只需要访问虚存，这可以在用户模式下进行。

总结一下，操作系统 API 描述了操作系统的编程接口。系统调用为用户模式代码提供了一种请求特权内核模式操作的机制。某些 API 函数依赖于系统调用，而另一些则不依赖。

10.11 操作系统软件库

如前所述，操作系统 API 描述了到操作系统的编程接口。尽管技术接口描述对于程序员而言是有用的，但当程序运行时，它还是需要一个具体方法来调用 API。这是通过软件库实现的。操作系统的软件库是操作系统中的代码集合，它提供了操作系统 API 的实现。也就是说，库所包含的代码执行的是在 API 规范中描述的操作。在第 9 章中，我们讨论了编程语言可用的库：该语言的标准库以及使用该语言的开发人员社区维护的其他库。这里讨论的软件库与之类似，唯一的区别是这些库是操作系统的一部分。

操作系统库类似于可执行程序，它是包含机器码字节的文件。不过，它一般没有入口点，所以通常不能自行运行。相反，库导出（提供）一组可以被程序使用的函数。使用软件库的程序从库中导入函数，这被称为链接到该库。

操作系统包含了一组库文件，它们导出 API 定义的各种函数。一些函数只是立即进行内核系统调用的包装器。一些函数是在库文件自身所含的用户模式代码中完全实现的。其他的则介于两者之间，在用户模式代码中实现一些逻辑，同时也进行一个或多个系统调用，如图 10-14 所示。

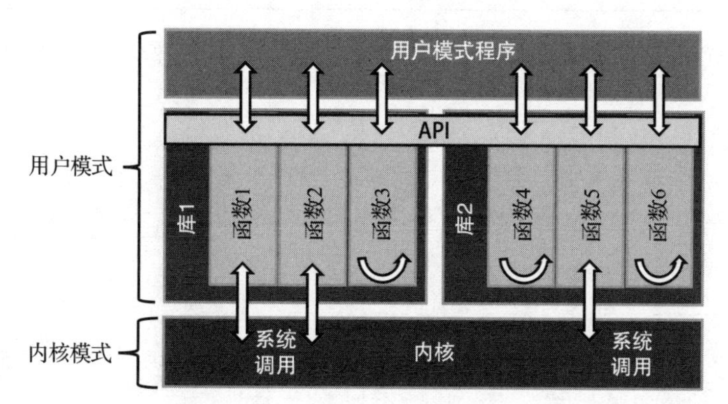

图 10-14 跨库实现的操作系统 API。这些库中的一些函数对内核进行系统调用，其他的则没有。用户模式程序与 API 交互

在典型的 Linux 发行版中，许多可用的 Linux 内核系统调用都是通过 GNU C 库（或 `glibc`）提供的。这个库也包括了 C 语言的标准库，含不需系统调用的函数。主 `glibc` 文件通常按 libc.so.6 这种形式来命名，其中 so 的意思是共享对象（shared object），6 表示版本。使用这个库，用 C 或 C++ 的软件开发人员能轻松利用由 Linux 内核和 C 运行时库提

供的功能。考虑到这个库在大多数 Linux 发行版中无处不在，把 `glibc` 中的函数看作标准 Linux API 的一部分是合理的。

注意 请参阅设计 25 尝试使用 GNU C 库。

Microsoft Windows API 相当宽泛，多年来，它已经发展到含有多个库。kernel32.dll、user32.dll 和 gdi32.dll 是 3 个基本的 Windows API 库文件。从 NT 内核导出的系统调用通过 kernel32.dll 提供给用户模式程序使用。从 win32k（窗口和图形系统）导出的系统调用通过 user32.dll 和 gdi32.dll 提供给用户模式程序使用。

这些文件的 dll 扩展名表示它们是动态链接库（dynamic link library），类似于 Linux 中的共享对象（.so）文件。也就是说，dll 文件扩展名表示该文件包含了进程可以加载并运行的共享库代码。文件名中的后缀 32 是作为 16 位到 32 位 Windows 过渡的一部分而添加的。现在，为了兼容，64 位版本的 Windows 仍然保留着这些文件名的后缀 32。实际上，64 位版本的 Windows 包含了这些文件的两个版本（相同的名称，不同的目录），一个用于 32 位应用程序，一个用于 64 位应用程序。

注意 程序可能不通过软件库来进行系统调用。通过设置处理器寄存器中的值并发出特定于处理器的指令，比如 ARM 中的 `SVC` 或 x86 中的 `SYSCALL`，程序可以直接进行系统调用。但是，这需要用汇编语言编程，从而导致源代码不能在不同的处理器架构上运行。此外，操作系统的 API 可以包括不使用系统调用实现的函数，所以直接进行系统调用不能取代操作系统软件库。

Windows Subsystem for Linux

Linux 内核和 Windows NT 内核公开了不同的系统调用，它们的可执行文件以不同的格式存储，这使得为其中一个操作系统编译的软件不能兼容另一个操作系统。但是，微软在 2016 年宣布了 Windows Subsystem for Linux（WSL），即 Windows 10 的一个功能，它允许许多 64 位 Linux 程序无须修改就能在 Windows 上运行。在第一版 WSL 中，其实现方法是：拦截 Linux 可执行文件发出的系统调用，并在 NT 内核中处理它们。第二版 WSL 依靠一个真实的 Linux 内核来处理系统调用。这个 Linux 内核与 NT 内核一起在虚拟机中运行。我们将在第 13 章中详细介绍虚拟机。

10.12 应用程序二进制接口

现在我们已经介绍了应用程序编程接口（API）的概念以及它与系统调用和库的关系，接下来我们来看一个相关概念——ABI。应用程序二进制接口（Application Binary

Interface，ABI）定义了软件库的机器码接口。这与定义源代码接口的API形成对比。一般来说，API在不同的处理器系列之间是一致的，而ABI在不同的处理器系列之间是不同的。开发人员可以编写使用操作系统API的代码，然后针对多个处理器类型进行编译。源代码的目标是通用API，而编译后的代码的目标是特定于架构的ABI。

编译后，生成的机器码将遵循目标架构的ABI。这就意味着，在执行时，定义已编译程序与软件库之间交互的实际上是ABI，而不是API。重要的是，操作系统库公开的ABI始终保持一致。这种一致性使得旧程序无须重新编译，就能继续在新版本的操作系统上运行。

10.13 设备驱动程序

现在的计算机支持各种各样的硬件设备，比如显示器、键盘、相机等。这些设备每个都实现了输入/输出接口，使得设备能与系统其他部分通信。不同类型的设备使用不同的I/O方式：Wi-Fi适配器与游戏控制器的需求有很大不同。即使是相同通用类型的设备也可能实现不同的I/O方式。例如，两种不同型号的显卡与系统其他部分的通信方式可能就有很大的差异。直接与硬件的交互仅限于运行于内核模式的代码，但希望操作系统内核知道如何与每个设备进行通信是不合理的。这就是设备驱动程序的用武之地了。设备驱动程序是与硬件设备交互并为该硬件提供编程接口的软件。

通常，设备驱动程序实现为内核模块，即包含内核可以加载并在内核模式下执行的代码的文件。这是允许驱动程序访问硬件所必需的。为此，设备驱动程序具有广泛的访问权限，类似于内核本身，所以只应安装可信的驱动程序。内核与设备驱动程序协同工作，代表在用户模式下运行的代码与硬件交互。这允许在没有操作系统或应用程序不了解使用特定硬件的详细信息的情况下进行硬件交互。这是封装的一种形式。在某些情况下，驱动程序可以在用户模式下执行（比如那些使用微软的用户模式驱动程序框架的驱动程序），但这种方式仍然需要内核模式下的一些组件来处理与硬件的交互，一般这些组件由操作系统提供。

请参阅设计26查看Raspberry Pi操作系统上加载的内核模块，包括设备驱动程序。

10.14 文件系统

几乎所有的计算机都有某种类型的辅存，通常是硬盘驱动器（HHD）或固态驱动器（SSD）。这些设备实际上是可读写位的容器，即使系统断电，数据也能在其上保留。存储设备按区域划分，称为分区。操作系统实现文件系统，把存储设备上的数据组织成文件和目录。在操作系统使用分区之前，必须用特定的文件系统把其格式化。不同的操作系统使用不同的文件系统。Linux 通常使用 ext（扩展）系列的文件系统（ext2、ext3、ext4），而 Windows 使用 FAT（File Allocation Table，文件分配表）和 NTFS（NT File System，NT 文件系统）。有些操作系统把存储表示为卷（Volume），即建立在一个或多个分区上的逻辑抽象。在这样的系统中，文件系统驻留在卷上，而不是分区上。

文件是数据的容器，目录（也称为文件夹）是文件或其他目录的容器。文件的内容可以是任何东西，存储在文件中的数据的结构由把该文件写入存储设备的程序决定。类 UNIX 系统把它们的目录结构组织成统一的目录层次结构。这个层次结构从根目录开始，用一个正斜杠号（/）指明，其他的目录都是根目录的后代。例如，库文件存储在 /usr/lib 里，其中 usr 是根目录的子目录，lib 是 usr 的子目录。即使系统中有多个存储设备，这种统一层次结构也适用。其他存储设备被映射到目录结构中的某个位置，称为安装（mounting）设备。例如，一个 USB 驱动器可以安装到 /mnt/usb1。

与之相比，Microsoft Windows 为每个卷都分配了一个驱动器号（A～Z）。因此，每个驱动器都有自己的根目录和目录层次结构，而不是一个统一的目录结构。Windows 在其目录路径中使用反斜杠号（\），在驱动器号后面使用冒号（:）。例如，存储在驱动器 C 上的 Windows 系统文件通常定位在 C:\windows\system32 目录下。这种惯例可以回溯到 DOS（以及更早），当时驱动器 A 和 B 预留给软盘，而驱动器 C 代表内部硬盘。时至今日，驱动器 C 常常用作安装 Windows 的卷的驱动器号。

注意　请参阅设计 27 查看 Raspberry Pi 操作系统上存储设备和文件的详细信息。

10.15　服务和守护进程

操作系统使得进程能在后台自动运行，无须与用户交互。这样的进程在 Windows 中称为服务，在类 UNIX 系统中称为守护进程（daemon）。典型的操作系统中包含了许多默认运行的此类服务，比如配置网络设置的服务或者按计划运行任务的服务。服务用于提供不与特定用户绑定的功能，不需要在内核模式下运行，但需要按需可用。

操作系统一般包含一个负责管理服务的组件。一些服务需要在操作系统启动时启动，另一些则需要在响应特定事件时运行。在出现意外故障时，通常应重启服务。在 Windows 中，服务控制管理器（Service Control Manager，SCM）执行这些类型的功能。SCM 的可执行文件是 services.exe，它在 Windows 引导过程的早期启动，只要 Windows 自身运行，它就会持续运行。许多现代 Linux 发行版已经采用 `systemd` 作为管理守护进程的标准组件，尽管在 Linux 中也可以用其他机制启动和管理守护进程。如前所述，`systemd` 还充当 init 进程，所以它很早就在 Linux 引导过程中启动了，并且在系统启动时继续运行。

UNIX 和 Linux 术语“守护进程”来源于 Maxwell 的 daemon（恶魔），一个在物理思维实验中描述的假想生物。这个“生物”在后台工作，很像一个计算机守护进程。在计算机之外，daemon 通常发音类似于“ demon”，但在提到后台进程时，“ DAY- mon”同样是一个可以接受的发音。从历史上看，服务是特定于 Windows 的术语，但现在它也用于 Linux，通常是指由 `systemd` 启动的守护进程。

注意 请参阅设计 28 查看 Raspberry Pi 操作系统上的服务。

10.16 安全

操作系统为在其上运行的代码提供安全模型。在这种情况下，安全的意思是软件以及该软件的用户应该只被授予访问系统合适的部分的权限。对于像笔记本计算机或智能手机这样的个人设备来说，这似乎没什么大不了的。如果只有一个用户登录到系统中，那么他不应该有权访问所有的内容吗？不，至少默认情况下不是。用户会犯错误，包括运行不可信的代码。如果用户无意中在其设备上运行了恶意软件，操作系统可以通过限制该用户的访问帮忙限制受到的损害。在多个用户登录的共享系统上，一个用户不应能读取或修改其他用户的数据，至少在默认情况下不能。

操作系统使用多种技术来提供安全性。这里我们只介绍其中的几个。对于确保软件不会有意或无意地与其他应用程序或内核搞混来说，简单地把应用程序放入一个用户模式气泡是很有帮助的。操作系统还实现文件系统安全性，确保存储在文件中的数据只能被合适的用户和进程访问。虚存本身是安全的——内存区域可以标记为只读或可执行，这有助于限制内存滥用。为用户提供登录系统使得操作系统能根据用户身份来进行安全管理。这些都是对现代操作系统的基本期望。可惜的是，在操作系统中经常能发现安全漏洞，让恶意行为者绕过操作系统的防御。保持现代互联网连接的操作系统更新到最新状态，对维护安全性至关重要。

10.17 总结

本章讨论了操作系统，一种与计算机硬件通信并为程序执行提供环境的软件。你了解了操作系统内核、非内核组件以及内核模式与用户模式的分离。我们回顾了两个主要的操作系统系列：类 UNIX 操作系统和 Microsoft Windows。你知道了程序在被称为进程的容器中运行，在进程中能并行执行多个线程。我们研究了以编程方式与操作系统交互的各个方面：API、系统调用、软件库、ABI。第 11 章将超越单设备计算，探讨互联网，研究使互联网成为可能的各种层和协议。

设计 20：查看运行中的进程

前提条件：一个运行 Raspberry Pi 操作系统的 Raspberry Pi。

在本设计中，你将查看在 Raspberry Pi 上运行的进程。ps 工具提供了运行中进程的各种视图。让我们从下面的命令开始，该命令提供了进程的树视图。

```
$ ps -eH
```

输出应类似于下面的文本，这里，我只展示了其中的一部分：

```
    1 ?        00:00:10 systemd
   93 ?        00:00:09   systemd-journal
  133 ?        00:00:01   systemd-udevd
  233 ?        00:00:01   systemd-timesyn
  274 ?        00:00:02   thd
  275 ?        00:00:01   cron
  276 ?        00:00:00   dbus-daemon
  286 ?        00:00:03   rsyslogd
  287 ?        00:00:01   systemd-logind
  291 ?        00:00:08   avahi-daemon
  296 ?        00:00:00     avahi-daemon
  297 ?        00:00:01   dhcpcd
  351 tty1     00:00:00   agetty
  352 ?        00:00:00   agetty
  358 ?        00:00:00   sshd
 5016 ?        00:00:00     sshd
 5033 ?        00:00:00       sshd
 5036 pts/0    00:00:00         bash
 5178 pts/0    00:00:00           ps
```

缩进级别表示父 / 子关系。例如，在上面的输出中，我们看到 systemd 是 systemd-journal、systemd-udevd 等的父节点。反过来，我们可以看到 ps（当前运行的命令）是 bash 的子节点，bash 是 sshd 的子节点，以此类推。

显示的列分别为：

- PID：进程 ID。
- TTY：相关的终端。
- TIME：累计 CPU 时间。
- CMD：可执行文件名。

以这种方式运行 ps 时，运行中进程的数量可能会令人惊讶！操作系统处理许多事情，所以在任何给定时间运行大量进程都是很正常的。一般你会看到第一个列出的进程是 PID 2，即 kthreadd。这是内核线程的父级，你看到的在 kthreadd 下面列出的线程运行在内核模式下。另一个要注意的进程是 PID 1，即 init 进程，启动的第一个用户模式进程。在前面的输出中，init 进程是 systemd。Linux 内核按顺序启动 init 进程和 kthreadd，这能保证它们分别被分配 PID 1 和 PID 2。

让我们来看看 init 进程。这是启动的第一个用户模式进程，运行的具体可执行文件在不同的 Linux 版本中可能有所不同。你可以用 `ps` 查找用于启动 PID 1 的命令：

```
$ ps 1
```

你应该会看到如下输出：

```
PID TTY      STAT   TIME COMMAND
  1 ?        Ss     0:03 /sbin/init
```

这告诉你用于启动 init 进程的命令是 `/sbin/init`。那么，运行 `/sbin/init` 是如何导致 `systemd` 执行的呢，就如同你在前面的 `ps` 输出中看到的那样？之所以发生这种情况是因为 `/sbin/init` 实际上是指向 `systemd` 的符号链接。符号链接指向另一个文件或目录。你可以用如下命令查看它：

```
$ stat /sbin/init

  File: /sbin/init -> /lib/systemd/systemd
  Size: 20            Blocks: 0          IO Block: 4096   symbolic link
```

在这个输出中，你可以看到 `/sbin/init` 是指向 `/lib/systemd/systemd` 的符号链接。

进程树的另一个方便视图可以用 `pstree` 工具生成，就如本章之前所述。运行 `pstree` 会展示一个从 init 进程开始的、格式良好的用户模式进程树。试一下：

```
$ pstree
```

或者，如果 Raspberry Pi 被配置成引导到桌面环境，你可能还想尝试 Raspberry Pi 操作系统自带的任务管理器应用程序。它提供了运行中进程的图形视图，如图 10-15 所示。

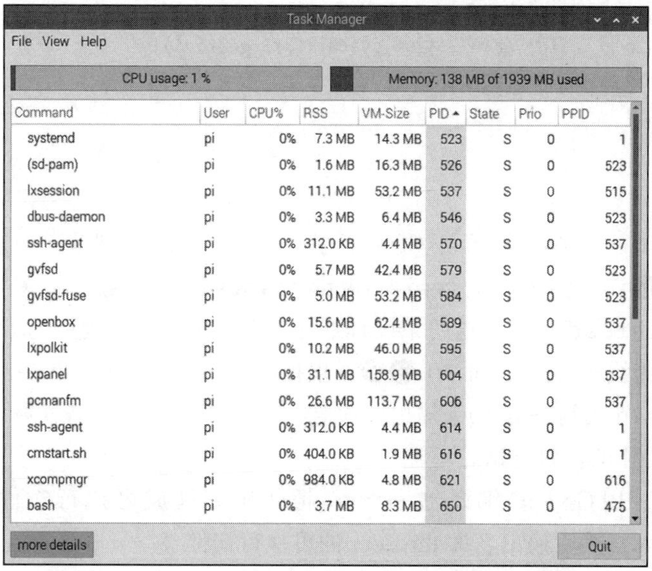

Task Manager

File　View　Help

CPU usage: 1 %　　Memory: 138 MB of 1939 MB used

Command	User	CPU%	RSS	VM-Size	PID ▴	State	Prio	PPID
systemd	pi	0%	7.3 MB	14.3 MB	523	S	0	1
(sd-pam)	pi	0%	1.6 MB	16.3 MB	526	S	0	523
lxsession	pi	0%	11.1 MB	53.2 MB	537	S	0	515
dbus-daemon	pi	0%	3.3 MB	6.4 MB	546	S	0	523
ssh-agent	pi	0%	312.0 KB	4.4 MB	570	S	0	537
gvfsd	pi	0%	5.7 MB	42.4 MB	579	S	0	523
gvfsd-fuse	pi	0%	5.0 MB	53.2 MB	584	S	0	523
openbox	pi	0%	15.6 MB	62.4 MB	589	S	0	537
lxpolkit	pi	0%	10.2 MB	46.0 MB	595	S	0	537
lxpanel	pi	0%	31.1 MB	158.9 MB	604	S	0	537
pcmanfm	pi	0%	26.6 MB	113.7 MB	606	S	0	537
ssh-agent	pi	0%	312.0 KB	4.4 MB	614	S	0	1
cmstart.sh	pi	0%	404.0 KB	1.9 MB	616	S	0	1
xcompmgr	pi	0%	984.0 KB	4.8 MB	621	S	0	616
bash	pi	0%	3.7 MB	8.3 MB	650	S	0	475

more details　　Quit

图 10-15　Raspberry Pi 操作系统中的任务管理器

设计 21：创建并观察线程

前提条件：一个运行 Raspberry Pi 操作系统的 Raspberry Pi。

在本设计中，你将编写程序创建一个线程，然后观察该线程的运行情况。使用文本编辑器在主文件夹根目录中创建一个名为 threader.c 的新文件。在文本编辑器中输入如下 C 代码（不需要保留缩进和空行，但需要保留换行符）：

```
#include <stdio.h>
#include <pthread.h>
#include <unistd.h>
#include <sys/syscall.h>

void * mythread(void* arg)❶
{
  while(1)❷
  {
    printf("mythread PID: %d\n", (int)getpid());❸
    printf("mythread TID: %d\n", (int)syscall(SYS_gettid));
    sleep(5);❹
  }
}
int main()❺
{
  pthread_t thread;

  pthread_create(&thread, NULL, &mythread, NULL);❻

  while(1)❼
  {
    printf("main     PID: %d\n", (int)getpid());❽
    printf("main     TID: %d\n", (int)syscall(SYS_gettid));
    sleep(10);❾
  }

  return 0;
}
```

让我们来查看一下这段源代码。我不会在这里介绍所有的细节，但总的来说，程序开始于 `main` 函数❺，它创建了运行函数 `mythread`❶的线程❻。这意味着有两个线程：`main` 线程和 `mythread` 线程。这两个线程都在一个无限循环❷❼中运行，它们每隔一段时间就会输出当前线程的 PID 和 TID❸❽。根据各自的特性，`mythread` 大约每隔 5 s 输出一次❹，而 `main` 大约每隔 10 s 输出一次❾。这有助于说明线程实际上是并行运行并按它们自己的计划工作的。自己试一下吧！

保存文件后，用 GNU C 编译器（`gcc`）把代码编译成可执行文件。下面的命令把 threader.c 作为输入，然后输出名为 threader 的可执行文件：

```
$ gcc -pthread -o threader threader.c
```

现在，试着用下面的命令运行代码：

```
$ ./threader
```

运行的程序应该输出如下内容（虽然 PID 和 TID 编号会有所不同）：

```
main     PID: 2300
main     TID: 2300
mythread PID: 2300
mythread TID: 2301
```

程序运行时，预计这两个线程会持续输出它们的 PID 和 TID 信息。对于程序的这个实例，PID 和 TID 编号不会变化，因为整个过程中运行的是同样的进程和线程。你应该看到 mythread 输出次数是 main 的两倍。

让程序保持运行，看看运行中的进程和线程的列表。为此，你需要打开第二个终端窗口，并运行如下命令：

```
$ ps -e -T | grep threader
 2300  2300 pts/0    00:00:00 threader
 2300  2301 pts/0    00:00:00 threader
```

在 ps 命令中添加 T 选项，显示进程和线程。grep 实用程序可以过滤输出，只查看 threader 进程信息。在这个输出中，第一列是 PID，第二列是 TID。因此，你可以看到 ps 的输出和程序的输出是一致的。这两个线程共享一个 PID，但有不同的 TID。另外还要注意，main 线程的 TID 与其 PID 是一样的。对于进程中的第一个线程，这是预期的。

要停止 threader 程序的执行，你可以在运行它的终端窗口按下 <CTRL+C>。或者，你可以使用 kill 实用程序，在第二个终端窗口中指定 main 线程的 PID，如下所示：

```
$ kill 2300
```

设计 22：查看虚存

前提条件：一个运行 Raspberry Pi 操作系统的 Raspberry Pi。

在本设计中，你将查看 Raspberry Pi 操作系统上虚存的使用情况。我们先来看看如何在内核模式和用户模式之间划分地址空间。本设计假设你使用的是 32 位版本的 Raspberry Pi 操作系统，这表示有 4 GB 虚拟地址空间。Linux 允许把 4 GB 划分成 2 GB 用户模式虚拟地址和 2 GB 内核模式虚拟地址，或者 3 GB 用户模式虚拟地址和 1 GB 内核模式虚拟地址。较低地址用于用户模式，较高地址用于内核模式。这意味着在 2∶2 划分中，内核模式地址从 0x80000000 开始，在 3∶1 划分中，内核模式地址从 0xC0000000 开始。你可以用下面的命令查看内核模式地址的起点：

```
$ dmesg | grep lowmem
```

如果 dmesg 命令没有产生任何输出，只需重启 Raspberry Pi，然后再次运行 dmesg 命令即可。这个命令应产生如下输出：

```
lowmem  : 0x80000000 - 0xbb400000   ( 948 MB)
```

如果你想知道为什么当这个命令没有输出时需要重启 Raspberry Pi，这里有一些背景信息。Linux 内核把诊断消息记录在所谓的内核环形缓冲区中，dmesg 工具将显示这个缓冲区。该缓冲区中的消息用于让用户了解内核的工作方式。这里只存储有限数量的消息，当增加新消息时，旧消息就会被移除。我们想要查看的特定消息（关于 lowmem）是在系统启动时被写入的，所以，如果系统已经运行了一段时间，那么它可能已经被覆盖了。重启系统可以保证该消息再次被写入。

如你所见，在我的系统中，内核 lowmem 从 0x80000000 开始，表示是 2∶2 划分。这意味着用户模式进程可以使用从 0x00000000 到 0x7fffffff 的地址。该地址范围可以引用 2 GB 的内存，虽然每个进程都可以使用整个地址范围，但一般的进程实际上只需要使用这个范围内的一部分地址。某些地址映射到物理内存，但其他地址没有映射。

如果对于 lowmem 的起点返回的值是 0xc0000000，那么系统就是按 3∶1 划分的。这为用户模式进程提供了 3 GB 的虚拟地址空间，从 0x00000000 到 0xbfffffff。

我们选一个进程，然后查看它的虚存使用情况。Raspberry Pi 操作系统使用 Bash 作为它的默认壳进程，所以，如果你在 Raspberry Pi 操作系统中使用命令行，那么至少应该运行一个 bash 实例。让我们找到 bash 实例的 PID：

```
$ ps | grep bash
```

上面的命令应该输出与下面类似的文本：

```
 2670 pts/0    00:00:00 bash
```

在我的例子中，bash 的 PID 是 2670。现在，运行下面的命令，看看 bash 进程中的虚存映射。当输入该命令时，请务必把 *<pid>* 替换成系统返回的 PID：

```
$ pmap <pid>
```

输出将与下面的内容类似，其中的每一行都代表进程地址空间中的一个虚存区域：

```
2670:   -bash
00010000    872K r-x-- bash
000f9000      4K r---- bash
000fa000     20K rw--- bash
000ff000     36K rw---   [ anon ]
00ee7000   1044K rw---   [ anon ]
76b30000     36K r-x-- libnss_files-2.24.so
76b39000     60K ----- libnss_files-2.24.so
76b48000      4K r---- libnss_files-2.24.so
```

```
76b49000      4K rw--- libnss_files-2.24.so
...
7ec2c000    132K rw---   [ stack ]
7ec74000      4K r-x--   [ anon ]
7ec75000      4K r----   [ anon ]
7ec76000      4K r-x--   [ anon ]
ffff0000      4K r-x--   [ anon ]
 total     6052K
```

第一列是区域的起始地址，第二列是区域大小，第三列表示区域权限（r = 读，w = 写，x = 执行，p = 私有，s = 共享），最后一列是区域名。区域名可以是文件名，如果内存区域不是从文件映射的话，区域名也可以是标识该内存区域的名称。

你可以看到几乎每个输出的区域都在预期的用户模式地址范围（0x00000000 到 0x7fffffff）之内。最后一项是个例外，它对应的是 ARM CPU 向量页，表示一种特殊情况，因为它在标准用户模式地址范围之外。正如你在前面输出中看到的，这个特殊的 bash 实例在可能的 2 GB 中总共只有 6052 KB（约 6 MB）的虚存映射，占大约 0.3%。

设计 23：尝试操作系统 API

前提条件：一个运行 Raspberry Pi 操作系统的 Raspberry Pi。

在本设计中，你将尝试用各种方法调用操作系统 API。你将关注文件创建以及向文件中写入文本。使用文本编辑器，在主文件夹根目录中创建一个名为 newfile.c 的新文件。在文本编辑器中输入如下 C 代码：

```
#include <fcntl.h>
#include <unistd.h>

#define msg "Hello, file!\n"❶

int main()❷
{
  int fd;❸
  fd = open("file1.txt", O_WRONLY|O_CREAT|O_TRUNC, 0644);❹
  write(fd, msg, sizeof(msg) - 1);❺
  close(fd);❻
  return 0;❼
}
```

让我们检查一下源代码，以准确了解它的功能。简而言之，这个程序使用三个 API 函数 open、write 和 close 来创建一个新的文件、向这个文件中写入一些文本、关闭该文件。这里重点查看操作系统的 API 是如何允许程序与计算机硬件（特别是存储设备）交互的。让我们仔细地看看这个程序。

在必需的 include 语句之后，下一行把 msg 定义为稍后将要写入新创建文件中的文本字符串❶。然后，定义main，即程序的入口点❷。在main中，声明一个名为fd的整数❸。接下来，调用操作系统API的open函数来创建一个名为file1.txt的新文件❹。传递给open函数的其他参数指定了打开文件所用方法的详细信息。为了简单起见，这里不会涉及这些细节，你可以随意研究这些参数的含义。open函数返回一个文件描述符，它保存在fd变量中。

然后，使用write函数把msg文本写入file1.txt（由保存在fd中的文件描述符标识）❺。write函数需要输入要写的数据（msg）和写入的字节数（由sizeof(msg)-1决定）。“-1”是因为C语言用null字符终止字符串，这个字节是不需要写入输出文件的。程序现在已经完成了对文件的处理，并用文件描述符调用close函数以表示该文件不再使用❻。最后，程序退出，返回代码为0❼，表示成功。

保存文件后，使用GNU C编译器（gcc）把代码编译成可执行文件。下面的命令将newfile.c作为输入，生成一个名为newfile的可执行文件：

```
$ gcc -o newfile newfile.c
```

现在，尝试用如下命令运行该代码。你不会看到任何输出，因为文本被写入文件而不是终端：

```
$ ./newfile
```

要确定程序是否运行成功，你需要查看文件是否已经被创建。该文件应该被命名为file1.txt，且存在于当前目录下。你可以使用ls命令列出当前目录中的内容并查找该文件。若file1.txt存在，就可以用cat命令查看其内容：

```
$ ls
$ cat file1.txt
```

该命令应该把Hello,file!输出到终端，因为这是程序写入文件的文本。你可以在Raspberry Pi操作系统桌面的文件管理器应用程序中查看该文件的属性，并且你可以在文本编辑器中打开file1.txt。

当使用C编程语言时，你能看到操作系统API函数的细节，因为open、write和close都被定义为C函数。但是，在与操作系统交互时并不会只限于C。其他语言在API之上提供了自己的层，对软件开发人员隐藏了一些复杂性。为了说明这一点，我们用Python编写一个等价的程序。

使用文本编辑器在主文件夹根目录中创建一个名为newfile.py的文件。在文本编辑器中输入如下Python代码：

```
f = open('file2.txt', 'w')❶
f.write('Hello from Python!\n');❷
f.close()
```

让我们查看一下源代码。这个程序实际上执行了与前面程序一样的操作，只是其输出文件名有所不同（file2.txt）❶，写入该文件的文本也不同❷。在这个例子中，Python正好使用了与操作系统API相同的名称（open、write、close），但它们不会直接调用操作系统，而是对Python标准库进行调用。

保存这些代码后，你就可以运行它了。请记住，Python是一种解释型语言，所以与其编译Python代码，不如使用Python解释器运行它，如下所示：

```
$ python3 newfile.py
```

要确定程序是否成功运行，你需要查看是否已经用预期内容创建了file2.txt。你可以再次使用ls和cat进行验证，或者在桌面文件管理器中查看该文件。

```
$ ls
$ cat file2.txt
```

虽然看起来你只利用了Python的功能来操作文件，但请记住，Python无法独立做到这一点。Python解释器在运行代码时，代表你进行系统API调用。你将在设计24中观察到这一点。

设计24：观察系统调用

前提条件：完成设计23。

在本设计中，你将观察在设计23中编写的程序所做的系统调用。为此，你将使用名为strace的工具，该工具跟踪系统调用并把输出结果输出到终端。

在Raspberry Pi上打开一个终端，使用strace运行之前用C编写并编译的newfile程序：

```
$ strace ./newfile
```

strace工具启动一个程序（本例中为newfile）并展示该程序运行时进行的所有系统调用。在输出的开头，你可以看见许多系统调用，它们代表加载可执行文件以及所需库需要做的工作。这是在你编写的代码运行之前所进行的工作，你可以跳过这段文本。在输出的末尾，你应该看到与下面类似的文本：

```
openat(AT_FDCWD, "file1.txt", O_WRONLY|O_CREAT|O_TRUNC, 0644) = 3
write(3, "Hello, file!\n", 13)          = 13
close(3)                                = 0
```

这看起来应该很熟悉，它与你用来创建file1.txt并向其写入文本的3个API函数几乎是相同的。从程序中调用的C函数只是对同名系统调用的瘦包装器，open除外，它调用openat系统调用。等号后面的数值是3个系统调用的返回值，在我的系统上，openat

函数返回 3，这个数字被称为文件描述符，它指向打开的文件。你可以看到后面的 write 和 close 调用把文件描述符值当作参数使用。write 函数返回 13，即已写的字节数。close 函数返回 0，表示成功。

现在使用相同的方法来查看在设计 23 中编写的 Python 程序进行的系统调用。

```
$ strace python3 newfile.py
```

由于 strace 实际上监视着 Python 解释器，而 Python 解释器又必须加载并运行 newfile.py，所以在这里我们期望看到更多的输出。如果你查看输出末尾附近的内容，你应该看到对 openat、write 和 close 的调用，就像在 C 程序中所做的那样。这表明，尽管 C 和 Python 的源代码之间存在差异，但最终会进行相同的系统调用来与文件交互。

strace 工具可以用来快速了解程序如何与操作系统交互。例如，在本章的前面，我们使用 ps 实用程序得到进程列表。如果你想了解 ps 是如何工作的，你可以在 strace 下面运行 ps，如下所示：

```
$ strace ps
```

查看这个命令的输出，了解 ps 进行了哪些系统调用。

设计 25：使用 glibc

前提条件：一个运行 Raspberry Pi 操作系统的 Raspberry Pi。

在本设计中，你将编写代码来使用 C 库，并研究其工作细节。使用文本编辑器在主文件夹根目录中创建一个名为 random.c 的新文件。在文本编辑器中输入如下 C 代码：

```
#include <stdio.h>
#include <stdlib.h>
#include <time.h>

int main()
{
  srand(time(0));❶
  printf("%d\n", rand());❷
  return 0;
}
```

这个小程序只在终端输出一个随机整数值。程序做的第一件事是调用 srand 函数来设定随机数生成器的种子❶，这是确保生成唯一数字序列的必要步骤。time 函数返回的当前时间用作种子值。下一行输出从 rand 函数返回的随机值❷。为了实现所有这些操作，程序使用了 C 库的 4 个函数（time、srand、rand 和 printf）。

保存文件后，可以使用 GNU C 编译器（gcc）把代码编译成可执行文件。下面的命令将 random.c 作为输入，生成一个名为 random 的可执行文件：

```
$ gcc -o random random.c
```

现在尝试用下面的命令运行代码。程序应该输出一个随机值。多次运行该程序以确认它输出了不同的数。但是，快速运行程序两次可能产生相同的结果，因为`time`函数返回的种子值每秒只递增1。

```
$ ./random
```

确保程序正常工作后，你可以查看程序导入的库。一种实现方法是运行`readelf`实用程序，如下所示：

```
$ readelf -d random | grep NEEDED
```

查看输出中的`NEEDED`部分，如下所示：

```
0x00000001 (NEEDED)                     Shared library: [libc.so.6]
```

这告诉你库libc.so.6是运行该程序所必需的。这是意料之中的，因为这是GNU C库(也称为`glibc`)。换句话说，由于程序依赖于C标准库中的函数，因此操作系统必须加载libc.so.6库，以便库代码可用。这是一个好的开始，但是如果你想查看`random`程序所用的来自该库的特定函数列表，又该怎么办呢？你可以通过下面的命令来观察这一点：

```
$ objdump -TC random
```

它的输出如下：

```
random:     file format elf32-littlearm

DYNAMIC SYMBOL TABLE:
00000000  w   D  *UND*  00000000              __gmon_start__
00000000      DF *UND*  00000000  GLIBC_2.4   srand
00000000      DF *UND*  00000000  GLIBC_2.4   rand
00000000      DF *UND*  00000000  GLIBC_2.4   printf
00000000      DF *UND*  00000000  GLIBC_2.4   time
00000000      DF *UND*  00000000  GLIBC_2.4   abort
00000000      DF *UND*  00000000  GLIBC_2.4   __libc_start_main
```

在上面的输出中，你可以在最右边的列看到预期的4个函数（`time`、`srand`、`rand`和`printf`）以及一些其他函数。

现在你已确定了`random`程序导入了哪些`glibc`函数，你可能还希望看看`glibc`导出的所有函数。这些函数是库供给程序使用的。你可以用如下命令获取这个信息：

```
$ objdump -TC /lib/arm-linux-gnueabihf/libc.so.6
```

有时，在调试运行中的程序时，查看已加载库的信息是很有用的。让我们通过调试`random`程序来试一下。首先，输入如下命令：

```
$ gdb random
```

此时，gdb 已经加载文件，但还未运行任何指令。在（gdb）提示符下输入下面的内容来启动程序。在到达 main 函数的起点时，调试器暂停执行。

```
(gdb) start
```

查看已加载的共享库：

```
(gdb) info sharedlibrary
From        To          Syms Read   Shared Object Library
0x76fcea30  0x76fea150  Yes         /lib/ld-linux-armhf.so.3❶
0x76fb93ac  0x76fbc300  Yes (*)     /usr/lib/arm-linux-gnueabihf/libarmmem-v7l.so❷
0x76e6e050  0x76f702b4  Yes         /lib/arm-linux-gnueabihf/libc.so.6❸
(*): Shared library is missing debugging information.
```

第一个库 ld-linux-armhf.so.3❶ 是 Linux 动态链接库。它负责加载其他库。Linux ELF 二进制文件被编译成使用特定链接器库，这个信息在已编译程序的 ELF 头文件中。你可以从终端窗口使用如下命令找到 random 程序的链接器库（非 gdb）：

```
$ readelf -l random | grep interpreter
      [Requesting program interpreter: /lib/ld-linux-armhf.so.3]
```

正如你在前面的输出中看到的，为 random 程序指定的链接器库是 ld-linux-armhf.so.3，与我们刚才讨论的动态链接库相同。

回忆一下 gdb 中的 info sharedlibrary 输出，你可以看到列出来的第二个库是 libarmmem-v7l.so❷。这个库在 /etc/ld.so.preload 文件中指定，这个文件是一个文本文件，它列出了为这个系统上执行的每个程序所加载的库。

现在来看第三个库，也是我们最感兴趣的一个库 libc.so.6❸，即 GNU、C 库（glibc）。在之前的 readelf 和 objdump 输出中，你可以看到这个库是由可执行文件导入的，这里，你可以看到它确实在运行时成功加载了。你还可以看出加载它的特定地址范围（0x76e6e050 到 0x76f702b4），以及加载它的特定目录路径。

你可以通过在 gdb 中输入 quit 随时退出调试器。

设计 26：查看加载的内核模块

前提条件：一个运行 Raspberry Pi 操作系统的 Raspberry Pi。

在本设计中，你将查看 Raspberry Pi 操作系统上加载的内核模块，包括设备驱动程序。设备驱动程序通常在 Linux 上作为内核模块来实现，虽然不是所有的内核模块都是设备驱动程序。要列出加载的模块，你可以检查 /proc/modules 文件的内容，或者如下所示使用 lsmod 工具：

```
$ lsmod
```

要查看特定模块的更多细节，可以使用 modinfo 实用程序（以 snd 模块为例），如下所示：

```
$ modinfo snd
```

设计 27：了解存储设备和文件系统

前提条件：一个运行 Raspberry Pi 操作系统的 Raspberry Pi。

在本设计中，你将了解存储设备和文件系统。我们先列出块设备，这是 Linux 描述存储设备的方式。

```
$ lsblk
NAME         MAJ:MIN RM  SIZE RO TYPE MOUNTPOINT
mmcblk0      179:0    0 29.8G  0 disk❶
|-mmcblk0p1 179:1    0  256M  0 part /boot❷
|_mmcblk0p2 179:2    0 29.6G  0 part /❸
```

这里，我们看到名为 mmcblk0 的单个“盘”❶，它是 Raspberry Pi 中的 MicroSD 卡。你可以看到它被分成了两个不同大小的分区。分区 1 映射到统一目录结构中的 /boot 目录❷，而分区 2 则映射到根目录（/）❸。

现在用 df 命令来看看存储设备的总体使用情况：

```
$ df -h -T
Filesystem      Type      Size  Used Avail Use% Mounted on
/dev/root       ext4       30G  3.0G   25G  11% /❶
devtmpfs        devtmpfs  459M     0  459M   0% /dev
tmpfs           tmpfs     464M     0  464M   0% /dev/shm
tmpfs           tmpfs     464M  6.3M  457M   2% /run
tmpfs           tmpfs     5.0M  4.0K  5.0M   1% /run/lock
tmpfs           tmpfs     464M     0  464M   0% /sys/fs/cgroup
/dev/mmcblk0p1  vfat      253M   52M  202M  21% /boot❷
tmpfs           tmpfs      93M     0   93M   0% /run/user/1000
```

这个命令能让你查看各种已挂载的文件系统、它们的大小以及满载程度。只有根目录❶和 /boot❷目录映射到存储设备。其他的是驻留在内存中的临时文件系统，而不是持久存储设备。

通过运行 tree 命令，你可以查看系统中的目录。这里使用的参数把输出限制为只有目录，并且仅限三层：

```
$ tree -d -L 3 /
```

你可以使用文件管理器应用程序从桌面环境查看类似的视图。

设计 28：查看服务

前提条件：一个运行 Raspberry Pi 操作系统的 Raspberry Pi。

在本设计中，你将了解服务 / 守护进程。Raspberry Pi 操作系统使用 systemd init 系统，它包括一个名为 systemctl 的实用程序，你可以使用它来查看服务的状态：

```
$ systemctl list-units --type=service --state=running
```

这个命令应该会产生与下面类似的输出：

```
UNIT                          LOAD   ACTIVE SUB     DESCRIPTION
avahi-daemon.service          loaded active running Avahi mDNS/DNS-SD Stack
bluealsa.service              loaded active running BluezALSA proxy
bluetooth.service             loaded active running Bluetooth service
cron.service                  loaded active running Regular background ...
dbus.service                  loaded active running D-Bus System Message Bus
dhcpcd.service                loaded active running dhcpcd on all interfaces
getty@tty1.service            loaded active running Getty on tty1
hciuart.service               loaded active running Configure Bluetooth Modems ...
rsyslog.service               loaded active running System Logging Service
ssh.service                   loaded active running OpenBSD Secure Shell server
systemd-journald.service      loaded active running Journal Service
systemd-logind.service        loaded active running Login Service
systemd-timesyncd.service     loaded active running Network Time Synchronization
systemd-udevd.service         loaded active running udev Kernel Device Manager
triggerhappy.service          loaded active running triggerhappy global hotkey daemon
user@1000.service             loaded active running User Manager for UID 1000
```

如果没有自动返回到终端提示，请在终端中按 <Q> 以退出服务视图。要查看特定服务的详细信息，请尝试以下命令，以 cron.service 为例：

```
$ systemctl status cron.service
```

该命令的输出包含了与服务关联的进程的路径和 PID。以 cron.service 为例，在我的系统上，其路径是 /usr/sbin/cron，它恰好是 PID 367。

另一种查看守护进程的方式是查看 systemd 的所有子进程，即 PID 1。这是相关的，因为服务是由 systemd 启动的，并且显示为 PID 1 的子进程。请注意，这个输出可能不仅仅包含服务 / 守护进程，因为 PID 1 采用了孤儿进程。

```
$ ps --ppid 1
```

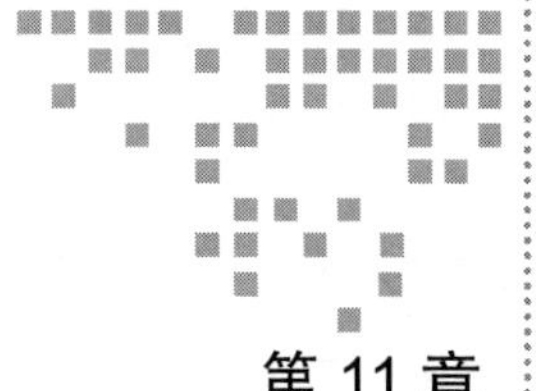

第 11 章 Chapter 11

互 联 网

到目前为止，我们专注于单个设备上发生的计算。本章和第 12 章将介绍分布在多个设备上的计算。我们将研究计算领域中的两个重大创新：互联网和万维网。本章重点介绍互联网，首先定义关键术语，然后研究网络层次模型，并深入探讨互联网使用的一些基础协议。

11.1 网络术语

要从整体上讨论互联网和网络，首先需要熟悉一些概念和术语，我们将在这里对它们进行介绍。计算机网络（network）是一个允许计算设备相互通信的系统，如图 11-1 所示。使用诸如 Wi-Fi 之类的技术，网络可以进行无线连接，Wi-Fi 技术用无线电波传输数据。网络也可以用电缆（比如铜线或光纤）进行连接。网络上的计算设备必须使用通用通信协议，即描述信息如何交换的一组规则。

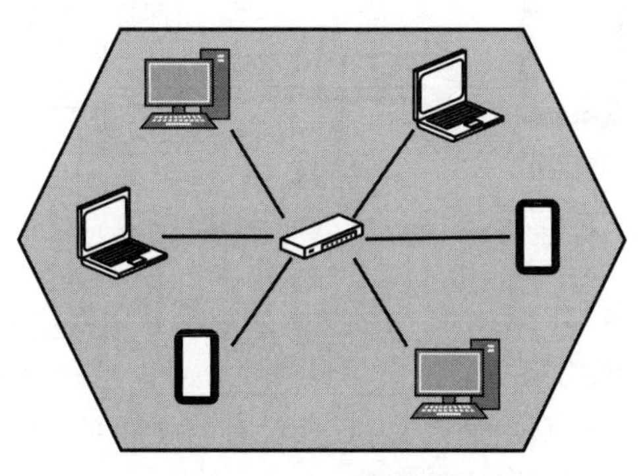

图 11-1 计算机网络

互联网（internet）是全球连接的一组计算机网络，它们都使用一套通用协议。互联网是网络的网络，连接世界各地各种组织的网络，如图 11-2 所示。

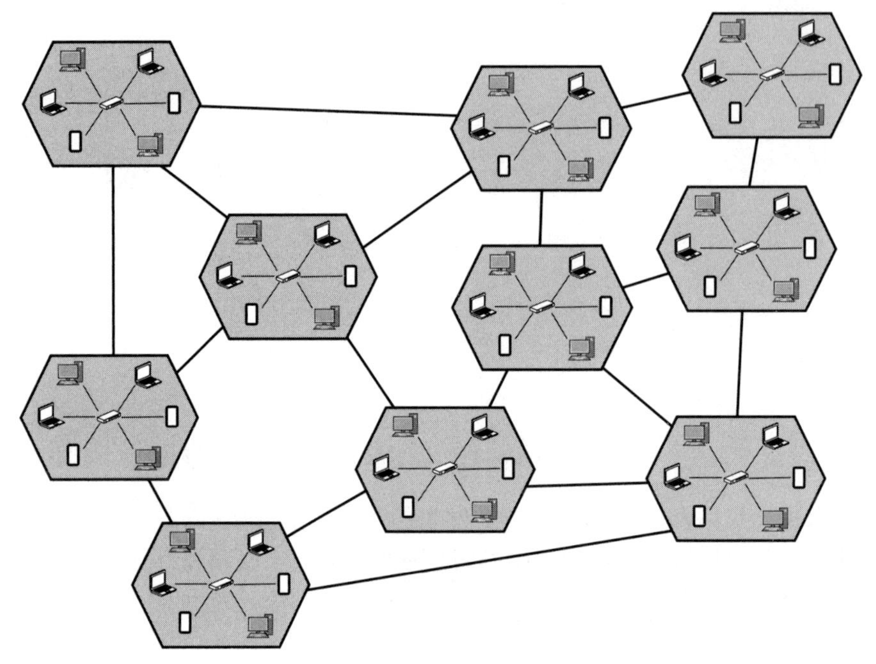

图 11-2 互联网：网络的网络

主机或节点是连接到网络的单个计算设备。主机可以充当网络上的服务器或客户端，有时两者兼而有之。网络服务器是监听入站网络连接并向其他主机提供服务的主机，例如 Web 服务器和电子邮件服务器。网络客户端是从网络服务器建立出站连接并请求服务的主机，例如运行 Web 浏览器或电子邮件应用程序的智能手机和笔记本计算机。客户端向服务器发出请求，服务器进行响应，如图 11-3 所示。

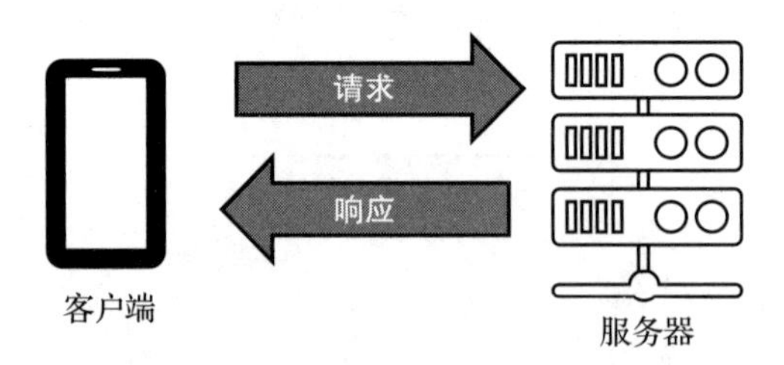

图 11-3 客户端向服务器发出请求，服务器进行响应

刚才使用的术语“服务器”是指任何接受入站请求并向客户端提供服务的设备。但是，服务器也可以指专门用作网络服务器的一类计算机硬件。这些专用计算机在物理上设计成安装在数据中心的机架上，通常包含典型 PC 所没有的硬件冗余和管理功能。不过，任何具有适当软件的设备都可以充当网络的服务器。

11.2 互联网协议套件

物理连接世界网络不足以让这些网络上的设备相互通信。所有参与的计算机都需要用相同的方式通信。互联网协议套件规范了互联网上的通信方式，确保网络上的所有设备"说"同一种语言。互联网协议套件中的两个基本协议是传输控制协议（Transmission Control Protocol，TCP）和互联网协议（Internet Protocol，IP），统称为TCP/IP。

网络协议采用层次模型，这种模型的一个实现被称为网络栈（不要与内存中的栈混淆，第9章介绍了内存中的栈）。底层的协议与底层网络硬件交互，而应用程序与上层的协议交互。中间层的协议提供服务，比如寻址和数据的可靠传送。某一层的协议不必关注整个网络栈，只需关注与之交互的层，这样可以简化整体设计。这是封装的另一个例子。

互联网协议套件是围绕4层模型设计的，有时也被称为TCP/IP模型。TCP/IP模型的4层从下往上分别是：链路层、网络层、传输层和应用层，如图11-4所示。

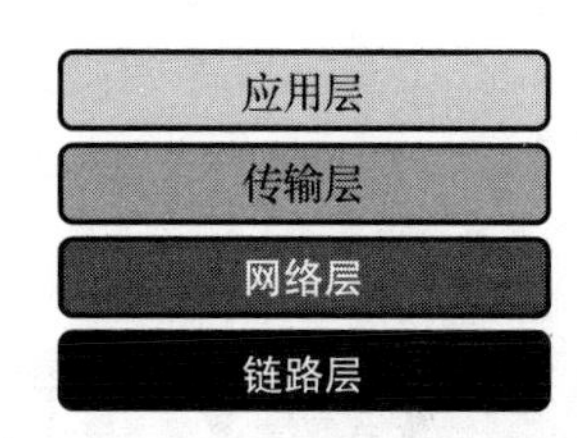

图11-4 网络的互联网协议套件模型

> **OSI——另一个网络模型**
>
> 另一个常用的网络协议模型是开放系统互连（Open Systems Interconnection，OSI）模型。OSI模型把协议分为7层，而不是4层。这个模型经常在技术文献中被提及，但互联网是以互联网协议套件为基础的，所以本书重点介绍TCP/IP模型。

这些网络层代表了一种抽象，一种在讨论互联网操作时使用的模型。在实践中，每一层都是用特定网络协议实现的。每个网络层都代表一个职责范围，协议必须履行相应层的职责。表11-1提供了对每个层的描述。

表11-1 互联网协议套件的4层描述

层	描述	示例协议
应用层	应用层协议提供针对应用程序的功能，比如发送电子邮件或者检索网页。这些协议完成最终用户（或后端服务）想要完成的任务。应用层协议构造了网络上进程对进程通信所使用的数据。所有下层协议都作为"管道"来支持应用层	HTTP、SSH
传输层	传输层协议为应用程序在主机之间发送和接收数据提供通信通道。应用程序根据应用层协议构造数据，然后把数据交给传输层协议，以便将其传输给远程主机	TCP、UDP
网络层	网络层协议提供网络通信机制。这一层识别有地址的主机，并让数据通过互联网从网络路由到网络。传输层依靠网络层进行寻址和路由	IP
链路层	链路层协议提供本地网络上的通信方式。这一层的协议与本地网络上的组网硬件类型密切相关，比如Wi-Fi。网络层协议依靠链路层协议进行本地网络的通信	Wi-Fi、Ethernet

每层协议都与其相邻层的协议进行通信。从主机出来的传输向下穿过网络的各层，从应用层协议到传输层协议，再到网络层协议，最后到链路层协议。到主机的传输向上穿过网络的各层，其顺序与刚才的描述相反。

尽管网络主机（如客户端或服务器）使用全部 4 层的协议，但其他网络硬件（如交换机和路由器）只使用较低层的协议。这类设备不用费心检查网络传输所包含的较高层协议数据就可以执行其工作。

从客户端发出的到服务器的请求及其与网络各层的关系如图 11-5 所示。

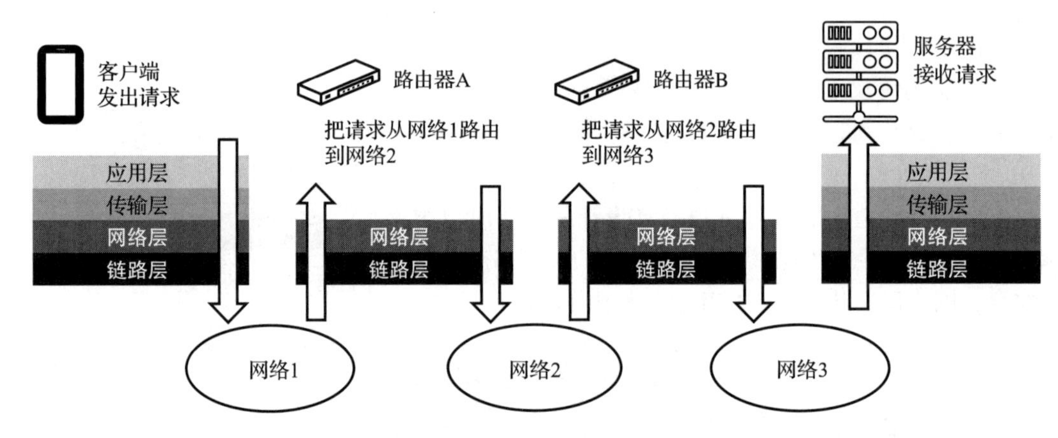

图 11-5 一个网络请求通过不同的网络层

让我们来看看图 11-5 的流程。一个客户端上的应用程序使用应用层协议形成了一个请求。这个请求被传递给传输层协议，然后传递给网络层协议，最后传递给链路层协议。所有这些都发生在客户端设备上。此时，该请求被传播到本地网络（图中标记为网络 1）上。这个请求通过互联网，从一个网络传到另一个网络。本例中，路由器 A 把该请求从网络 1 路由到网络 2，路由器 B 把该请求从网络 2 路由到网络 3。当请求到达目标服务器后，它将沿着网络协议向上传递，从链路层协议开始，一直到应用层协议结束。该服务器上的一个进程接收该请求，根据客户端最初使用的应用层协议进行格式化。服务器进程解释该请求，并以适当的方式进行响应。

现在我们从底层开始，看看其中的每一层。

11.2.1 链路层

互联网协议套件的底层就是链路层。主机之间的物理和逻辑连接被称为网络链路。同一个网络上的设备使用链路层协议相互通信。链路上的每个设备都有一个网络地址能唯一地标识它。对于许多链路层协议而言，这个地址被称为媒体访问控制（Media Access Control，MAC）地址。链路层数据被划分成小单元，称为“帧”，每帧都包含一个描述该帧的帧标题、数据的有效负载，以及最后用于检测错误的帧尾，如图 11-6 所示。

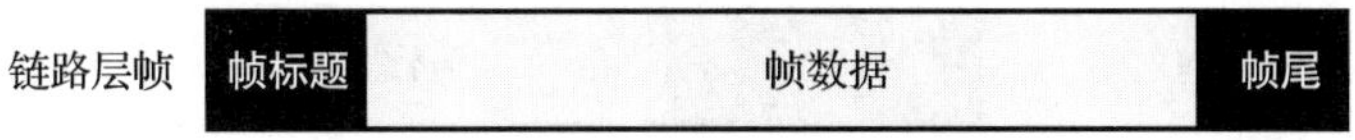

链路层帧　帧标题　帧数据　帧尾

图 11-6　链路层帧

帧标题包含源 MAC 地址和目的 MAC 地址。帧标题还包含对帧数据部分所携带数据的类型描述。

如果你家里有 Wi-Fi 网络，那么 Wi-Fi 就是你网络上主机之间的链路。由 IEEE 802.11 规范定义的 Wi-Fi 协议不知道、也不关心在无线网络上发送的数据是什么类型；它只启用允许设备之间的通信。每个连接到 Wi-Fi 网络的设备都有一个 MAC 地址，并接收发送到其地址的帧。MAC 地址仅在本地网络上可用，远程网络上的计算机不能直接向本地网络上的 MAC 地址发送数据。

另一个值得注意的链路层技术是以太网（Ethernet），用于有线物理连接。以太网由 IEEE 802.3 标准定义。以太网一般使用内部有一对铜线的电缆，其末端是通常被称为 RJ45 的接头，如图 11-7 所示。

图 11-7　常用于以太网的电缆

连接到互联网的所有设备都参与到链路层中。这是必需的，因为链路层提供的是到本地网络的连接（不论是有线还是无线）。主机（比如笔记本计算机或智能手机）参与所有的层次，但是某些网络设备只在链路层操作。最基本的例子就是集线器（hub）。网络集线器是一种网络设备，它连接本地网络上的多个设备，无须具有对正在发送的帧的智能。简单的集线器可以对连接的设备提供多个以太网端口。它只是把在一个物理端口接收的每个帧传送到其他所有的端口。更智能一些的链路层设备是网络交换机，它要检查所接收帧中的 MAC 地址，并把这些帧发送到具有目标 MAC 地址的设备所连接的物理端口。

注意　请参阅设计 29 查看链路层设备和 MAC 地址。

11.2.2　网络层

网络层使得数据在本地网络之外传送。本层使用的主要协议简称为互联网协议（IP）。它支持路由，即为网络间传输的数据决定路径的过程。互联网上的每个主机都被分配了一个 IP 地址，它是一个唯一标识全球互联网上主机的数字。主机也可能拥有不直接在互联网上公开的私有 IP 地址。IP 地址一般由本地网络上的服务器分配，当设备连接到新网络时，其 IP 地址通常会改变。稍后，我们将更详细地介绍地址分配和私有 IP 地址。

在网络层上传送的数据被称为包，它被封装在链路层帧中。图 11-8 展示了“包在帧数据部分中”的含义。

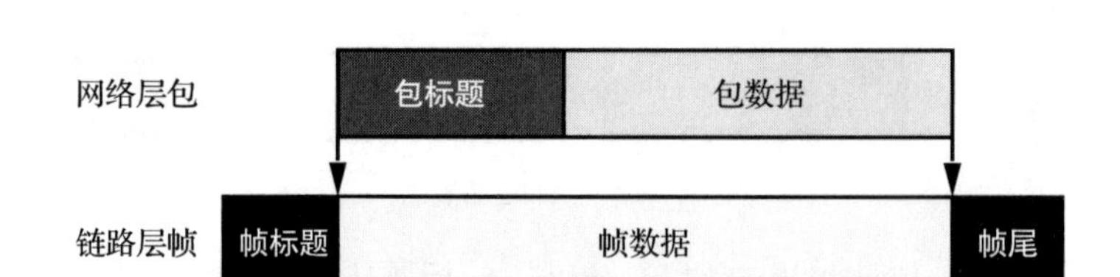

图 11-8　帧数据部分中的包

IP 包标题含有源 IP 地址和目标 IP 地址。包标题还包含了包的描述信息，比如使用的 IP 版本以及包标题长度。IP 包的数据部分包含 IP 层携带的有效负载。

如今互联网使用了两个版本的互联网协议。互联网协议版本 4（IPv4）是主要使用的版本，另一活跃版本是互联网协议版本 6（IPv6）。你可能会好奇：没有 IPv5 吗？这样的协议从未存在过，但是一个被称为互联网流协议的实验协议把它的 IP 版本称为 IPv5，所以在开发 IPv4 的继任者时跳过了 IPv5。IPv4 与 IPv6 的一个显著区别是 IP 地址的大小。IPv4 地址长 32 位，而 IPv6 地址长 128 位。这个差异使得 IPv6 的地址数量要多得多。地址大小的变化有助于解决 IPv4 地址相对短缺的问题。本书中，我们关注的是 IPv4 地址（简称 IP 地址），因为它们仍然是如今互联网的主要寻址方式。

32 位 IP 地址通常用点分十进制表示法来显示，这意味着 32 位被分成四个 8 位组，每组中的 8 位都用十进制（而不是十六进制或二进制）显示。四个十进制数用句点（.）分隔。例如，一个 IP 地址用点分十进制表示为 192.168.1.23。每个 8 位十进制数可以称为一个 8 位字节（octet）。

对于连接到同一个本地网络的计算机，其 IP 地址具有相同的前导位，称为位于同一子网（subnet）。位于同一子网的计算机，相互之间能在链路层上直接通信，因为它们在同一物理网络上运行。位于不同子网的计算机必须通过路由器发送其流量，路由器是连接子网的设备，它在网络层上运行。

子网把 IP 地址划分为两个部分：网络前缀和主机标识符。前者由同一子网上的所有设备共享，后者对于子网上的主机来说是唯一的。网络前缀所包含的位数随网络配置变化。

让我们看个例子。假设一个子网使用了 24 位的网络前缀，留下 8 位表示主机。假设该子网上的主机使用之前的示例 IP 地址 192.168.1.23。给定这个 IP 地址和网络前缀，该 IP 地址的划分如图 11-9 所示。

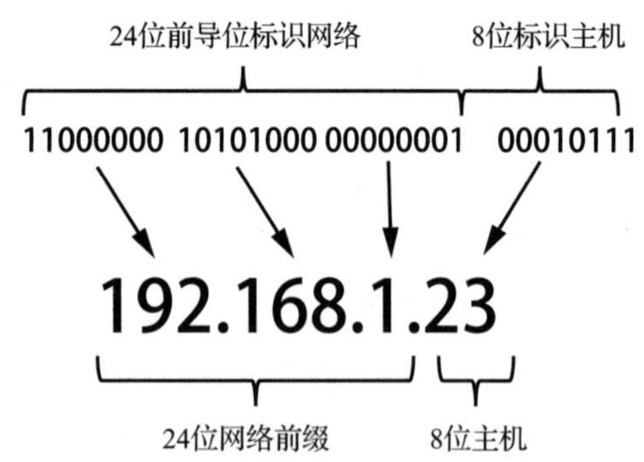

图 11-9　使用 24 位网络前缀的 IP 地址示例

在这个例子中，本地子网上所有主机的 IP 地址都以 192.168.1 开头。每个主机的最后一个 8 位字节具有不同的值，其中的 23 分配给此例中的特定主机。这个例子使用 24 位前缀长度，表示前缀与 IP 地址的前 3 个 8 位字节对齐。这是个很好的例子，但前缀长度并不总是与8位字节的边界对齐。例如，25位前缀会包含最后一个8位字节的第一位，只留下7位标识主机。

为网络前缀保留的位数通常有两种表示方式。无类别域间路由（Classless Inter-Domain Routing，CIDR）表示法列出一个IP地址，其后跟一个斜杠（/），然后是网络前缀使用的位数。在我们的例子中，应表示为192.168.1.23/24。另一种表示前缀位数的常用方法是采用子网掩码——一个32位的数字，网络前缀部分中的每个位用二进制1表示，主机号部分的每个位用0表示。子网掩码也写作点分十进制的形式，所以我们的24位网络前缀例子的子网掩码为255.255.255.0，如图11-10所示。

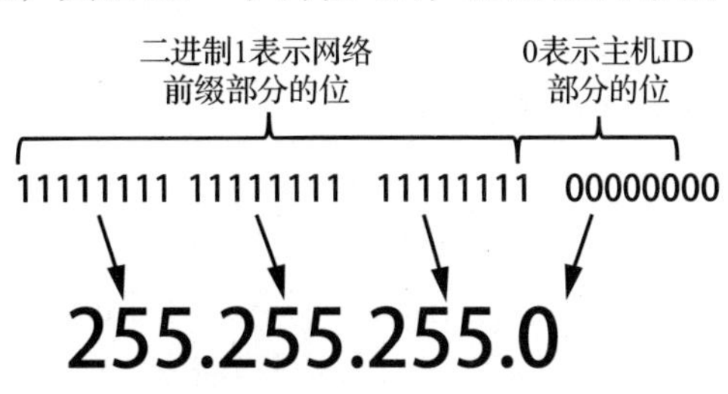

图11-10 表示为子网掩码的24位网络前缀

让我们看看这在实践中为什么有用。假设计算机的IP地址是192.168.0.133，子网掩码是255.255.255.244，用CIDR表示法表示为192.168.0.133/27。假设此计算机想连接到另一台IP地址为192.168.0.84的计算机。如前所述，如果两台计算机在同一个子网上，则它们可以直接通信；如果不在同一个子网上，它们必须通过路由器来通信。因此，该计算机必须确定另一台计算机是否在同一个子网上。如何做到这一点呢？

对IP地址和它的子网掩码执行按位逻辑AND运算，就可以生成子网中的第一个地址。第一个地址（其中的主机位全为0）用作子网自身的标识符。这通常被称为网络ID。共享网络ID的两个计算机在同一个子网上。主机可以对自己的IP地址和它想要连接的IP地址执行这个AND操作，以查看它们是否共享同一个网络ID，从而判断是否在同一个子网上。让我们用示例计算机的IP地址来试一下，如下所示：

```
  IP = 192.168.0.133   = 11000000.10101000.00000000.10000101
MASK = 255.255.255.224 = 11111111.11111111.11111111.11100000
 AND = 192.168.0.128   = 11000000.10101000.00000000.10000000 = The network ID
```

现在，对我们示例中的第二台计算机执行同样的操作：

```
  IP = 192.168.0.84    = 11000000.10101000.00000000.01010100
MASK = 255.255.255.224 = 11111111.11111111.11111111.11100000
 AND = 192.168.0.64    = 11000000.10101000.00000000.01000000 = The network ID
```

从本例中可以看到，这个操作产生了两个不同的网络ID（192.168.0.128和192.168.0.64）。这表示第二台计算机与第一台计算机不在同一个子网上。若要通信，这两台计算机需要通过路由器来发送它们的信息，这个路由器连接两个子网。

练习11-1：哪些IP地址在同一个子网上？

IP地址192.168.0.200和示例计算机在同一个子网上吗？假设示例计算机的IP地址是192.168.0.133，且子网掩码为255.255.255.224。

还有另一种查看方式：网络前缀描述了子网上能使用的地址范围。该范围中的第一个地址被定义为网络前缀加上全二进制 0 的主机标识符。继续使用 IP 地址为 192.168.0.133 的示例计算机，其子网上的第一个地址是 192.168.0.128。该范围中的最后一个地址是网络前缀加上全二进制 1 的主机标识符。在我们的例子中，这个地址是 192.168.0.159。第一个地址和最后一个地址有特殊含义——第一个标识网络，最后一个表示广播地址（用于向子网上的全部主机发送消息）。两者之间的所有地址都可以用于子网上的主机。我们的示例 IP 地址 192.168.0.133 显然在这个范围（从 192.168.0.128 到 192.168.0.159）之内，而另一个 IP 地址为 192.168.0.84 的计算机则不在这个范围中。

你还可以用为主机标识符保留的位数来确定子网上有多少 IP 地址可供主机使用。在我们的例子中，27 位用于网络前缀，剩下 5 位用于主机标识符。这 5 位提供给我们 32 个可用主机地址，因为 2^5 等于 32。但是，正如前面所说的，第一个和最后一个地址有特殊用途，所以使用这个网络前缀的话，实际上只有 30 台主机能被标识。这与我们前面的发现是一致的：第一个主机标识符是 128，128+32 等于 160，它是下一个子网的第一个地址，所以 159 是该地址范围内的最后一个主机。

请参阅设计 30 用自己的 Raspberry Pi 查看网络层。

11.2.3 传输层

传输层为应用程序收发数据提供可用的通信通道。有两种常用的传输层协议：传输控制协议（TCP）和用户数据报协议（User Datagram Protocol，UDP）。TCP 提供两个主机之间的可靠连接。它确保错误数最小，数据按序到达，重发丢失数据等。用 TCP 发送的数据被称为段（segment）。UDP 是一种“尽力而为”的协议，意思是说它的交付是不可靠的。当速度比可靠性更重要时，UDP 是首选。用 UDP 发送的数据被称为数据报。这两个协议都有自己的适用条件，但为了简单起见，本章剩余部分只介绍 TCP。图 11-11 展示了 TCP 段在包的数据部分中的含义，而包又在帧的数据部分。

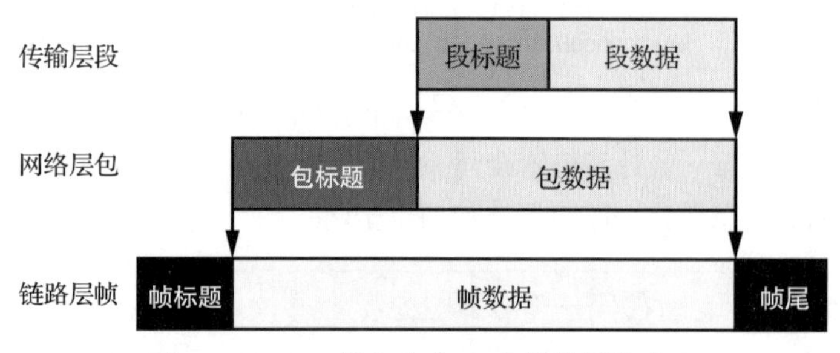

图 11-11　TCP 段包含在 IP 包的数据部分中

如前所述，链路层在帧标题中包含了目标 MAC 地址，以识别本地网络接口，网络层在包标题中包含了目标IP地址，以识别互联网上的主机。这些信息足以让一个数据包到达互联网上的特定设备。数据包到达其目标主机后，传输层段标题中包含了目标网络端口号，该端口号标识了将要接收数据的特定服务或进程。单个IP地址的主机可以有多个活跃端口，每个端口都用于执行不同类型的网络活动。

打个比方，IP地址就像是办公楼的街道地址，网络端口号就像是该办公楼中工作人员的办公室号码。IP地址唯一地标识主机，就像街道地址唯一地标识办公楼一样。使用互联网协议，数据包可以被传递给某个主机，就像包裹可以被送达办公楼一样。但是，数据包到达计算机后，操作系统必须决定如何处理它。数据包不是为OS准备的，而是为在计算机上运行的某个进程准备的。同样，到达办公楼的包裹不是给传达室工作人员的，而是给办公楼里其他人的。操作系统检查端口号并把入站数据传递给监听指定端口的进程，就像传达室工作人员检查包裹收件人姓名或办公室号码把包裹送达正确收件人一样。

在0～1023范围内的网络端口被称为已知端口，而在1024～49 151范围内的端口则可以在IANA（Internet Assigned Numbers Authority）中注册，称为注册端口。编码大于49 151的端口是动态端口。从技术上来说，任何具有足够权限的进程都可以监听系统上还未使用的任意端口，这可能会忽略该端口号的典型用例。但是，当客户端应用程序想连接到另一台计算机上的远程服务时，它需要知道使用哪个端口，所以标准化端口号是有意义的。例如，Web服务器通常监听端口80和端口443（用于加密连接）。Web浏览器假设它应该使用端口80和端口443，除非另有指示。

练习11-2：研究常用端口

查找常用应用层协议的端口号。域名系统（Domain Name System，DNS）、安全壳（SSH）和简单邮件传输协议（Simple Mail Transfer Protocol，SMTP）的端口号是什么？你可以在网上搜索或者查看IANA注册表（http://www.iana.org/assignments/port-numbers）来获得这个信息。IANA列表有时会使用出乎预料的术语来表示服务名。例如，DNS只被简单地列为“domain”。

服务器使用众所周知的端口以方便客户端连接。然而，绝大多数网络通信是双向的（客户端发送请求，服务器响应），所以客户端也需要有一个开放端口，以便接收来自服务器的数据。客户端只需要暂时打开这样的端口，时间足够它完成与服务器之间的通信即可。这种端口被称为临时端口，由操作系统中的网络组件分配。例如，客户端Web浏览器通过端口80连接Web服务器，且客户端上的临时端口也是打开的，假设端口号为61 348。客户端把其Web请求发送到服务器上的端口80，服务器把响应发送给客户端上的端口61 348。

IP地址加上端口号形成一个端点（endpoint），端点的一个实例称为套接字（socket）。套接字可以监听新连接，也可以表示已建立的连接。如果多个客户端连接到同一个端点，那么，每一个都有自己的套接字。

注意 请参阅设计 31 查看 Raspberry Pi 的端口使用情况。

11.2.4 应用层

应用层是互联网协议套件的最后一层，也是最高层。虽然较低的三层为互联网上的通信提供了通用基础，但应用层协议关注的是完成特定任务。例如，Web 服务器使用超文本传输协议（HyperText Transfer Protocol，HTTP）检索和更新 Web 内容。邮件服务器使用简单邮件传输协议（SMTP）收发邮件消息。文件传输服务器使用文件传输协议（File Transfer Protocol，FTP）来做什么？传输文件！换句话说，应用层是我们获得描述应用程序行为的协议的地方，而这个协议栈的较低层是“管道”，使应用程序能在互联网上做它们想做的事情。完整的四层模型示意图如图 11-12 所示。

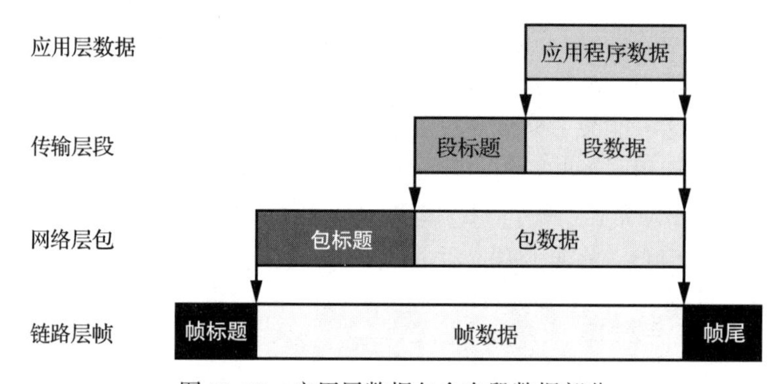

图 11-12 应用层数据包含在段数据部分

图 11-12 是一个分层视图，它展示了每层是如何包含在下一层的数据负载中的。图 11-13 把所有的层组合在一起，我们可以看到发送给互联网上某个设备的一帧内容的表示形式。

图 11-13 一个包含 IP 包、TCP 段和应用程序数据的帧

我们从最接近硬件的层开始，自下而上地遍历了网络帧的内容。当一帧被主机接收时，主机会按相同的顺序（从链路层一直到应用层）来处理它。相反，当从主机发出一帧时，帧内容会按逆序组装。进程准备应用程序数据，该数据被包含到段中，再到包中，最后到帧。

11.3 游历互联网

现在你已经熟悉了四层 TCP/IP 网络模型中的每一层，接下来我们通过一个例子来看看数据是如何在互联网上传输的。我们将看到沿途各种设备是如何与每个网络层交互的。

图 11-14 展示了左上角客户端与左下角服务器之间的通信。

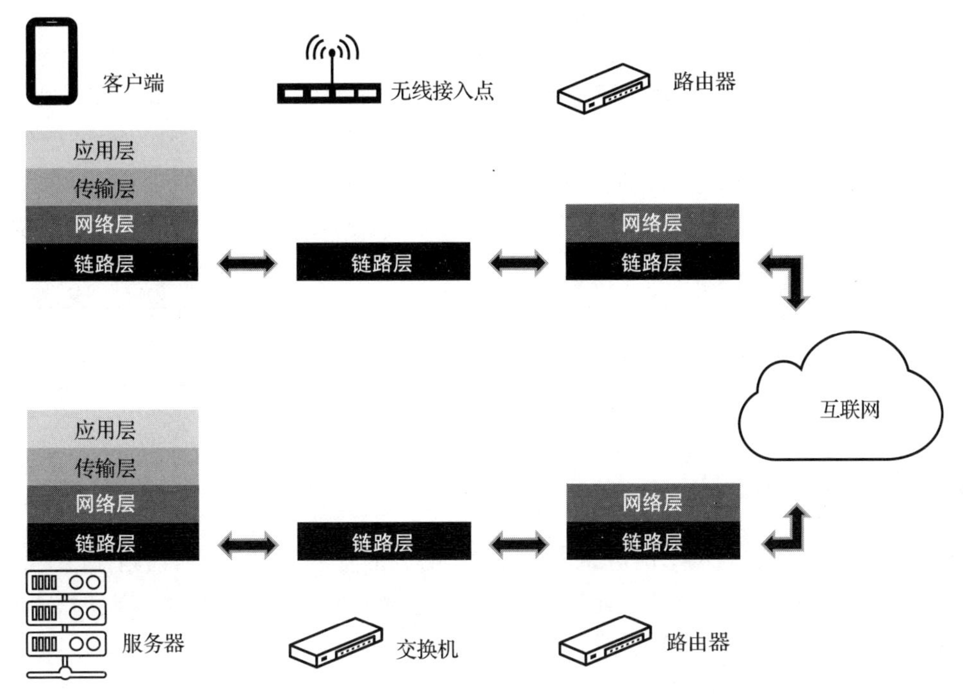

图 11-14 不同设备在网络栈的不同层进行交互

我将建立图 11-14 中的场景。客户端设备（图中左上角）连接到一个无线 Wi-Fi 网络。这个网络通过路由器连接到互联网。在其他地方（图中左下角）有个服务器，它通过交换机和路由器建立了到互联网的有线连接。客户端设备的用户打开 Web 浏览器，请求在服务器上托管的网页。为了简单起见，假设客户端已经知道了服务器的 IP 地址。

客户端上的 Web 浏览器用 HTTP“说话”，它是 Web 的应用层协议，所以它形成了针对目标服务器的 HTTP 请求。然后，浏览器把 HTTP 请求传递给操作系统的 TCP/IP 软件栈，要求把数据传送到服务器——明确服务器的 IP 地址和端口 80（HTTP 的标准端口）。接着，客户端操作系统上的 TCP/IP 软件栈把 HTTP 负载封装到 TCP 段（传输层）中，并在段标题将目标端口设置为 80。如果有必要，TCP 会把应用层数据分成多段，每段都有自己的段标题。客户端上的网络层软件再把 TCP 段封装进 IP 数据包中，IP 数据包的包标题中包含了服务器的目标 IP 地址。同样，如果有必要的话，IP 会把数据包分成较小的片段，为在网络链路中传送做好准备。在客户端的链路层上，IP 包被封装进帧中，帧标题中有本地路由器的 MAC 地址。这个帧由客户端设备的 Wi-Fi 硬件进行无线传输。

无线接入点接收该帧。这个接入点在链路层工作，它把帧发送给路由器。路由器检查网络层数据包以确定目标 IP 地址。为了到达服务器，请求需要途径互联网上的多个路由器。本地路由器把数据包封装到一个新的帧中——该帧带有新的目标 MAC 地址（下一个路由器的地址），然后发送这个新的帧。路由过程通过互联网上的多个路由器持续进行，直到请求到达服务器所连接的子网上的路由器。

最后一个路由器把数据包封装到适合服务器本地网络的帧中。这个帧的帧标题包含了服务器的 MAC 地址。该服务器子网上的交换机查看帧中的 MAC 地址，并把帧转发到合适的物理端口。交换机不需要查看更高的层。服务器接收该帧，网络接口驱动程序把 TCP/IP 包传递给 TCP/IP 软件栈，然后 TCP/IP 软件栈再把 HTTP 数据传递给监听 TCP 端口 80 的进程。Web 服务器软件监听端口 80，处理请求。这包括回复客户端，为此，整个过程会再次发生，只不过顺序相反。

请参阅设计 32 查看从 Raspberry Pi 到互联网上某个主机的路由情况。

11.4 互联网基础功能

TCP/IP 为数据在互联网上的可靠传输提供了必要的管道，而其他协议则提供了其他的物联网基础功能。这些功能作为应用层协议来实现。现在我们来看两个这样的协议（DHCP 和 DNS）以及一个转换 IP 地址的系统（NAT）。

11.4.1 动态主机配置协议

为了与其他主机通信，互联网上的每个主机都需要一个 IP 地址、子网掩码以及其路由器的 IP 地址（也被称为默认网关）。IP 地址是如何分配的？可以为设备提供一个静态 IP 地址，这需要有人编辑设备上的配置，并手动设置其 IP 信息。有时候，这是有用的，但它要求用户确保待分配 IP 地址还未被使用，且对子网是有效的。绝大多数最终用户不具备手动配置设备 IP 设置的专业知识，同时也不想处理手动配置的麻烦。幸运的是，大多数 IP 地址是用动态主机配置协议（Dynamic Host Configuration Protocol，DHCP）动态分配的。有了 DHCP，当设备连接到网络时，它会收到一个 IP 地址和相关信息，无须用户干预。

要使 DHCP 在网络上可用，必须把网络上的一个设备配置成 DHCP 服务器。这个服务器有一个 IP 地址池，这些 IP 地址允许被分配给网络上的设备。DHCP 会话如图 11-15 所示。

让我们来看看图 11-15。当设备连接到网络时，它广播一条消息以发现 DHCP 服务器。广播是特殊类型的包，它发给本地网络上的所有主机。当 DHCP 服务器接收到这条广播后，它向客户端设备提供一个 IP 地址。如果客户端想接受提供的 IP 地址，它就以请求被提供地址的方式回复服务器。然后，DHCP 服务器对这个请求进行应答，IP 地址就此被分配给该客户端。IP 地址是租给客户端的，如果客户端不续租，这个 IP 地址最终会过期。

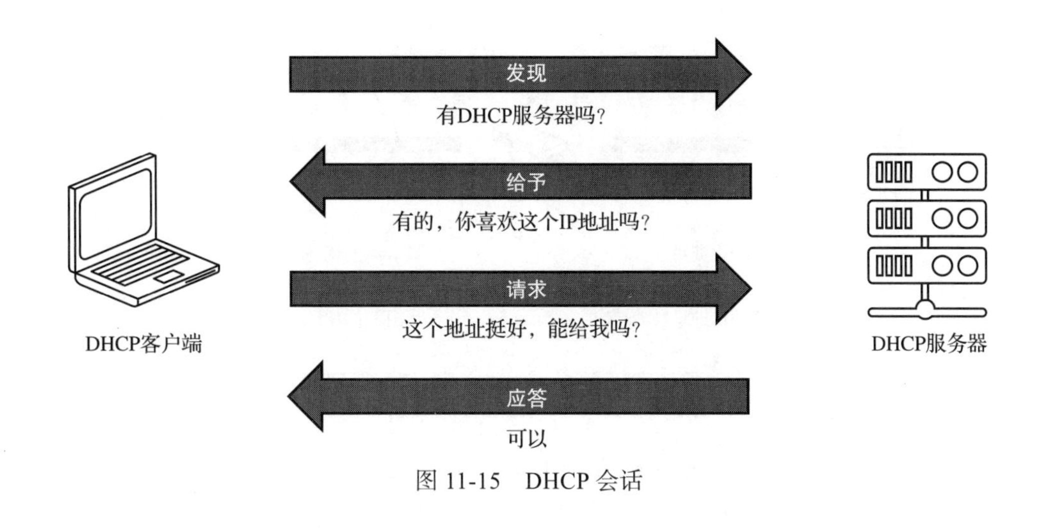

图 11-15 DHCP 会话

注意 请参阅设计 33 查看 Raspberry Pi 使用 DHCP 租到的 IP 地址。

11.4.2 私有 IP 地址和网络地址转换

可用的 IP 地址是有限的，所以大多数家庭互联网服务提供商（Internet Service Provider，ISP）只为一个客户分配一个 IP 地址。这个 IP 地址被分配给直接连接到 ISP 网络的那个设备（通常是一个路由器）。但是，很多客户的家庭网络上都有多个设备。让我们来看看如何利用私有 IP 地址和网络地址转换功能来让多个设备共享一个公网 IP 地址。

某些 IP 地址范围被视为私有 IP 地址，这些地址被用于私有网络，比如那些家里或办公室里的网络，其中的设备不直接连接到互联网。任何能匹配 10.*x*.*x*.*x*、172.16.*x*.*x* 或 192.168.*x*.*x* 模式的地址都是私有 IP 地址。任何人不经允许就可以使用这些范围内的 IP 地址。问题是私有 IP 地址是不可路由的——它们不能在公网上使用。家庭网络上的 DHCP 服务器可以分配这些地址，而不用担心其他网络是否会使用相同的地址。和公网 IP 地址必须唯一不同，私有 IP 地址旨在在多个私有网络上同时使用。多个网络是否使用相同的地址并不重要，因为这些地址无论如何都不会在私有网络之外被看到。私有 IP 地址解决了 ISP 只能为家庭或企业提供单个公网 IP 地址的问题，但是，如果私有 IP 地址不能在互联网上路由，那么它们又有什么用呢?

网络地址转换（Network Address Translation，NAT）允许私有网络（通常是家庭网络）上的所有设备都使用互联网上相同的公网 IP 地址。当数据包经过 NAT 路由器时，该路由器修改这些包中的 IP 地址信息。当来自私有家庭网络的数据包到达 NAT 路由器时，其源 IP 地址字段会被修改为公网 IP 地址，如图 11-16 所示。

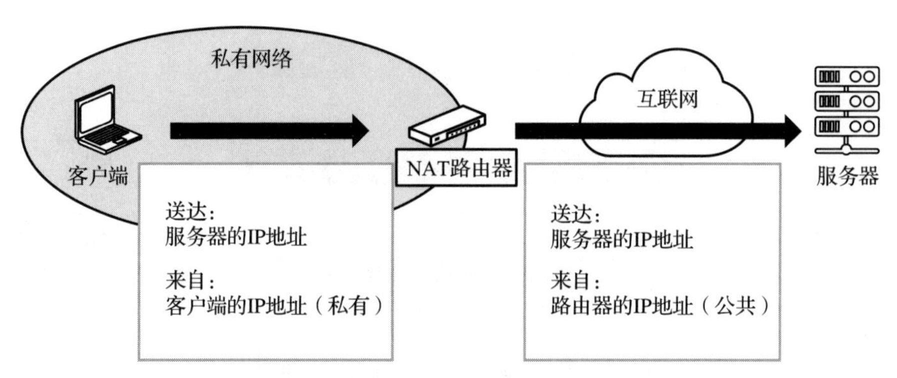

图 11-16　NAT 路由器把私有 IP 地址替换为它自己的公网 IP 地址

当响应返回路由器时，它把目标 IP 地址设置为发起请求的主机的私有地址。如此一来，所有来自这个家庭网络的流量似乎都来自同一个公网 IP 地址，即使这个私有网络上实际有多个设备也一样。NAT 还附带一个安全方面的好处：私有网络上的设备不会直接暴露在公网上，所以互联网上的恶意用户不能直接发起对私有设备的连接。大多数卖给消费者用于家庭网络的路由器都是 NAT 路由器，一般还有内置无线接入点功能。

私有 IP 地址不仅对家庭网络是有价值的，还对那些不想将其计算机暴露于公网的企业也是有价值的。许多公司网络使用的是代理服务器，而不是 NAT 路由器。在允许私有网络上的设备访问互联网这一点上，代理服务器类似于 NAT 路由器，但不同的是，代理服务器一般工作于应用层，而不是网络层。通常，代理还提供其他的功能，比如用户身份验证、流量日志记录以及内容过滤。

请参阅设计 34 查看设备所分配的 IP 地址是公网 IP 地址还是私有 IP 地址。

11.4.3　域名系统

我们已经看到互联网上的主机是用 IP 地址来识别的。但是，互联网的大多数用户很少（如果有的话）直接面对 IP 地址。尽管 IP 地址适用于计算机，但它们对用户很不友好。没有人想要去记住一组用句点分割的四个数字。幸运的是，有域名系统（DNS）让我们更轻松。DNS 是一种互联网服务，它把名称映射为 IP 地址。这使得我们能用类似于 www.example.com（而不是 IP 地址）这样的名称来指代主机。

计算机的完整 DNS 名称为完全限定域名（Fully Qualified Domain Name，FQDN）。像 travel.example.com 这样的名称就是一个 FQDN。这个名称由一个简短的本地主机名（travel）和一个域后缀（example.com）组成。术语“主机名”（hostname）常常可以交换用于表示计算机的简称或 FQDN。本节将使用主机名来表示计算机的 FQDN。域（比如 example.com）表示由组织管理的一组网络资源。example.com 和 travel.example.com 都是域名。前者表示网络域，后者表示这个域上的一个特定主机。

软件需要能查询DNS以把主机名转换成IP地址——这被称为主机名解析。要启用这个功能，主机需要配置DNS服务器的IP地址列表。这个表一般由DHCP提供，通常由互联网服务提供商维护的DNS服务器或运行在本地网络的DNS服务器组成。当客户端想要通过名称连接到服务器时，它向DNS服务器请求对应该名称的IP地址。如果可以，服务器将用被请求IP地址进行响应，如图11-17所示。

图11-17 简化的DNS查询。example.com的IP地址不准确

客户端有了服务器的IP地址后，它继续用这个IP地址与服务器通信，如前所述。我听说DNS被描述成互联网的电话簿，不过这个类比对某些读者来说可能有些不太合适，因为电话簿没有以前那么普遍了！

你可能会设想IP地址与名称之间是一对一的关系。实际并非如此。一个名称可以映射到多个IP地址。在这种情况下，不同的客户端向DNS查询某个名称，收到的响应可能是不同的IP地址。这对于给定服务负载需要被分布到多个服务器的情况非常有用。它可以在物理上实现，例如，在欧洲的客户端得到的IP地址不同于在亚洲的客户端得到的IP地址，这能让每个区域的客户端连接到在物理上靠近自己的服务器IP地址。

反之亦然：多个名称也可以映射到同一个IP地址。在这种情况下，对不同名称的查询会返回同一个IP地址。当服务器托管同一类型服务的多个实例时，这是很有用的，其中的每个实例都用名称识别。这在网络托管中很常见，当一个服务器托管多个网站时，每个网站都用自己的DNS名称来识别。

DNS中的每个条目都被称为一条记录（record）。记录有不同的类型：最基础的是A记录，它只是把主机名映射到IP地址。其他例子还有CNAME（canonical name，规范名称）记录，它把一个主机名映射到另一个主机名；以及用于电子邮件服务的MX（mail exchanger，邮件交换器）记录。

没有一个组织愿意承担管理现存的大量DNS记录的任务。幸而这不是必需的，DNS的实现方式允许责任分担。像www.example.com这样的DNS名实际表示的是一个记录层次结构，不同的DNS服务器负责维护这个层次结构中不同级别的记录。应用于www.example.com的DNS层次结构如图11-18所示。

这个层次结构树的顶端是根域。根域不会像www.example.com那样得到文本表示的DNS名，但它是DNS层次结构的重要组成部分。根域包含了所有TLD（Top-Level Domain，顶级域）的记录，比如.com、.org、.edu、.net等。截至2020年，世界范围内有13个根名服务器，每个根名服务器都负责了解所有顶级域服务器的详细信息。假设你想查

找以 .com 结尾的域内的一条记录。根服务器可以指向 TLD 服务器，这个服务器了解 .com 下的域。

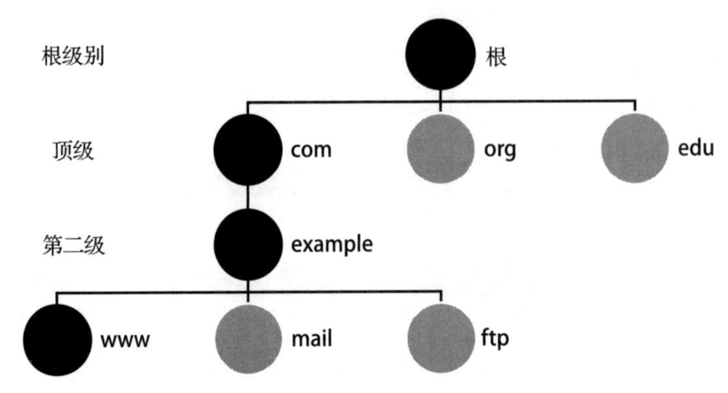

图 11-18　DNS 层次结构示例，突出显示 www.example.com

顶级 DNS 服务器负责了解其下所有的二级域。.com 的顶级 DNS 服务器可以指向 example.com 的二级 DNS 服务器。二级域的 DNS 服务器维护属于二级域的主机与三级域的记录。这意味着 example.com 的 DNS 服务器要负责维护类似于 www.example.com 和 mail.example.com 之类的主机记录。这种模式不断重复，并允许嵌套域。一个域在顶级域下注册后，该域的拥有者就可以在这个域的下面创建任意数量的记录。

如前所述，当计算机需要查找 FQDN 的 IP 地址时，它向其配置的 DNS 服务器发送一个请求。DNS 服务器收到请求后要做什么呢？如果服务器最近查找过被请求的记录，那么它的缓存中可能保存有这个记录的副本，服务器可以立刻把 IP 地址返回给客户端。如果 DNS 服务器在缓存中没有响应，它可能根据需要查询其他的 DNS 服务器以获得答案。这涉及从根开始，沿着服务器层次结构向下来查找被请求的记录。当服务器得到这条记录后，它可以缓存该记录，这样将来在查询该记录时，服务器就可以立即予以响应。最终，缓存的记录会被删除，以确保服务器总是能提供合理的最新数据。

注意　请参阅设计 35 查看 DNS 的信息。

11.5　网络即计算

让我们花点时间来考虑这样一个问题：互联网是如何适应本书已经介绍过的更广泛的计算图景的。网络看上去像是一个无关紧要的话题，但实际上它与一般的计算并无太大差别。互联网由硬件和软件组成，它们协同工作，允许设备之间进行通信。在互联网上传输的数据可以归结为 0 和 1，它们用各种形式表示，比如导线上的电压。从计算机的角度来看，网络接口（比如 Wi-Fi 或者以太网适配器）就是另一个 I/O 设备。操作系统通过设备驱动程序与这样的适配器进行交互，且操作系统中包括了能让应用程序在互联网上轻松通信的软件库。像路由器和交换机这样的网络设备也是计算机，只不过是高度专业化的设备。互联网和一般的网络是本地计算机的延伸，允许在单个设备边界之外进行数据传送和处理。

11.6 总结

本章介绍了互联网，一组全球连接的计算机网络，它们都使用一套通用协议。通过本章，你了解了互联网协议套件的四个协议层——链路层、网络层、传输层和应用层。你看到了数据如何穿过互联网，设备如何在不同的层进行交互。你了解了 DHCP 如何提供网络配置数据，NAT 如何允许私有网络上的设备连接到互联网，DNS 如何提供能替代 IP 地址的友好名称。第 12 章将介绍万维网，由 HTTP 通过互联网提供的一组资源。

设计 29：查看链路层

前提条件：运行 Raspberry Pi 操作系统的 Raspberry Pi。

在本设计中，你将使用 Raspberry Pi 来查看本地网络的链路层。我们首先使用下面的命令列出以太网适配器的 MAC 地址：

```
$ ifconfig eth0 | grep ether
```

输出应如下所示：

```
ether b8:27:eb:12:34:56  txqueuelen 1000  (Ethernet)
```

本例中，MAC 地址是 `b8:27:eb:12:34:56`。这是 48 位数的十六进制表示。请记住，每个十六进制字符表示 4 个位，所以 12 个字符 ×4 位 =48 位。

MAC 地址的前 24 位表示硬件的供应商 / 制造商。这个数字被称为组织唯一标识符（Organizationally Unique Identifier，OUI），由电气和电子工程师协会（Institute of Electrical and Electronics Engineers，IEEE）管理。本例中的 OUI 是 B827EB，它被分配给 Raspberry Pi 基金会。

Raspberry Pi 的 Wi-Fi 适配器也有自己的 MAC 地址。它可以用下面的方式查看：

```
$ ifconfig wlan0 | grep ether
        ether b8:27:eb:78:9a:bc  txqueuelen 1000  (Ethernet)
```

在我的系统中，Wi-Fi 适配器的 OUI（MAC 地址的前 24 位）与以太网适配器的 OUI 相同。这是因为两个适配器都是 Raspberry Pi 内置硬件，都使用了 Raspberry Pi 基金会的 OUI。

从 Raspberry Pi 上，你还可以看到本地网络上其他设备的 MAC 地址。为此，你可以使用名为 `arp-scan` 的工具，该工具尝试连接本地网络上的每个计算机，并检索其 MAC 地址。

首先，安装该工具：

```
$ sudo apt-get install arp-scan
```

然后，运行以下命令（命令的结尾是小写字母 l，不是数字 1）：

```
$ sudo arp-scan -l
```

你应该得到 IP 地址和 MAC 地址的列表，以及一个试图把 MAC 前缀与制造商进行匹配的列。我在自己的本地网络上得到了 10 个结果，其中的一些我没有立即识别出来。你可能会看到返回了一些重复的结果，第三列中用 DUP 指示这些结果。返回的列表通常不包含运行扫描的计算机的地址。

你可能会在第三列中看到一些结果显示为 `(Unknown)`。这表示 `arp-scan` 工具不能把 OUI 编号与已知制造商匹配上，可能是因为这个工具使用了未更新的 OUI 列表。你可以尝试从 IEEE 下载当前 OUI 编号列表，然后再次运行扫描来解决这个问题，如下所示：

```
$ get-oui
$ sudo arp-scan -l
```

当看到家庭网络上有多个我无法立即识别的设备时，我马上有一种冲动想要弄清楚它们是什么！作为额外挑战，请你识别出 `arp-scan` 返回的每个设备。如果是在你无法控制的网络（比如咖啡馆或图书馆的网络）上运行这个工具，这可能是不现实的，但是，如果你在家里，这就是可以做到的。你可能需要登录网络上的每个设备，挖掘其设置，找到它的 IP 地址或 MAC 地址，看看它是否与 `arp-scan` 返回的条目匹配。提示：在 Linux 或 Mac 上使用 `ifconfig` 实用程序，在 Windows 上使用 `ipconfig` 工具。在移动设备上，查看用户界面中的网络设置。

设计 30：查看网络层

前提条件：运行 Raspberry Pi 操作系统的 Raspberry Pi。

在本设计中，你将使用 Raspberry Pi 来查看网络层。我们首先使用下面的命令列出设备上的所有网络接口及其关联的 IP 地址：

```
$ ifconfig
```

一般你会看到 3 个接口：`eth0`、`lo` 和 `wlan0`。`lo` 接口是特殊情况：它是回送接口（loopback interface）。它用于在 Pi 上运行的进程，这些进程希望用 TCP/IP 相互通信，但实际上又不会在网络上发送任何流量。也就是说，流量停留在设备上。回送接口的IP地址为127.0.0.1。这是个特殊地址，它不能被路由，不能用作本地子网上的地址，因为任何向该地址传送消息的尝试都会导致该消息直接回到发送计算机。换句话说，每个计算机都把127.0.0.1看作自己的IP地址。

正如我们在设计29中看到的，eth0是有线以太网接口，wlan0是无线Wi-Fi接口。如果你通过这两个接口中的一个或两个连接到网络，你就会在ifconfig输出的inet文本旁边看到一个IP地址。你可能还会在inet6的旁边看到一个IPv6地址。下面是ifconfig的wlan0输出示例：

```
wlan0: flags=4163<UP,BROADCAST,RUNNING,MULTICAST>  mtu 1500
        inet 192.168.1.138  netmask 255.255.255.0  broadcast 192.168.1.255
        inet6 fe80::8923:91b2:13e0:ed2a  prefixlen 64  scopeid 0x20<link>
```

在这个输出中，你可以看到被分配的IP地址是192.168.1.138。netmask的值（子网掩码）是255.255.255.0，广播地址（broadcast）是192.168.1.255。

ifconfig命令为我们提供了Raspberry Pi上各种网络接口的信息，但它没有告诉我们路由是如何配置的。让我们用ip route命令来看一下。我在这里给出了示例输出，你的结果可能与之不同。

```
$ ip route
default via 192.168.1.1 dev wlan0 src 192.168.1.138 metric 303
192.168.1.0/24 dev wlan0 proto kernel scope link src 192.168.1.138 metric 303
```

该命令的输出解释起来可能有点难度。简单来说，第一行给出了默认路由。当没有应用特定路由时，这是应该发送数据包的地方。在这个特定的例子中，每个没有匹配特定路由规则的包都应该发送到192.168.1.1。这意味着192.168.1.1是本地路由器的IP地址，也被称为默认网关。

下一行是一个路由条目，它告诉你任何发送到IP地址范围在192.168.1.0/24之内的包，都应该通过设备wlan0发送。这是本地子网上的Wi-Fi适配器。换句话说，这个路由规则确保与本地子网上的IP地址是直接通信的，无须通过路由器。

总而言之，这个输出告诉你，发送到与192.168.1.0/24匹配的IP地址的任意包都应该通过wlan0接口直接发送到目标地址。其他所有流量都使用默认路由，它会把流量发送到路由器192.168.1.1。最终结果是，本地子网流量被直接发送到目标设备，而到其他子网设备（可能在互联网上）的流量则被发送到默认网关。

设计31：查看端口使用情况

前提条件：运行Raspberry Pi操作系统的Raspberry Pi。

在本设计中，你将看到Raspberry Pi使用了哪些网络端口。然后，你将查看其他计算机的端口。我们首先使用下面的命令显示 Raspberry Pi 上监听和已建立的 TCP 套接字：

```
$ netstat -nat
```

让我们分析一下命令中使用的 -nat 选项。n 选项表示应该使用数字输出来显示端口号。a 选项表示显示所有的连接（监听的和已建立的），t 表示把输出限制为 TCP。在我的设备上，我看到如下列表：

```
Active Internet connections (servers and established)
Proto Recv-Q Send-Q Local Address           Foreign Address         State
tcp        0      0 0.0.0.0:22              0.0.0.0:*               LISTEN
tcp        0     36 192.168.1.138:22         192.168.1.125:52654    ESTABLISHED
tcp        0      0 192.168.1.138:22         192.168.1.125:51778    ESTABLISHED
tcp6       0      0 :::22                   :::*                    LISTEN
```

这里，你看到 4 个套接字，它们都与 SSH 有关。之所以说它们与 SSH 有关，是因为所有的套接字都使用了端口 22。我启用了 Raspberry Pi 上的 SSH，以允许远程终端连接。第一行和最后一行显示，Pi 正在端口 22 上监听使用 TCP 和 IPv6 上的 TCP 新传入的 SSH 连接。中间两行显示，这个设备有两个已建立的 SSH 连接，这两个连接都是从我的笔记本计算机（IP 为 192.168.1.125）到 Pi（IP 为 192.168.1.138）。请注意，这两个已建立的连接是如何连接到 Pi 上同一个服务器端口（22）的，而我笔记本计算机上的客户端端口则不同（52 654 和 51 778），因为它们是临时端口。

再次运行该命令，这次加上 p 选项并在命令的前面增加前缀 sudo：

```
$ sudo netstat -natp
```

这会为你提供相同的列表，只不过增加了套接字所属的进程的 ID（PID）和程序名。任何发送到套接字的流量都会被定向到 PID，进程处理流量并按需予以响应。在我的计算机上，我看到使用这个端口的程序是 sshd——SSH 的守护程序。

现在你已经查看了 Raspberry Pi 上正在使用哪些端口，让我们来看看远程计算机上的端口。为此，你需要使用名为 nmap 的工具，首先必须在 Raspberry Pi 上安装这个工具：

```
$ sudo apt-get install nmap
```

工具安装好之后，选择想扫描的目标主机。它可以是网络上的设备（比如路由器或笔记本计算机），也可以是互联网上的主机。请注意，对于服务器的管理员来说，重复扫描你无法控制的主机可能会显得可疑，因此，我强烈建议你只扫描自己的设备。

至于我，我决定扫描自己的默认网关，它恰好是 192.168.1.1。下面的 nmap 命令扫描特定 IP 地址上的开放 TCP 端口。在你的 Raspberry Pi 上尝试使用这个命令，把 IP 地址替换成你想扫描的设备地址。如果你想扫描自己的路由器，请参阅设计 30 回忆一下如何得到默认网关的 IP 地址。

```
$ nmap -sT 192.168.1.1
```

扫描结果的部分列表给出了如下端口：

```
PORT      STATE SERVICE
53/tcp    open  domain
80/tcp    open  http
```

这告诉我设备不仅充当了路由器，还充当了 DNS 服务器（端口 53）和 Web 服务器（端口 80）。家用路由器提供这些服务很正常。

设计 32：跟踪到达互联网上一个主机的路由

前提条件：运行 Raspberry Pi 操作系统的 Raspberry Pi。

在本设计中，你将查看从 Raspberry Pi 发送数据包到互联网上主机的路由。首先，你需要在互联网上选择一个主机，它可以是像 www.example.com 这样的网站，也可以是你恰好知道的互联网主机的 IP 地址或 FQDN。确定主机后，输入如下命令（用你想查看的主机名或 IP 地址替换 www.example.com）：

```
$ traceroute www.example.com
```

traceroute 工具尝试显示数据包在互联网上传送时遇到的路由器。输出应逐行读取。每一行按顺序编号，显示数据包传送线路上某一个步骤遇到的路由器的名称或 IP 地址。如果短时间内没有响应，输出会显示星号（*）并移动到下一个路由器。你还可能在一行上看到多个 IP 地址，这表示有多个可能的路由。

设计 33：查看 IP 地址

前提条件：运行 Raspberry Pi 操作系统的 Raspberry Pi。

在本设计中，你将查看从 DHCP 服务器获得的、与 Raspberry Pi 的 IP 地址关联的租用信息。当然，这要假设 Raspberry Pi 被配置为使用 DHCP（默认设置）而不是静态 IP 地址。为此要查看系统日志：

```
$ cat /var/log/syslog | grep leased
```

预期会看到如下输出：

```
Jan 24 19:17:09 pi dhcpcd[341]: eth0: leased 192.168.1.104 for 604800 seconds
```

这里，你可以看到 IP 地址 192.168.1.104 是从 DHCP 租用的，用于网络接口 eth0，即 Raspberry Pi 的以太网接口。你的输出可能显示不同的 IP 地址和不同的接口，可能是 wlan0。

默认情况下，syslog 文件会定期清理，它的内容会被移动到备份文件中。因此，你可能在 syslog 文件中看不到 DHCP 条目。你可以释放当前的 IP 地址，请求一个新的 IP 地址，然后按下面的步骤再次查找租用条目：

```
$ sudo dhclient -r wlan0
$ sudo dhclient wlan0
$ cat /var/log/syslog | grep leased
```

如果你想对以太网而不是 Wi-Fi 接口做上述工作，请把 `wlan0` 替换为 `eth0`。

设计 34：查看设备 IP 是公有的还是私有的

前提条件：运行 Raspberry Pi 操作系统的 Raspberry Pi。

在本设计中，你将看到 Raspberry Pi 的 IP 地址到底是公有的，还是私有的。如果设备有私有 IP 地址，你还会发现用于与互联网通信的公网 IP 地址。和前面一样，你可以使用如下实用程序来查看设备被分配的 IP 地址：

```
$ ifconfig
```

在查找设备所分配的 IP 地址时，你可能会看到关于 127.0.0.1 的条目，你可以忽略这一条，因为它用于回送（参见设计 30）。如前所述，任何匹配 10.*x*.*x*.*x*、172.16.*x*.*x* 或 192.168.*x*.*x* 模式的地址都是私有 IP 地址。现在，即使你拥有一个这样的私有 IP 地址，当你访问互联网上的资源时，你还是要间接使用公网 IP 地址。当你连接到网页或其他互联网服务时，这个地址就是它们所看到的地址。如果你是在家庭网络上，公网 IP 地址很可能会分配给你的路由器。如果你是在企业网络上，那么公网 IP 地址可能会分配给该企业网络边缘的代理设备。不论是哪种情况，从本地网络到互联网的所有网络流量都来自这个公网 IP 地址。

在连接到互联网设备时，为了查找你的设备使用的公网 IP 地址，一种选择是登录到你的路由器或代理服务器，检查它的网络配置。如果你知道如何向路由器或代理服务器查询这个信息，请放心这样做。不过，由于每个网络设备的模型多少有些差异，这里就不详细介绍这些步骤了。

更通用的选择是查询能返回当前公网 IP 地址的在线服务。这是可能的，因为设备连接的每个互联网服务器都知道你的 IP 地址，只要找到一个服务愿意告诉你它所见的 IP 地址即可。如果你在设备上运行一个 Web 浏览器，那么最简单的方法可能是向 Google 查询“我的 IP 地址”这样的内容。它一般会返回你需要的信息。

如果你正在使用终端（比如 Raspberry Pi），则可以使用 `curl` 实用程序向返回当前 IP 地址的网站发出 HTTP 请求。下面是一些服务示例，这些服务在撰写本书时能用来实现刚才所说的功能：

```
$ curl http://ipinfo.io/ip
$ curl http://checkip.amazonaws.com/
```

```
$ curl http://ipv4.icanhazip.com/
$ curl http://ifconfig.me/ip
```

上面这些服务都可以把你的公网IP地址返回到终端窗口。将这个地址与之前你从`ifconfig`得到的地址进行比较。如果它们相同，那么你的设备是直接分配的公网IP地址。如果它们不同，那么你的设备可能被分配了私有IP地址，你是通过NAT路由器或代理服务器连接到互联网的。

设计35：在DNS中查找信息

前提条件：运行Raspberry Pi操作系统的Raspberry Pi。

在本设计中，你将使用Raspberry Pi来查询DNS记录。我们先查找一下网站的IP地址。你将使用`host`实用程序完成这项工作。下面的命令返回IP地址，www.example.com是我感兴趣的网站的主机名。请随意替换为你想查找的其他主机名。

```
$ host www.example.com
```

你应该看到输出提供了主机的IP地址。你可能还会看到IPv6地址。根据你查询的主机名，你可能会得到多条记录，因为一个DNS名可以映射到多个IP地址。你还会了解到，你输入的名称实际上是其他名称的别名，这些名称又会映射到IP地址。

DNS还允许反向查找，即指定IP地址，返回主机名。这并非总是有效的，因为需要DNS记录的支持。如果想要试一试，只需要对IP地址使用`host`。在下面的命令中，用你在设计34中找到的公网IP地址或者其他想要查询的公网IP地址来替换*a.b.c.d*。同样，这仅适用于具有DNS记录以支持反向查找的IP地址。

```
$ host a.b.c.d
```

默认情况下，`host`实用程序使用的是你的设备被配置使用的DNS服务器。你也可以通过指定服务器的IP地址，用`host`来查询特定DNS服务器。互联网服务提供商为其用户提供了DNS服务，但也有许多其他免费的DNS服务可以使用。例如，在撰写本书时，Google在8.8.8.8提供了DNS服务器，Cloudflare在1.1.1.1提供了DNS服务器。如果你想使用1.1.1.1的DNS服务器查找www.example.com，可以输入下面的内容：

```
$ host www.example.com 1.1.1.1
```

这应该输出和前面一样的IP地址信息，同时还输出一些文本来说明本次查找使用的是哪个DNS服务器。

如果你对DNS查询的详细信息感兴趣，你可以在`host`命令中使用`-v`选项，它会提供详细输出：

```
$ host -v www.example.com
```

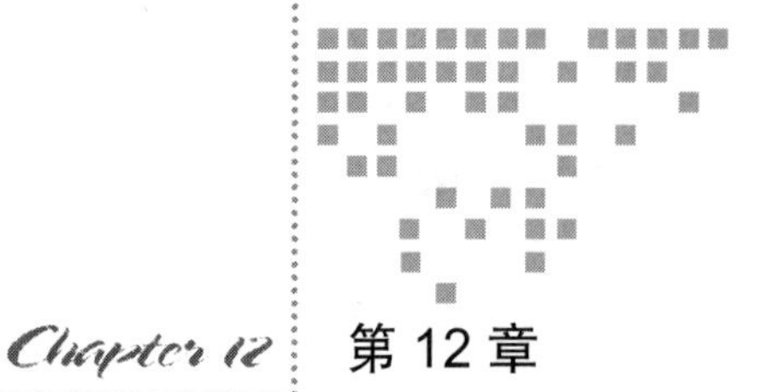

Chapter 12 第 12 章

万 维 网

第 11 章描述了互联网，一组全球互连且共享一套协议的计算机网络。万维网（World Wide Web，WWW）是建立在互联网之上的一个系统，它非常受欢迎，以至于常常和互联网混淆。本章将深入探讨 Web 的细节。我们首先查看其关键属性和相关编程语言，然后再查看 Web 浏览器和 Web 服务器。

12.1 万维网概述

万维网（通常简称为 Web[⊖]）是一组资源，使用超文本传输协议（HTTP）在互联网上传输。任何能用网络访问的东西都是网络资源，比如文档或图像。托管网络资源的计算机或软件程序被称为网络服务器（Web server），网络浏览器（Web browser）是一种通常被用于访问网络内容的应用程序。浏览器用于查看被称为网页（web page）的文档，一组相关的网页则被称为网站（website）。网络是分布式的、可寻址的，以及链接的。我们先来查看一下这些核心属性。

12.1.1 分布式网络

万维网是分布式的。没有集中的组织或系统来管理哪些内容能在网络上发布。任何连接到互联网的计算机都可以运行网络服务器，这种计算机的拥有者可以提供任何他们想要的内容。也就是说，有些组织或国家可能选择阻止用户访问网络上的某些内容，政府可以关闭含有非法内容的网站。除了这些情况之外，网络是一个开放的平台，人们可以发布任

⊖ 后面将 Web 译作“网络”。——译者注

何想要发布的内容，没有一个组织来控制哪些内容可以发布。

12.1.2 可寻址网络

网络使用统一资源定位器（Uniform Resource Locator，URL）为网络上的每个资源提供一个唯一的地址，其中包括了资源的位置和访问方式。URL 一般被称为网址或地址。让我们用一个虚拟的旅游网站的 URL 来说明这些地址的构成，如图 12-1 所示。这个 URL 标识了一个网页，该网页包含美国卡罗莱纳州旅游信息。

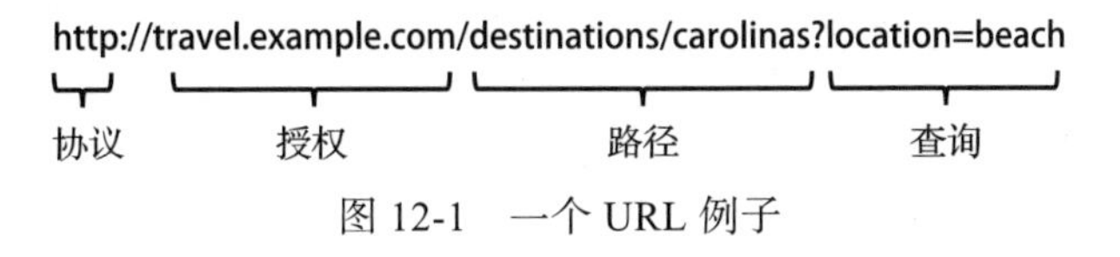

图 12-1 一个 URL 例子

URL 由多个部分组成。URL 协议（scheme）标识了访问资源的应用层协议。本例中，使用的协议是 HTTP，稍后我们将对其进行详细介绍。冒号（：）表示协议部分结束。两个斜杠（//）后面是 URL 的授权部分。本例中，授权部分包含了资源所在服务器的 DNS 主机名：travel.example.com。这里也可以用 IP 地址。除主机之外的其他信息也可以出现在这一部分，比如用户名（在主机的前面，后面跟 @ 符号）或者端口号（在主机的后面，前面有一个冒号）。接着是 URL 的路径部分，它指示了资源在网络服务器上的位置。URL 路径类似于文件系统路径，用逻辑层次结构来组织资源。本例中，路径 /destinations/carolinas 表示网站有一组描述旅游目的地的网页，而 URL 中指定的特定网页是关于卡罗莱纳州的页面。我们可以合理地假设，如果网站有一个页面把佛罗里达州描述为目的地，那么应该会在 /destinations/florida 找到这个页面。最后,URL 的查询部分充当返回给客户端的资源修饰符。本例中，查询指明卡罗莱纳州页面应显示海滩上的位置。URL 查询部分的格式和含义随网站的变化而变化。

这个 URL 包含了大量的信息，所以我们来用通俗易懂的语言重申一下如何读懂它。网站在名为 travel.example.com 的计算机上运行。它使用 HTTP 协议，所以当连接到该网站时使用这个协议。这个网站上有名为 carolinas（是一组目的地中的一个）的页面。查询字符串指示页面只显示海滩上的位置。

URL 不用包含图 12-1 所示例子的全部元素。它也可以包含这个例子中没有的一些元素。只含有协议和授权部分的 URL 是完全有效的，比如 http://travel.example.com。在这种情况下，网站提供默认页面，因为没有提供路径。

练习 12-1：识别 URL 的各个部分

对如下 URL，请识别出协议、用户名、主机、端口、路径和查询部分。并非所有的 URL 都包含这些部分。

- https://example.com/photos?subject=cat&color=black
- http://192.168.1.20:8080/docs/set5/two-trees.pdf
- mailto:someone@example.com

网络浏览器一般在其地址栏显示当前 URL，如图 12-2 所示。

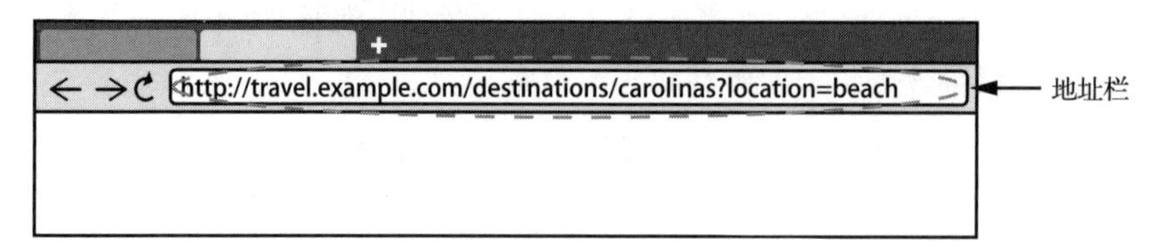

图 12-2　地址栏

现在，浏览器通常会在地址栏的 URL 表示形式中去掉协议、冒号和斜杠。这并不意味着浏览器不再使用 URL 的这些元素了。浏览器只是尝试为用户做简化。URL 显示方式的细节不断地随时间而变化，不同浏览器的行为不同。

图 12-3 展示了谷歌 Chrome（版本 77）浏览器在其地址栏显示 URL 的例子。

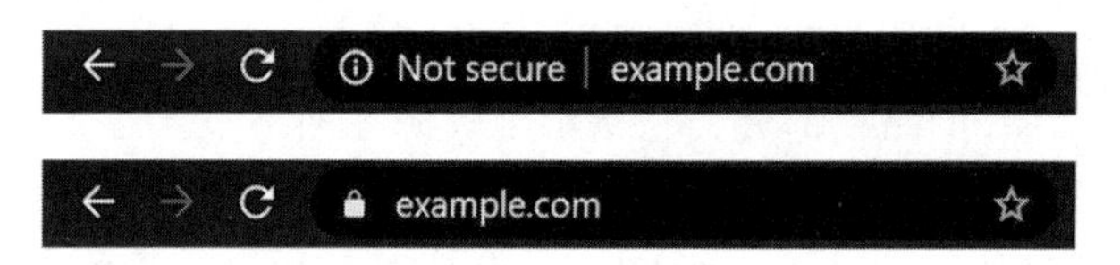

图 12-3　Chrome 的地址栏

图 12-3 中上面的图片显示了加载 HTTP 网站时的地址栏。Chrome 没有在地址栏中显示 http:// 前缀。请注意“Not secure”（不安全）的字样。下面的图片显示了加载 HTTPS 网站时的地址栏。HTTPS 是 HTTP 的安全版本。Chrome 省略了 https:// 前缀，但显示了一个锁的图标以表示这是个 HTTPS 网站。

我们一直在网页的环境下讨论 URL，但是 URL 还可延伸到网络上的其他资源，例如在网页上显示的图像就有自己的 URL，脚本文件或 XML 数据文件也是如此。网络浏览器在其地址栏中只显示网页的 URL，但典型的网页通过 URL 指示各种其他资源，浏览器会自动加载这些资源。

有时候没有必要在 URL 中包含协议、主机名，甚至完整路径。当 URL 忽略这些元素中的一个或多个时，它被称为相对 URL。相对 URL 被解释为相对于其被发现的上下文的 URL。例如，如果在网页上使用了 /images/cat.jpg 这样的 URL，加载网页的浏览器会假设猫咪照片的协议和主机名与网页自身的协议和主机名是匹配的。

12.1.3 链接网络

网络上的每个资源都有独一无二的地址，URL 的这个性质使得一个网络资源很容易引用另一个网络资源。从一个网络文档到另一个网络文档的引用被称为超链接（或简称为链接）。这种链接是单向的，任何网页都能在未获得许可或没有互惠链接的情况下链接到另一个网页。这种网页链接到另一个网页的系统是把“网络”置入万维网的原因。像可以用超链接连接的网页这样的文档被称为超文本文档。

12.1.4 网络协议

网络用超文本传输协议（HTTP）及其安全变体 HTTPS 进行传输。

1. HTTP

虽然叫这个名字，但 HTTP 不只可以传输超文本，它还可用于阅读、创建、更新和删除网络上的一切资源。HTTP 通常依赖于 TCP/IP。TCP 保证数据可靠传输，IP 处理主机寻址。HTTP 自身是以请求 - 响应模型为基础的。HTTP 请求被发送到网络服务器，然后服务器用响应来进行回复。

每个 HTTP 请求都包含一个 HTTP 方法，它也被非正式地称为 HTTP 谓词（verb），它描述了客户端向服务器请求的操作类型。

下面是一些常用的 HTTP 方法：

- **GET** 检索资源而不修改它。
- **PUT** 创建或修改服务器上特定 URL 处的资源。
- **POST** 在服务器上创建一个资源，比如现有 URL 的子资源。
- **DELETE** 从服务器上移除一个资源。

每个 HTTP 方法都可以在任何资源上进行尝试，但是托管特定资源的服务器常常不允许在这个资源上使用某些方法。例如，大多数网站都不允许客户端删除资源。那些允许删除的几乎总是要求用户登录到有权删除内容的账户。

典型网站上最常用的方法是 GET。当网络浏览器导航到一个网站时，浏览器对被请求网页执行 GET。这个网页可能包含对脚本、图像等的引用，那么，浏览器还使用 GET 方法，在页面完全显示之前获取这些资源。

每个 HTTP 响应都包含描述服务器响应的 HTTP 状态码。每个状态码都是一个 3 位数，其中最高有效数表示响应的一般类别。在 100 范围内的响应是信息。在 200 范围内的响应表示成功。在 300 范围内的响应表示重定向。在 400 范围内的响应表示客户端出错——客户端没有正确地形成请求。在 500 范围内的响应意味着服务器遇到了错误。

下面列出了一些常用的 HTTP 状态码：

- 200 成功。服务器可以满足请求。
- 301 永久移动。浏览器应把请求重定向到响应中指定的其他 URL。
- 401 未经授权。需进行身份验证。
- 403 被禁止的。用户不能访问被请求的资源。
- 404 未找到。服务器没有找到被请求的资源。

- ❑ 500 内部服务器错误。服务器上发生了意外情况。

HTTP 理解起来相当容易。它用人类可读的文本描述请求和响应。请求的第一行包括 HTTP 方法、资源的 URL 和请求的 HTTP 版本。下面是一个例子：

```
GET /documents/hello.txt HTTP/1.1
```

这个例子只表示客户端请求服务器使用 HTTP 1.1 向其发送 /documents/hello.txt 的内容。在请求行的后面，HTTP 请求通常包含提供了更多请求信息的请求头字段和一个可选的消息体。

同样，HTTP 响应也使用了简单的文本格式。第一行包括 HTTP 版本、状态码和响应短语。下面的例子是一个 HTTP 响应的第一行：

```
HTTP/1.1 200 OK
```

在这个响应示例中，服务器指示状态码为 200，响应短语为 OK。就像 HTTP 请求一样，响应也可能包含响应头值和消息体。图 12-4 提供了一个更加详细，但仍然简化的 HTTP 请求与响应的例子。

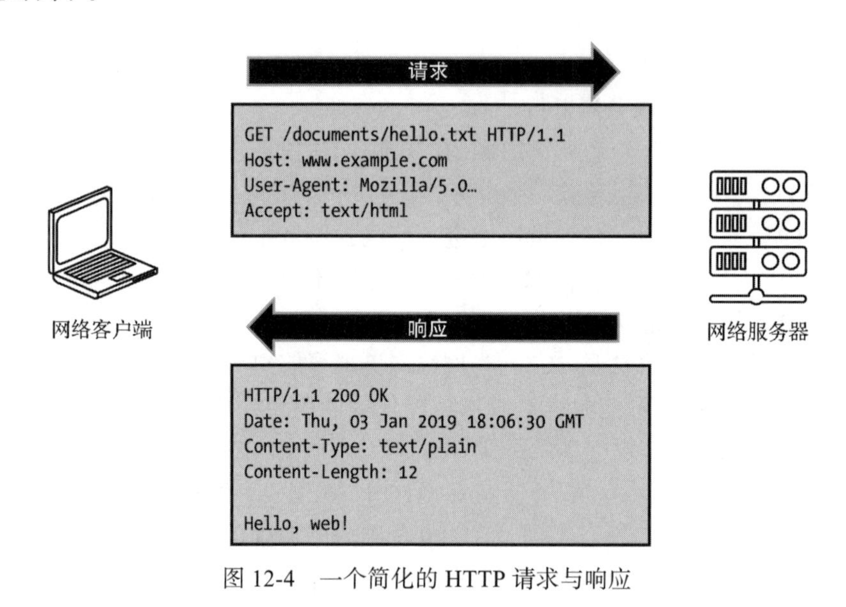

图 12-4　一个简化的 HTTP 请求与响应

 注意　请参阅设计 36 查看 HTTP 网络流量。

2. HTTPS

HTTP 的一种安全变体是 HTTPS（HyperText Transfer Protocol Secure，超文本传输协议安全），它通常在网络上用于加密通过互联网发送的数据。加密是把数据编码成不可读格式的过程。解密是加密的逆过程，它使得加密数据再次变得可读。密码算法利用被称为密钥的秘密字节序列对数据进行加密和解密。由于密钥可以保密，因此算法自身可以是众所周知的。

HTTP使用两种加密方式。对称加密使用单个共享密钥来加密和解密消息。非对称加密使用两个密钥（一个密钥对）：公钥用于加密数据，私钥用于解密数据。非对称加密允许自由共享公钥，这样任何人都可以加密并发送数据，但私钥只能与接收并解密数据的受信任方共享。

如果没有HTTPS，那么网络流量会以“明文”的方式传送，意思是没有加密，在传输过程中能被恶意方拦截或修改。HTTPS有助于降低这些风险。有了HTTPS，整个HTTP请求都是加密的，包括URL、请求头和请求体。HTTPS响应也是一样的，它也是完全加密的。HTTPS接受HTTP请求并用传输层安全（Transport Layer Security，TLS）协议对其进行加密。过去曾使用过类似的名为安全套接字层（Secure Sockets Layer，SSL）的协议，但由于安全问题，这个协议已经被弃用，转而被TLS取代。当我们说起HTTPS时，我们的意思是指使用TLS加密的HTTP。

当HTTPS会话开始时，客户端用client hello消息连接到服务器，该消息包含它希望进行安全通信的细节。服务器用server hello消息进行响应，该消息确认通信将要如何发生。服务器还会发送一组被称为数字证书的字节，其中包括了服务器用于非对称加密的公共加密密钥。然后，客户端检查服务器的证书是否有效。如果有效，客户端就用服务器的公共密钥加密字节串，然后把加密后的消息发送给服务器。服务器用自己的私钥解密这些字节。服务器和客户端都使用之前交换的信息来计算用于对称加密的共享密钥。当客户端和服务器都有了共享密钥后，在会话期间，这个密钥会被用于加密和解密所有在客户端和服务器之间的通信。

HTTPS以前只在有限的情况下使用，如针对处理特别敏感信息的网站。但是，网络正在进入这样一种状态，即HTTPS是常态，而不是例外。人们越来越相信HTTPS的安全和隐私优势对于大多数网络流量而言都是有意义的。Google鼓励这种变化，它在Chrome中把HTTP网站标记为“不安全”，并把HTTPS的存在作为其搜索引擎的积极信号，帮助提高HTTPS网站的Google搜索排名。

注意 请参阅设计37在本地网络上设置一个简单的网络服务器。

12.1.5 可搜索的网络

对于许多人来说，典型的网络入口是搜索框。用户在其浏览器中输入一些搜索词并查看出现的内容，而不是导航到特定的URL。浏览器的设计鼓励这样做，因为浏览器通常也将地址栏作为搜索框。实际上，在用户想要访问特定网站时，他们也常常对该网站进行搜索，然后点击生成的链接，而不是在地址栏中输入完整的 URL。这种设计增强了浏览器的可用性，即使它模糊了 URL 和搜索词、浏览器和搜索引擎之间的区别。

尽管网络搜索很流行、也很有用，但搜索功能并不是网络的原生功能。对于搜索应如何工作，并没有一个标准规范。这意味着作为网络关键功能之一的搜索依赖于非标准的专有搜索引擎。在撰写本书时，Google 主导着网络搜索领域，尽管还有其他很好的搜索引擎，但它们的全球使用量只是 Google 的一小部分。

12.2 网络语言

任何能以文件形式保存的内容都可以托管到网络上。例如，网络服务器可以托管 Excel 文件集合，它们可以从网站下载并用 Excel 打开。但是，网络浏览器并不只是一个下载文件以便在其他应用程序中打开文件的工具。网络浏览器不仅能下载内容，还能显示网页。这些网页可以是简单的文档，也可以是交互式网络应用程序。为了实现这一点，浏览器要理解三种用于构建网站的计算机语言：

- **超文本标记语言**（HyperText Markup Language，HTML） 定义网页结构。换句话说，它定义了网页上的内容。例如，HTML 可以指定网页上存在的一个按钮。
- **级联样式表**（Cascading Style Sheet，CSS） 定义网页的外观。换句话说，它定义了网页的样子。例如，CSS 可以指定上面说的按钮宽 30 个像素，颜色为蓝色。
- **JavaScript** 定义网页的行为。换句话说，它定义了网页的功能。例如，在单击按钮的时候，可以使用 JavaScript 将两数相加。

这三种语言一起使用便可创建网络的内容。值得注意的是，网络浏览器也能够呈现一些其他的数据类型，特别是某些图像、视频和音频数据，但我们不对此进行详细讨论。现在，让我们深入研究一下这三种基本网络语言：HTML、CSS 和 JavaScript。

12.2.1 用 HTML 构造网络

HTML 是一种描述网页结构的标记语言。请注意，HTML 不是编程语言。编程语言描述计算机应执行的操作，而标记语言描述数据的结构。对于 HTML 来说，所讨论的数据表示网页。一个网页可以包含各种元素，比如段落、标题和图像。下面的例子用 HTML 描述了一个简单的网页。

```
<!DOCTYPE html>
<html lang="en">
  <head>
    <meta charset="utf-8">
    <title>A Cat</title>
  </head>
  <body>
    <h1>Thoughts on a Cat</h1>
```

```
    <p>This is a cat.</p>
    <img src="cat.jpg" alt="cat photo">
  </body>
</html>
```

你会看到许多项目被包含在小于号（<）和大于号（>）中。它们被称为 HTML 标签，是一组用于定义 HTML 文档各部分的文本字符。例如，`<p>` 是用于指示段落开始的标签。相应的 `</p>` 是用于指示段落结束的标签。注意结束标签中的斜杠，它把结束标签与开始标签区别开来。HTML 元素是页面的一部分，以开始标签开头，以结束标签结尾，在这两个标签之间的是内容。例如，这是一个 HTML 元素：`<p> This is a cat. </p>`。实际上，并非所有元素都需要结束标签。例如，用于表示图像的 `img` 元素就不需要结束标签。你可以在前面的 HTML 代码示例中看到这一点。

图 12-5 展示了示例 HTML 是如何在网络浏览器中呈现的。

图 12-5　我们的网页示例在网络浏览器中的呈现

文档中特意没有包含如何显示的信息，所以浏览器对标题和段落使用了默认字体和字号。在本例中，浏览器还默认显示为白底黑字——同样，这也没有在文档中指定。由于这个 HTML 例子没有包含样式信息，因此不同的浏览器可以选择略微不同的样式来呈现这个网页。

让我们更细致地来看看 HTML 代码示例。HTML 文档的第一行声明该文件是 HTML 文档：`<!DOCTYPE html>`。在这下面，HTML 文档被构造成有父元素和子元素的树形结构。标签 `<html>` 是顶级父标签，所有内容都被包含在 `<html>` 和 `</html>` 之间。你可以把这两个标签解释为“HTML 从这里开始”以及“HTML 在这里结束”。这是有道理的——

HTML 文档中的所有内容都应该是 HTML！ <html> 标签还包含一个名为 lang 的属性，它把本文档的语言标识为 en，即英文的代码。

html 元素有两个子元素：head 和 body。包含在 <head> 和 </head> 之间的元素描述了文档，而包含在 <body> 和 </body> 之间的元素则构成了文档的内容。

在我们的例子中，head 包含了两个元素：描述文档编码所用字符集的 meta 元素和 title 元素。浏览器通常会在页面的标签栏上显示 title 文本，并在用户添加书签或收藏时把它当作默认名称。搜索引擎在显示结果时使用 title 文本。出于这些原因，网络开发人员给他们的网页赋予有意义的标题是很重要的。

本例中的 body（正文）包含一个 <h1> 标签，它用于标题元素。标题标签从 <h1> 到 <h6> 都可用，其中 h1 用作各部分标题的最高级别，h6 为最低级别。标题的后面是段落，用 <p> 标签来指示，段落的后面是用 <img> 表示的图像。注意，图像自身的字节数没有出现在 HTML 中。相反，<img> 标签只是用相对 URL（cat.jpg）引用了一个图像文件。要完整加载这个网页，浏览器需要发出单独的 HTTP 请求来下载这个图像。本例中，这个图像 URL 只是一个文件名，表示它正驻留在与文档本身相同的服务器和路径中。如果图像驻留在别的地方，就要使用带路径或服务器名的 URL。<img> 标签还有一个 alt 属性，它提供了描述该图像的替代文本。这是在图像无法呈现的情况下使用的，例如，当使用纯文本浏览器或大声朗读页面内容的屏幕阅读器时。

你可能已经注意到前面的 HTML 代码用缩进来显示页面上各种元素的嵌套。例如，标签 <h1> 和 <p> 是同一缩进级别的，这表示它们是 <body> 标签的子元素。这在网络开发中是常见做法，用于改善 HTML 的可读性，但它不是必需的。实际上，在 HTML 文档中，除空格符或制表符之外的空白都不重要！我们可以移除所有额外的空格符、制表符和换行符，把 HTML 代码都留在一行中，文档还是会以相同的方式在浏览器中显示。网络浏览器会忽略多余的空白，所以在网页上分隔元素只对开发人员有帮助。

注意 请参阅设计 38 让本地网站返回一个用 HTML 构造的文档，而不是简单的文本。

到目前为止，我们介绍的 HTML 元素仅占网络浏览器能识别的全部元素的一小部分。我们不会在这里详尽地介绍 HTML，网上有很多很好的资料可供参考。HTML 规范以前由两个组织维护：W3C（万维网联盟）和 WHATWG（网络超文本应用技术工作组）。上一个从 W3C 获得“推荐”状态的主要 HTML 版本是 HTML5。2019 年，这两个组织一致认为，持续进行的 HTML 标准开发将主要由 WHATWG 处理，它被称为 HTML Living Standard，这个标准会一直被维护。

现代浏览器试图同时支持当前版本和旧版本的 HTML，因为许多网络内容都是按照早期 HTML 标准编写的。过去，浏览器引入了非标准的 HTML 元素，其中的一些最终标准化了，而另一些则不再使用且失去了支持。网络浏览器开发人员必须在创新和坚持标准之间取得平衡，并且还要支持有时在网络上发现的、不那么完美的HTML。网络浏览器在不断发展，不同的浏览器有时会以不同的形式呈现相同的内容。这就意味着网络开发人员要定期在多个浏览器上测试他们的工作，以确保行为一致。

12.2.2 用CSS设计网络样式

在前面的HTML例子中，我们使用标签描述文档的结构，但这些标签不能传递任何关于应如何显示文档的信息。这是有意为之的，我们希望保持结构与样式各自独立。两者之间的分离使得相同的内容在不同的环境中能以不同的样式予以呈现。例如，在较大的PC屏幕上和较小的移动屏幕上，大多数网络内容应以不同的形式呈现。

级联样式表（CSS）是用于描述网页样式的语言。样式表是规则列表。每个规则描述了应用于页面特定部分的样式。每个规则都包含一个选择器，它指示页面上的哪些元素要应用样式。“级联”一词是指对同一个元素应用多个规则的功能。让我们来看个例子：

```
p {
   font-family: Arial, Helvetica, sans-serif;
   font-size: 11pt;
   margin-left: 10px;
   color: DimGray;
}

h1 {
   font-family: 'Courier New', Courier, monospace;
   font-size: 18pt;
   font-weight: bold;
}
```

这个例子为段落（p）元素和标题（h1）元素定义了样式规则。当这个CSS应用于网页时，该网页上的所有段落都使用指定字体，字号为11磅，左边距为10个像素，文本为灰色。同样，h1标题使用指定的加粗字体，字号为18磅。注意，font-family是字体列表，不是单个字体。这意味着网络浏览器应该尝试找到匹配的字体，从最左边的字体开始一直向右，直到找到匹配的字体为止。并不是每个客户端设备都安装了首选字体，指定多个字体可增加可用匹配字体的机会。

你可以通过多种方法把样式表应用于网页。其中的一个方法是在网页的style元素中包含CSS规则。例如：

```
<style>p {color: red};</style>
```

这不是理想方法，因为样式和结构在这里是密切相关的。更好的方法是在单独的文件中指定CSS规则并将其托管到网络上。这种方法让HTML和CSS完全分开，并且允许多个HTML文件使用相同的样式表。通过这种方式，我们可以改变CSS规则，并将它一次性应用到多个页面。HTML head部分中的单个元素可以被应用一个CSS文件的样式表规则，如下所示（`style.css` 是要应用的 CSS 文件的 URL）：

```
<link rel="stylesheet" type="text/css" href="style.css">
```

如果把这个样式表应用到示例猫咪网页上，我们会看到标题和段落文本的改变，如图 12-6 所示。

图 12-6　应用了 CSS 的示例网页

注意　请参阅设计 39 用一些 CSS 更新猫咪网页。

这个 CSS 例子很简单，但是 CSS 还允许实现更高级的样式。如果你对在网上找到的各式各样的视觉样式都很熟悉，那么你就已经看到了 CSS 在实际应用中的力量。

12.2.3　用 JavaScript 编写网络脚本

网络最初被设想为通过超文本文档共享信息的一种方式。HTML 赋予我们这种能力，CSS 赋予我们控制这些文档表现形式的方法。但是，网络进化成了一种交互内容的平台，JavaScript 成为实现交互的标准手段。JavaScript 是一种编程语言，它能让网页响应用户行为并以编程方式执行各种任务。使用 JavaScript，网络浏览器不仅成了文档阅读器，还成了一个完整的应用程序开发平台。

JavaScript 是解释语言：在交付给浏览器之前，它不会被编译成机器码。网络服务器以文本形式托管 JavaScript 代码，浏览器下载该代码并在运行时进行解释。也就是说，一些浏览器使用在运行时编译 JavaScript 的即时（Just-In-Time，JIT）编译器，从而提高了性能。有些开发人员在部署其 JavaScript 脚本之前会将其缩小，删除空格和注释——通常这会减小脚本。缩小 JavaScript 脚本可以缩短网站的加载时间。缩小脚本与编译脚本不同，缩小后的文件仍然是高级代码，而不是编译后的机器码。

JavaScript 的语法类似于 C 语言以及其他从 C 借鉴的语言（比如 C++、Java 和 C#）。但是，相似只是表面，因为 JavaScript 与这些语言有很大的不同。不要让名称迷惑了你：JavaScript 与 Java 没什么关系。这个语言是面向对象的，但本质上依赖的是原型而不是类。也就是说，是现有的对象而不是类充当了其他对象的模板。

JavaScript 用浏览器提供的页面表现形式与 HTML 网页进行交互，这种形式被称为文档对象模型（Document Object Model，DOM）。DOM 是页面元素的分层树结构，可以通过编程进行修改。在 DOM 中更新一个元素会导致浏览器更新显示的网页上的元素。JavaScript 包含处理 DOM 的方法，通过这些方法，JavaScript 代码既可以响应页面上发生的事件（比如单击一个按钮），也可以改变被呈现页面的内容。

让我们来看一个简单脚本的部分内容，这个脚本与我们的示例页面进行交互。脚本在每次单击（或在触摸屏上单击）猫咪照片时就向页面的段落添加文本 `Meow!`。

```
document.getElementById('cat-photo').onclick = function() {
  document.getElementById('cat-para').innerHTML += ' Meow!';
};
```

这里的第一行添加了一个事件处理程序，它会在单击猫咪照片时运行。这个事件处理程序代码的定义在第二行，它告诉浏览器在段落上添加文本 `Meow!`。由于被定义为事件处理程序，代码只会在单击图片事件发生时才会运行。请注意，这个脚本通过 ID（`cat-photo` 和 `cat-para`）分别引用了照片和段落。HTML 元素可以被赋予 ID，这使得我们能轻松地以编程方式来引用它们。只有把这些 ID 添加到 HTML，脚本才能工作。下面是更新后的 HTML，它引用了脚本（名为 `cat.js`）并添加了所需的 ID：

```
<!DOCTYPE html>
<html lang="en">
  <head>
    <meta charset="utf-8">
    <title>A Cat</title>
    <link rel="stylesheet" type="text/css" href="style.css">
    <script src="cat.js"></script>
  </head>
  <body>
    <h1>Thoughts on a Cat</h1>
    <p id="cat-para">This is a cat.</p>
    <img id="cat-photo" src="cat.jpg" alt="cat photo">
  </body>
</html>
```

在脚本代码被保存为 `cat.js` 且 HTML 如上所示更新后，重新加载该页面并单击会在段落上附加 `Meow!` 的猫咪照片。如果我们多次单击该照片，最后就会得到如图 12-7 所示的内容。

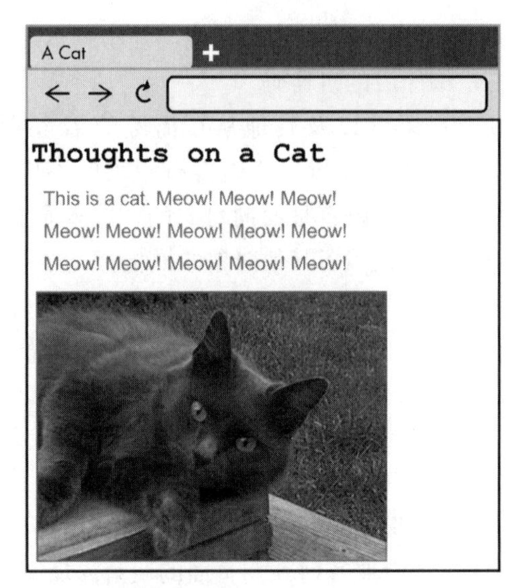

图 12-7　运行附加文本的 JavaScript 代码后的示例网页

注意　请参阅设计 40 用 JavaScript 更新网页。

JavaScript 可以用于构建在网络浏览器上运行的完整的应用程序。前面的例子只是对其功能的一个尝试。规范 ECMAScript 对 JavaScript 进行了标准化。各种浏览器实现的脚本引擎都尝试遵守全部或部分的 ECMAScript 标准，该标准会定期更新。

12.2.4　用 JSON 和 XML 构造网络数据

网站并不是网络上唯一可用的内容类型。网络服务通过 HTTP 提供数据，并希望以编程方式与之交互。这与返回 HTML（以及相关资料）的网站相反，那些网站的意图是通过网络浏览器供用户使用。大多数最终用户从不直接与网络服务交互，尽管我们使用的网站和应用程序通常是由网络服务提供支持的。

想象一下你运营着一个网站，上面有关于在你的城市演出的本地乐队的信息。这个网站包含每个乐队的简介——乐队成员、背景、乐队演出地点等。最终用户可以访问你的网站并轻松了解他们喜欢的音乐家的信息。现在，假设一位应用程序开发人员找到你，他想在自己的应用程序中包含出自你网站的最新信息。但是，这个应用程序有自己的呈现方式，且完全不同于你的网页——这名开发人员并不想只在应用程序中显示你的网页。他们需要一种方法来获取你网站的基础数据。他们可能会尝试编程读取你的网页并提取相关信息，但这个过程既复杂又容易出错，特别是如果你的网站布局还发生了变化。

你可以通过以下方式让这位开发人员的工作轻松很多：向他提供网络服务，以 HTML 之外的格式显示你网站的数据。尽管 HTML 确实提供了某种结构，但它的结构描述的是文档（标题、段落等），而对文档所引用的数据类型说明甚少。HTML 对人类阅读者而言是有意义的，但对软件而言则是难以解析的。那么，网络服务应该用什么格式来表示乐队数据结构呢？当前网络服务使用的最常见的通用数据格式是 XML 和 JSON。

扩展标记语言（eXtensible Markup Language，XML）自 20 世纪 90 年代以来就已经存在，它是一种在网络上交换数据的流行方法。和 HTML 一样，它是基于文本的标记语言，但它没有一组预定义的标签，XML 允许自定义标签来描述数据。在我们虚构的乐队信息服务中，我们可以定义一个 `<band>` 标签和一个 `<concert>` 标签。我们来看一下使用 XML 描述的假想乐队：

```
<band name="The Highbury Musical Club">
  <bandMembers>
    <member name="Jane Fairfax" instrument="Piano" />
    <member name="Emma Woodhouse" instrument="Guitar" />
    <member name="Harriet Smith" instrument="Percussion" />
    <member name="Frank Churchill" instrument="Vocals" />
  </bandMembers>
  <upcomingConcerts>
    <concert location="Donwell Abbey" date="August 14, 2020" />
    <concert location="Hartfield" date="November 20, 2020" />
  </upcomingConcerts>
</band>
```

如你所见，特定的 XML 标签和它们的属性是按照我们的需求量身定制的，而开始标签、结束标签和树形层次结构等通用结构则遵循了类似于 HTML 的模式。XML 的灵活性（即标签可以任意定义）意味着 XML 的生产者和消费者都需要就预期标签及其含义达成一致。HTML 也是如此，但在使用 HTML 时，是各方就标准达成一致。对于 XML，只有通用格式是标准化的，而特定标签可以不同。

XML 是在网络上共享数据的一种流行方法，很多网络服务使用 XML 作为它们呈现数据的主要方式。但是，XML 很烦琐，正确地解析它可能会很棘手。

JavaScript 对象表示法（JavaScript Object Notation，JSON）与 XML 一样，是一种以文本格式描述数据的方法。JSON 避免使用标记标签，而是采用一种类似于描述对象的 JavaScript 语法的样式，由此得名。在 JSON 中，对象被放在大括号 { 和 } 中，数组（对象的集合）被放在方括号 [和] 中。它的语法比 XML 更简洁，这有助于减少在网络上传递的数据量。JSON 的流行始于 21 世纪 10 年代，当时它开始取代 XML 成为新网络服务的首选数据格式。下面是用 JSON 描述的同一个假想乐队：

```
{
  "name": "The Highbury Musical Club",
  "bandMembers": [
    {
      "name": "Jane Fairfax",
      "instrument": "Piano"
    },
```

```
    {
      "name": "Emma Woodhouse",
      "instrument": "Guitar"
    },
    {
      "name": "Harriet Smith",
      "instrument": "Percussion"
    },
    {
      "name": "Frank Churchill",
      "instrument": "Vocals"
    }
  ],
  "upcomingConcerts": [
    {
      "location": "Donwell Abbey",
      "date": "August 14, 2020"
    },
    {
      "location": "Hartfield",
      "date": "November 20, 2020"
    }
  ]
}
```

XML 和 JSON 都忽略多余的空格，所以就像使用 HTML 一样，我们可以删除多余的空格符、制表符和换行符，而不会影响到数据的解释。这样做会产生相当紧凑的数据呈现形式，特别是在使用 JSON 的时候。

XML 和 JSON 不是用于在网络浏览器中直接呈现的格式。在某些浏览器中打开 JSON 和 XML 内容可能导致浏览器显示一些东西（可能是数据的轻量级格式化版本），但实际上 JSON 和 XML 并不打算被浏览器直接使用。它们意在被代码阅读，而这些代码又用数据做一些有用的事情。在我们的例子中，代码可能是智能手机应用程序，该程序显示正在附近演出的乐队的信息。此外，代码也可能是客户端 JavaScript，它把 JSON 转换成 HTML 以供浏览器显示。

12.3 网络浏览器

现在我们已经介绍了用于描述网络的语言，接下来我们来看网络客户端的软件，即网络浏览器。第一个网络浏览器被称为 WorldWideWeb（不要与本章主题搞混）。它由 Tim Berners- Lee 在 1990 年开发。第一个浏览器是第一个网络服务器 CERN httpd 的客户端。几年后，WorldWideWeb 被 Mosaic 取代，Mosaic 是一种帮助普及网络的浏览器。之后发布的主要浏览器是 Netscape Navigator，它也有大量的追随者。1955 年，微软发布了它们的第一款浏览器 Internet Explorer，它是 Netscape Navigator 的直接竞争者，成了那个时代占主导地位的浏览器。如今，浏览器的格局发生了巨大的变化，在撰写本书时，占主导地位的浏览器是 Google Chrome、Apple Safari 和 Mozilla Firefox。

12.3.1 渲染页面

现在让我们来看看网络浏览器渲染页面的过程。对网站的典型访问从对网站默认页面（如 http://www.example.com/）的请求或者对该网站特定页面（如 http://www.example.com/animals/cat.html）的请求开始。用户可以直接在地址栏中输入这个 URL，也可以通过链接到达这个 URL。不管是哪种情况，浏览器都会请求这个特定 URL 上的内容。假设这个 URL 是有效的且以网页形式呈现，那么服务器将使用 HTML 进行响应。

网络浏览器必须返回 HTML，并生成网页的 DOM 表示。HTML 可以包含对其他资源（比如图像、脚本和样式表）的引用。这些资源都有自己的 URL，浏览器对每个资源发出单独的请求，如图 12-8 所示。

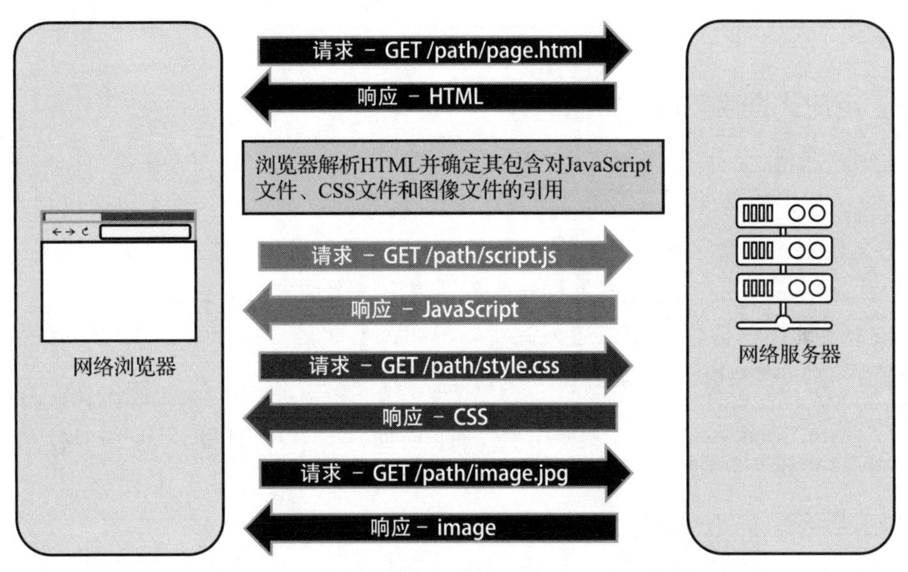

图 12-8 网络浏览器请求页面及其引用的资源

在浏览器检索到该网页的各种资源后，它就会显示 HTML，用指定的 CSS 来确定合适的表现形式。所有脚本都交给 JavaScript 引擎运行。JavaScript 代码可以立即对页面进行修改，也可以注册事件处理程序，以便之后在某个事件发生时运行。JavaScript 代码还可以从网络服务请求数据并使用该数据更新页面。

网络浏览器包含一个渲染引擎（用于 HTML 和 CSS）、一个 JavaScript 引擎和一个把内容联系起来的用户界面。尽管用户界面提供了浏览器自身的外观和感觉（比如后退按钮和地址栏的外观），但决定网站表现形式与行为（包括网页如何布局以及如何响应输入）的却是渲染引擎和 JavaScript 引擎。由于每个渲染引擎和 JavaScript 引擎处理事情的方式略有差异，当用不同浏览器访问网页时，其外观和行为可能会有所不同。理想情况下，所有的浏览器应该以同样的方式呈现内容，这完全符合网站开发人员的预期，但情况并非总是如此。在撰写本书时，只有 3 款主要的渲染引擎处于积极开发过程中：WebKit、Blink 和 Gecko。

WebKit 是 Apple Safari 浏览器的渲染引擎和 JavaScript 引擎。它也用于 iOS App 商店中的应用程序，因为苹果公司要求所有显示网络内容的 iOS 应用程序都使用这个引擎。Blink 是 WebKit 的一个分支，它是 Chromium 开源项目的渲染引擎，该项目还包括了 V8JavaScript 引擎。Chromium 是 Google Chrome 和 Opera 的基础。2018 年 12 月，微软宣布 Microsoft Edge 浏览器也将基于 Chromium，它选择停止开发自己的渲染引擎和 JavaScript 引擎。这就只剩下一个主流浏览器没有追溯到 WebKit——Mozilla Firefox，它有自己的 Gecko 渲染引擎和 SpiderMonkey JavaScript 引擎。

注意 当开发人员复制了一个项目的源代码，然后对这个副本进行修改时，就会产生软件分支。这允许原始项目和分支项目作为各自独立的软件而共存。

12.3.2 用户代理字符串

网络浏览器正式的技术性术语是“用户代理”(user agent)。这个术语也可以用于其他软件（任何代表用户的软件），但这里我们专门讨论的是网络浏览器。这个术语出现在关于网络的技术文档中，尽管它很少在正式交流之外使用。在实践中，使用这个术语的一个地方是“用户代理字符串”。当浏览器向网络服务器提出一个请求时，它通常会包括一个被称为 `User-Agent` 的标题值，用于描述浏览器。例如，下面是 Chrome（版本 71）在 Windows 10 上发送的一个用户代码字符串：

```
Mozilla/5.0 (Windows NT 10.0; Win64; x64) AppleWebKit/537.36 (KHTML, like Gecko)
Chrome/71.0.3578.98 Safari/537.36
```

这似乎是矛盾的。它们究竟是什么意思？

`Mozilla/5.0` 是早期网络的延续。Mozilla 是 Netscape Navigator 的用户代理名称，许多网站专门在用户代理字符串中寻找“Mozilla”，作为把其网站的最新版本发送到浏览器的指示符。当时，其他浏览器也想要得到网站的最佳版本，所以它们把自己标识为 Mozilla，尽管它们根本就不是 Mozilla。快进到现在，基本上每个浏览器都把自己标识为 Mozilla，我们发现用户代理字符串的那个部分完全没有任何意义。

`(Windows NT 10.0;Win64;x64)` 指定了浏览器运行的平台。

接下来是渲染引擎，本例中是 `AppleWebKit/537.36`。如前所述，Chrome 的 Blink 引擎是 WebKit 的分支，而且仍然把自己标识为 WebKit。后面的文本 `(KHTML,like Gecko)` 只是对其的进一步阐述：KHTML 是 WebKit 所基于的一个传统引擎。

现在，我们得到了实际的浏览器名称和版本：`Chrome/71.0.3578.98`。

最后，我们尴尬地提到苹果的浏览器 `Safari/537.36`，其中包括了一些给予 Safari 特殊待遇的网站。通过包含这个文本，Chrome 试图确保那些网站发给它的内容与 Safari 接收到的内容相同。

这是一种相当复杂的识别 Chrome 的方法，但其他浏览器也做着相同的事情以确保与各种网站的兼容性。这种复杂性是历史上在不同的浏览器和网站上分散功能的副作用，这些浏览器和网站想根据特定的浏览器发送其内容的定制版本。浏览器的发展使得当前浏览器功能的变化减少。但是，许多网站并没有发展，它们仍然为特定的浏览器发送定制的内容，这迫使现代浏览器继续欺骗旧网站，让其相信它们正在与不同的浏览器进行通信。

12.4 网络服务器

到目前为止，我们主要关注的是网络客户端使用的技术。网络浏览器使用三种常见语言：HTML、CSS 和 JavaScript。那么，网络服务器端呢？哪些语言和技术被用来为网络服务器提供支持？简单来说，所有的编程语言或技术都可以用于网络服务器，只要该技术可以通过 HTTP 进行通信并能以客户端理解的格式返回数据即可。

一般来说，网站被设计成静态的或动态的。静态网站返回提前构建的 HTML、CSS 或 JavaScript。通常，这种网站的内容存储在服务器上的文件中，服务器只返回这些文件的内容而无须修改。这意味着任何所需的运行时处理都必须在浏览器运行的 JavaScript 中实现。动态网站在服务器上执行处理，当请求到来时生成 HTML。

在网络发展的早期，几乎所有的东西都是静态的。页面是简单的 HTML，几乎没有交互性。随着时间的推移，开发人员开始添加在网络服务器上运行的代码，允许服务器返回动态内容或接受用户上传的文件及提交的表单。这种趋势仍在持续，在服务器响应之前，请求要经过服务器端的处理已经成为一种普遍现象。

让我们来看看动态网站上的服务器端处理通常是如何工作的，如图 12-9 所示。假设图 12-9 中呈现的动态网站是一个博客。浏览器对博客文章发出请求。当网络服务器接收到这个对博客文章的请求后，它会读取被请求的 URL 并确定需要生成 HTML。然后，服务器上的代码查询数据库（该数据库可能在这个服务器上，也可能在其他服务器上），检索相关博客文本数据，把文本格式设置为 HTML，再用该 HTML 响应客户端。这个方法很有用，因为它允许把网站的内容与网站的代码分开管理，但动态网站也有一些缺点。服务器上日益增加的复杂性意味着更多的设置工作、更慢的运行时响应、服务器上潜在的沉重负载，以及在安全问题上不断增加的风险。

最近的一个趋势是尽可能回归静态网站。图 12-10 给出了静态网站上的页面请求过程。

如图 12-10 所示，与动态网站相比，静态网站的服务器端处理是简化了的。静态网站上的服务器端只返回与被请求 URL 相匹配的静态文件。内容是已经构建好的，服务器不需要检索原始数据并对其进行格式化。降低服务器端的复杂性通常意味着更简单、更快、更安全的网站。

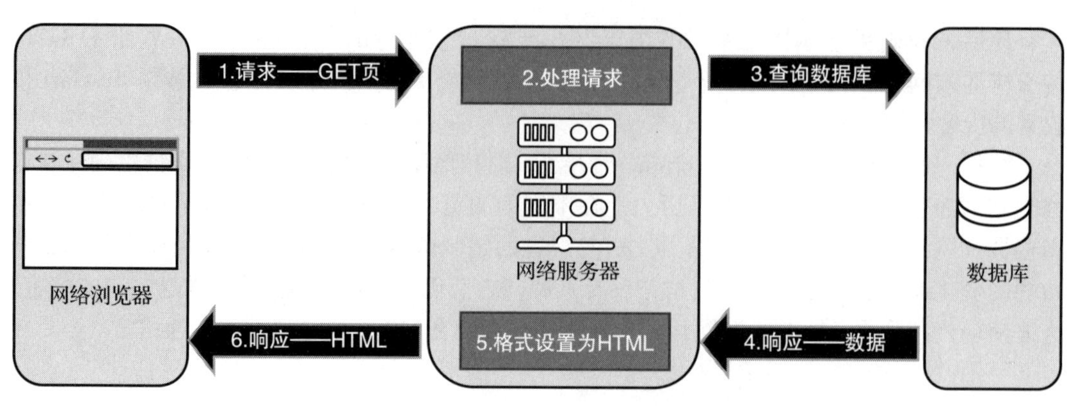

图 12-9 动态网站处理请求的典型过程

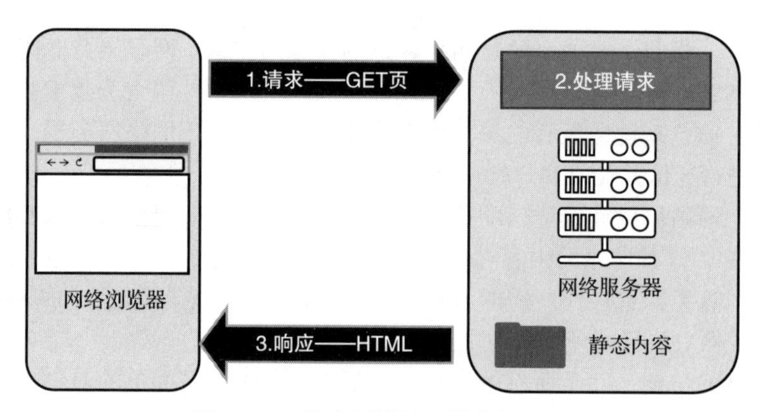

图 12-10 静态网站处理请求的过程

一定要搞清楚，在这个上下文中，“静态”和“动态”是来自服务器的角度，不是用户的角度。静态网站的内容与服务器上文件的内容相同，而动态网络的内容是在服务器上生成的。这两个词不是在描述用户对网站的体验，例如，网站是否有交互性或者内容是否是自动更新的。这些体验可以在浏览器中用 JavaScript 来实现，有时与独立的网络服务一起使用，无论网站自身是静态的还是动态的。

如果你托管的是静态网站，那么你需要的就只有网络服务器软件，它能响应对静态文件的请求并提供这些文件的内容。无须自定义代码。许多软件包和在线服务都可以用于托管静态网站。一般，服务于静态网站的软件被配置成指向服务器上的文件目录，当对某个文件的请求到来时，服务器只需返回该文件的内容。例如，如果网站上的文件名为 example.com，它位于服务器上的 /websites/example 目录中，那么对 http://example.com/images/cat.jpg 的请求就会映射到 /websites/example/images/cat.jpg。网络服务器只需从本地目录中读取匹配的文件，并把文件中包含的字节返回给客户端即可。设计 37 到设计 40 开发的网站就是静态网站的一个例子。

如果你正在构建动态网站或网络服务，则可以使用现有软件来管理内容并提供动态网页，也可以编写自己的自定义代码来生成网络内容。假设你在编写自定义代码，你会发现，与网络开发的客户端相比，服务器端的情况完全不同。任何编程语言、操作系统和平台都可以用于网络服务器。只要网络服务器通过HTTP响应并以客户端理解的格式返回数据，那么就可以进行任意操作！客户端不关心用什么技术生成HTML或JavaScript，它只要求响应的格式是它能处理的。

由于对于客户端来说，服务器端用什么技术并不重要，因此对希望编写在服务器端运行的代码的开发人员来说就有了许多选择。客户端网络开发仅限于HTML、CSS和JavaScript三种，而服务器端网络开发则可以使用Python、C#、JavaScript、Java、Ruby、PHP等。服务器端网络开发常常包含某种数据库的接口开发。就像任何编程语言都可以用于服务器端网络开发一样，任何类型的数据库都可以用于服务器端网络开发。

12.5 总结

本章介绍了网络——一组分布式的、可寻址的、链接的资源，由HTTP通过互联网进行传递。你学习了如何用HTML构建网页、如何用CSS设置样式，以及如何用JavaScript编写脚本。我们研究了网络浏览器和网络服务器，浏览器被用于访问网络上的内容，服务器是托管网络资源的软件。第13章将介绍现代计算机的一些趋势，你将有机会完成一个最终设计，它把本书中的各种概念联系在一起。

设计36：查看HTTP流量

本设计中，你将使用Google Chrome或Chromium来查看网络浏览器和网络服务器之间的HTTP流量。你可以使用Windows PC或Mac上的Chrome，也可以使用Raspberry Pi上的Chromium网络浏览器。下面的步骤假设你使用的是Raspberry Pi，不过Windows PC或Mac上的步骤与之类似，差别在于使用的是Chrome而不是Chromium。

1）如果你没有在Raspberry Pi上使用图形桌面，请现在进行切换。与前面的设计不同，本设计不能从终端窗口完成。

2）依次单击Raspberry（左上角的图标）→ Internet → Chromium Web Browser。

3）访问一个网站，比如http://www.example.com。

4）按<F12>键（或<Ctrl+Shift+I>快捷键）打开开发者工具（DevTools），如图12-11所示。

5）在DevTools菜单上选择Network菜单项。

6）按<F5>键（或单击重新加载图标）重新加载页面，你将看到用于加载当前访问页面的HTTP请求。

7）如果你实际使用的是www.example.com，你可能会看到一个非常无聊的请求。如果你想看到更有趣的东西，就访问更复杂的网站并查看网络请求，如图12-12所示。

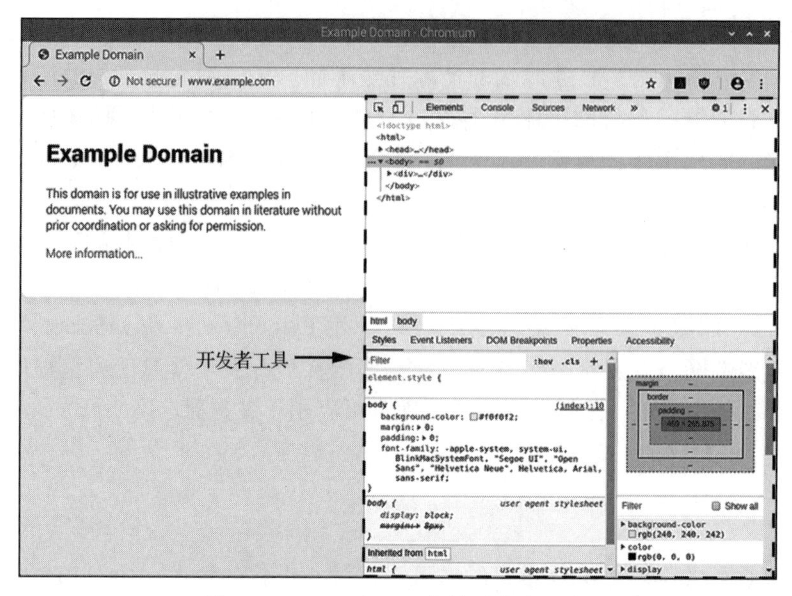

图 12-11　Chromium 中的开发者工具

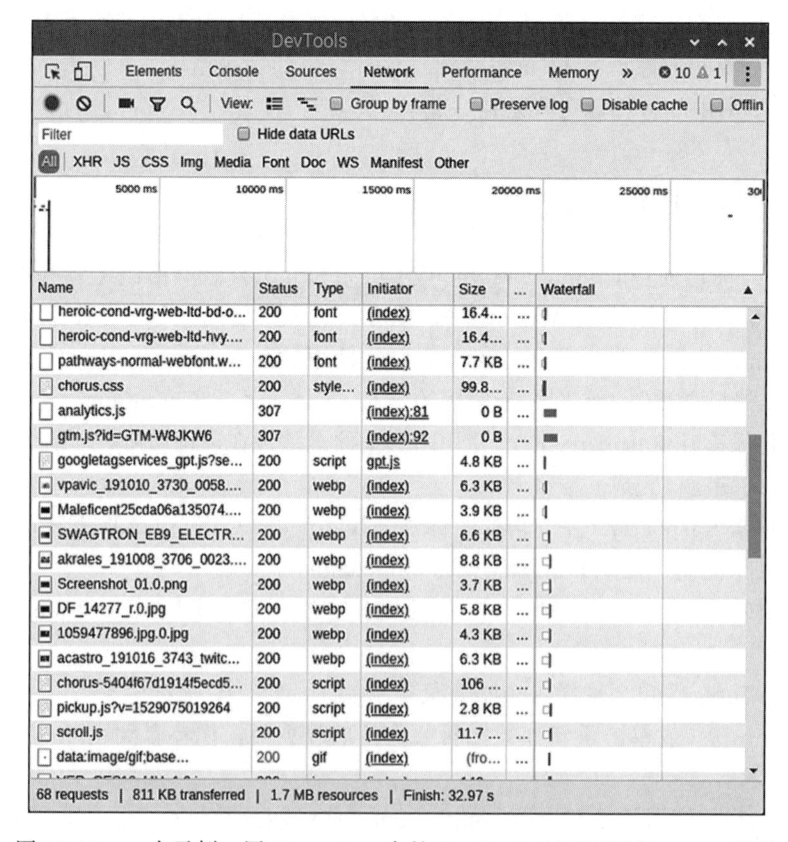

图 12-12　一个示例：用 Chromium 中的 DevTools 显示网站的 HTTP 流量

8）每一行都代表对网络服务器的一个请求。你可以看到被请求的资源名称，请求的状态（200 表示成功）等。

9）你可以单击每一行，查看请求的具体信息，比如标题和返回的内容。

建议在多个网站上尝试上述操作，以了解对网站的请求数量。你可能会对传输了多少内容感到吃惊！

设计 37：运行自己的网络服务器

在本设计中，你将把 Raspberry Pi 设置为一个网络服务器。你将使用 Python 3 完成这项工作，所以你可以在任何安装了 Python 3 的设备上按照步骤进行实际操作，虽然这些步骤是考虑 Raspberry Pi 的情况编写的。我们的简单网站在收到请求后，将返回文件内容。

打开一个终端窗口，创建一个目录来存放网站将要提供的文件，然后把这个新目录设置为当前目录：

```
$ mkdir web
$ cd web
```

当向网站的根目录发出请求时，网络服务器软件会查找文件 index.html，并向客户端返回该文件的内容。让我们创建一个非常简单的 index.html 文件：

```
$ echo "Hello, Web!" > index.html
```

这个命令创建一个名为 index.html 的文本文件，其中包含文本 `Hello,Web!`。你可以用文本编辑器打开文件，查看这个文本文件的内容以确保创建成功，还可以像下面这样在终端显示文件内容：

```
$ cat index.html
```

文件就位后，我们用 Python 内置的网络服务器向所有的连接者提供消息 `Hello, Web!`：

```
$ python3 -m http.server 8888
```

这个命令告诉 Python 在端口 8888 上运行一个 HTTP 服务器。让我们测试一下，看看它是否按预期工作。在 Raspberry Pi 上打开另一个终端窗口。在第二个终端窗口中，输入如下命令，以向新网站的根目录发出 GET 请求：

```
$ curl http://localhost:8888
```

`curl` 实用程序可以用于发出 HTTP GET 请求，`localhost` 是主机名，引用当前正在使用的计算机。这个命令告诉 `curl` 实用程序，在本地计算机的 8888 端口上执行 HTTP GET。你应该看到返回的文本 `Hello,Web!`。此外，在初始终端中，你应该看到有 GET 请求到达。

现在，让我们尝试从网络浏览器连接到网站。在 Raspberry Pi 桌面上打开 Chromium 网络浏览器。在地址栏中输入 http://localhost:8888。你应该看到来自网站的文本出现在浏览器中，如图 12-13 所示。

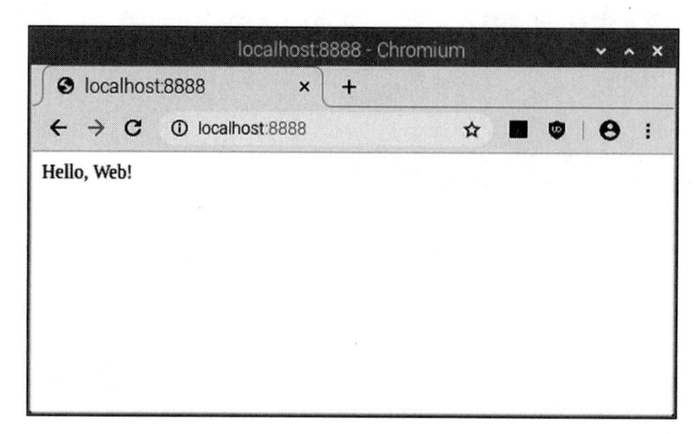

图 12-13　用 Chromium 浏览器连接到本地网络服务器

现在尝试从另一个设备连接网站。为此，第二个设备必须和 Raspberry Pi 在同一个网络上，例如，它们都在同一 Wi-Fi 网络上。如果 Raspberry Pi 有公网 IP 地址（参见设计 34），那么网站就可以被互联网上的所有设备使用！首先，在第二个终端窗口中运行如下命令以获取 Raspberry Pi 的 IP 地址：

```
$ ifconfig | grep inet
```

这可能会返回多个 IP 地址。从远程设备连接时，不能使用 127.0.0.1，所以请选择分配给 Raspberry Pi 的其他 IP 地址。获得 IP 地址后，在另一个设备上打开浏览器。这个设备可以是智能手机、笔记本计算机，还可以是网络上的任何带浏览器的设备。在浏览器窗口的地址栏中输入 http://*w.x.y.z*:8888（用设备 IP 地址替换其中的 *w.x.y.z*）。按下回车键或浏览器中相应的按钮，导航到该地址。你应该看到 `Hello,Web!` 显示在浏览器中。

如果上面的步骤不起作用，并且 Raspberry Pi 没有公网 IP 地址，那么请确保两个设备在同一个物理本地网络上。此外，有时 Python 网络服务器对新请求没有响应。如果网络服务器停止响应，你可以重启它。要停止网络服务器，请转到执行服务器命令的终端，按下键盘上的 <Ctrl+C> 快捷键。然后再次运行 `python3-m http.server 8888` 命令以重启服务器（按下键盘的向上箭头获取最后一条指令）。

网站开始工作后，尝试编辑 index.html 文件并修改消息以显示想要的内容。可以使用文本编辑器来完成这个操作。index.html 文件更新后，在网络浏览器中重新加载网页以查看变化！

如果你不希望其他设备访问你的网站，则可以设置限制，只让来自 Raspberry Pi 自身的请求得到响应。用 `--bind` 选项运行 Python 网络服务器可以完成此操作，如下所示：

```
$ python3 -m http.server 8888 --bind 127.0.0.1
```

要用 `--bind` 选项运行网络服务器，首先停止网络服务器上所有正在运行的实例（按下键盘上的 <Ctrl+C> 快捷键）。

设计 38：从网络服务器返回 HTML

前提条件：设计 37。

在本设计中，你将更新本地网络服务器以返回 HTML，而不是简单的文本。使用文本编辑器打开 index.html（在设计 37 中创建的），并用如下 HTML 替换文件的所有文本。它与本章讨论的 HTML 代码相同。你不用担心每行的缩进，因为 HTML 中的多余空格是无关紧要的。

```
<!DOCTYPE html>
<html lang="en">
  <head>
    <meta charset="utf-8">
    <title>A Cat</title>
  </head>
  <body>
    <h1>Thoughts on a Cat</h1>
    <p>This is a cat.</p>
    <img src="cat.jpg" alt="cat photo">
  </body>
</html>
```

文件更新后，你将再次使用 Python 内置的网络浏览器。如果它还没有运行，用下面的命令启动它。在运行这个命令之前，请确保终端窗口当前位于 Web 目录中。

```
$ python3 -m http.server 8888
```

现在，用网络浏览器连接网络服务器，就像在设计 37 中所做的那样。你应该看到呈现出来的页面，但是没有猫咪的照片。如果你查看运行 Python 网络服务器命令的终端窗口，你应该会看到尝试获取猫咪照片失败了，如下所示：

```
192.168.1.123 - - [31/Jan/2020 17:38:56] "GET /cat.jpg HTTP/1.1" 404 -
```

404 错误码表示没有发现资源，这是有道理的，因为在这个目录中没有名为 cat.jpg 的文件！为什么网络浏览器要求提供猫咪照片？如果你回头查看页面的 HTML，你会看到一个 HTML 的 `<img>` 标签，它引导浏览器去显示 cat.jpg 图像。浏览器请求该图像，但检索失败，因为没有这个文件。

让我们来修复猫咪图像的问题。你需要下载一个 JPEG 格式的猫咪图像（或其他任何东西的图像），并将其保存为 ~/web/cat.jpg。为了简单起见，你可以用如下命令下载本章使用的图像。在运行这个命令之前，请确保终端窗口当前位于 Web 目录中。

```
$ wget https://www.howcomputersreallywork.com/images/cat.jpg
```

现在，你应该把 cat.jpg 保存到 Web 目录中了。重新在网络浏览器中加载页面，以便在页面中查看猫咪图像。请注意，如果网络服务器看上去像是卡住了，请按照设计 37 中所述的那样重启它。

值得注意的是，你不仅可以在页面中查看猫咪图像，而且还可以直接从服务器请求图像，因为它有自己的 URL。尝试把浏览器指向下面的 URL（用你网站使用的主机名或 IP 地址替换 SERVER）：http://SERVER:8888/cat.jpg。你应该在网页外部的浏览器中看到猫咪图像。网页上引用的每个资源都有自己的 URL，都能被直接访问！

设计 39：为网站添加 CSS

前提条件：设计 38。

在本设计中，你将用 CSS 为网站设置样式。首先，使用文本编辑器在 Web 目录中创建名为 style.css 的文件。这个文件将包含 CSS 规则。要保证文件名为 style.css，且与 index.html 和 cat.jpg 文件一起保存在 Web 目录中。style.css 的内容应如下所示：

```
p {
   font-family: Arial, Helvetica, sans-serif;
   font-size: 11pt;
   margin-left: 10px;
   color: DimGray;
}
h1 {
   font-family: 'Courier New', Courier, monospace;
   font-size: 18pt;
   font-weight: bold;
}
```

创建了 style.css 之后，打开 index.html 进行编辑，如同在前面的设计中所做的那样。保留现有的 HTML。我们只想在 head 部分添加一行代码，如下所示：

```
<head>
  <meta charset="utf-8">
  <title>A Cat</title>
  <link rel="stylesheet" type="text/css" href="style.css">❶
</head>
```

把这个更新到 index.html❶ 后，启动网络服务器（如果它还未运行的话），重新在网络浏览器中加载页面。你应该看到更新的页面样式。请注意，如果网络服务器看上去像是卡住了，请按照设计 37 中所述的那样重启它。

任意编辑 style.css 以尝试不同的样式。也许你想让段落字体变大或用不同的颜色！按自己的喜好编辑样式并保存 style.css，然后重新在浏览器中加载页面。

如果你没有看到更新反映在浏览器中，那么可能的原因是网络浏览器正在加载网站缓存的副本，而不是下载的最新版本。尝试在新选项卡中打开页面或者重新启动浏览器。你还可以告诉浏览器在重新加载时绕过其本地缓存。为此，先导航到该页面，然后按住 <Ctrl+F5> 快捷键强制重新加载页面。这种方法适用于 Windows 和 Linux 上的大多数浏览器。对于 Mac，你可以在 Chrome 和 Firefox 中用 <CMD+Shift+R> 快捷键强制刷新。有时候，在浏览器呈现最新内容之前，需要多次刷新。

设计 40：为网站添加 JavaScript 脚本

前提条件：设计 39。

在本设计中，你将使用 JavaScript 使网站具有交互性。首先，使用文本编辑器在 Web 目录中创建文件 cat.js。这个文件将包含 JavaScript 代码。请确保该文件名称为 cat.js，并与 index.html 和 cat.jpg 文件一起保存在 Web 目录中。cat.js 的内容应该是这样的：

```
document.addEventListener('DOMContentLoaded', function() {
    document.getElementById('cat-photo').onclick = function() {
        document.getElementById('cat-para').innerHTML += ' Meow!';
    };
});
```

与在前面的设计中所做的一样，保存 cat.js 后，打开并编辑 index.html。保留现有的 HTML，做如下修改：

```
<!DOCTYPE html>
<html lang="en">
  <head>
    <meta charset="utf-8">
    <title>A Cat</title>
    <link rel="stylesheet" type="text/css" href="style.css">
    <script src="cat.js"></script>❶
  </head>
  <body>
    <h1>Thoughts on a Cat</h1>
    <p id="cat-para"❷>This is a cat.</p>
    <img id="cat-photo"❸ src="cat.jpg" alt="cat photo">
  </body>
</html>
```

这些修改引用了脚本 ❶，为段落 ❷ 和图像 ❸ 提供了 ID。

把这些内容更新到 index.html 后，启动网络服务器（如果它还未运行的话），在网络浏览器中重新加载页面。现在，你应该能单击（或触摸）猫咪照片，并看到 `Meow!` 这个词附加到段落。请注意，如果网络服务器看上去像是卡住了，请按照设计 37 中所述的那样重启它。

Chapter 13 第 13 章

现代计算机

本章将对现代计算机的几个精选领域进行概要介绍。考虑到计算机的多样性和广泛性，可选择的主题有很多。我所选择的领域并不是当今计算机所发生趣事的详尽清单。相反，它们代表了我认为值得考虑的一些主题。本章将介绍 app、虚拟化、云计算、比特币等。我们以一个最终设计作为结束，这个设计汇集了本书介绍的许多主题。

13.1 app

从计算机发展的早期开始，人们就把被用户直接使用的软件程序称为应用程序（application）。为了方便，将这个词缩写为 app。在过去，这两个词是可以互换的。不过，随着苹果在 2008 年开设 iPhone 应用商店以来，app 一词已经有了不同的含义。虽然没有标准技术定义把软件程序定义为 app，但 app 通常具有许多共同特征。

app 是为最终用户设计的。app 一般面向的是移动设备，比如智能手机或平板电脑。app 通常通过基于互联网的数字商店（应用商店）——比如苹果应用商店、Google 播放商店或者 Microsoft 商店分发。app 对运行其的系统只有有限的访问权限，而且常常必须声明它们需要哪些特定功能才能操作。app 倾向于使用触摸屏作为用户输入的主要方式。在单独使用的时候，app 一词通常是指安装在直接使用操作系统 API 的设备上的软件。换句话说，app 这个词一般意味着“本机 app”，即为特定操作系统构建的 app。反过来，网络 app 是用网络技术（HTML、CSS 和 JavaScript）设计的 app，不与特定的操作系统绑定。图 13-1 提供了本机 app 和网络 app 的高级视图。

如图 13-1 所示，本机 app 通常从应用商店安装，旨在利用特定操作系统的功能。网络 app 通常从网站运行，旨在使用网络技术。网络 app 在浏览器或其他呈现网络内容的进程中运行。现在，让我们更细致地看看本机 app 和网络 app。

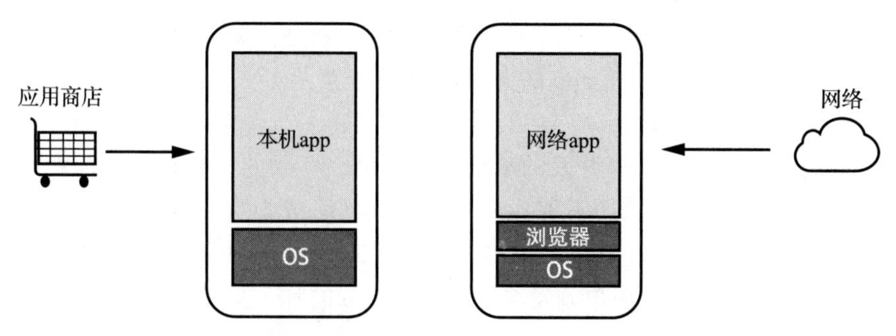

图 13-1　本机 app 为特定操作系统构建，网络 app 用网络技术构建

13.1.1 本机 app

如前所述，本机 app 为特定操作系统而构建。苹果应用商店和之后类似的应用商店开创了本地软件开发的新时代，为开发人员提供了新的目标平台、新的软件分发方法，以及用软件赚钱的新方法。本机 app 的开发目前主要集中在两个平台上：iOS 和 Android。当然，仍然要为其他操作系统开发软件，但一般这样的软件不具备 app 的典型特性（移动友好、基于触摸屏的输入、通过应用商店分发等）。

Android 和 iOS 的区别在于它们的编程语言和 API 等。因此，编写在 Android 和 iOS 上都运行的 app 需要维护独立的代码库，或者使用跨平台框架，比如 Xamarin、React Native、Flutter、Unity。这些跨平台解决方案把每个操作系统 API 的底层细节进行了抽象，使得开发人员可以编写能在多个平台上运行的代码。许多本机 app 也依赖于网络服务，这意味着 app 开发人员不仅必须为 iOS 和 Android 编写并维护代码，而且还必须构建或集成网络服务。

开发跨平台的、网络连接 app 需要大量的工作和专业知识！过去，开发人员一般只关注一个平台，比如 Windows PC 或 Mac。对于针对多个平台和网络的开发人员来说，现在的工作当然更为复杂。平台竞争对于用户而言通常是好事，但对于开发人员而言则意味着更多的工作。

有意思的是，app 开发的当前状态本可能会完全不同。当 2007 年 1 月发布 iPhone 时，关于 iPhone 上的第三方 app 开发，Steve Jobs（苹果当时的 CEO）是这样说的：

> iPhone 内部有完整的 Safari 引擎。你可以编写令人惊叹的 Web 2.0 和 Ajax app，它们在外观和行为上与 iPhone 的 app 完全一样。这些 app 可以与 iPhone 服务完美地集成。它们可以打电话，可以发邮件，可以在 Google 地图上查找位置。你猜怎么着？你不需要 SDK！

注意　SDK（Software Development Kit，软件开发工具包）是开发人员用于为特定平台构建应用程序时使用的软件集合。

根据这段话，苹果对于第三方 app 开发的初始计划是简单地让开发人员构建能使用 iPhone 功能的类 app 网站。本机 app 的开发将局限于苹果开发并包含在 iPhone 中的 app，比如相机、电子邮件、日历 app。

当时，把网络用作应用程序开发的平台并不常见。苹果的立场是具有前瞻性的。可惜的是，2007 年网络的底层技术还不够成熟，不能让网络成为真正的 app 平台。到 2007 年 10 月，苹果改变了它的说法，宣布苹果将允许开发人员为 iPhone 构建本机 app。2008 年，苹果开放了应用商店，作为向用户分发本地 iPhone app 的唯一受支持的机制。

苹果策略的逆转使公司受益，因为应用商店成为苹果收入的来源。注册为应用商店开发人员需要付费，苹果还从每一笔销售额中收取一定比例的费用。应用商店和本机 iPhone 开发也为独家内容打开了大门，app 只能在苹果设备上运行。

应用商店还为最终用户带来了好处。带有评级的精选 app 列表很有帮助，且商店提供了对用户信任度的度量。进入应用商店的 app 必须符合特定的质量标准。集中式支付服务意味着用户不必把自己的支付信息提供给多个公司。app 自动更新，这相对于传统 PC 软件来说是一个优势，不过对于网络来说不算优势，因为网络 app 也能在没有用户参与的情况下更新。

随着苹果应用商店的成功，其他公司也创建了类似的数字商店来分发软件。Google 播放商店、Microsoft 商店和 Amazon 应用商店的运营模式都与苹果商店类似，而且提供的好处也类似。尽管这个系统对这些公司和最终用户都有很好的效果，但它也给开发人员创造了一个复杂的环境：多个商店、多个平台以及各种技术。每个数字市场都有自己的需求，而 app 开发人员必须满足这些需求，而且每个商店都占销售收入的一定份额。

13.1.2 网络 app

伴随本机 app 的兴起，网络逐渐成熟，成为有相当能力运行 app 的平台。一种被称为 HTML5 的成熟 HTML 版本被引入其中，网络浏览器在处理内容方面变得更加强大，更加一致。浏览器开发人员使其 JavaScript 实现符合 ECMAScript 5 标准，为 JavaScript 代码提供了更好的基础。在浏览器更新之外，网络开发人员社区接受一种被称为响应式网络设计的概念，即不论显示屏幕的大小如何都能确保网络内容得到很好呈现的一种方法。使用响应式设计技术，网络开发人员可以维护一个跨不同设备仍然运行良好的网站，而不是针对不同设备创建不同的网站。此外，近年来还发布了多个网络开发框架，比如 Angular 和 React。这些框架让开发人员更加轻松地编写和维护网络 app——行为类似于 app 的网站。

开发人员已经意识到现代网络技术可以用于构建与本机 app 非常相似的体验，许多开发人员搭建了充当 app 的网站。一些开发人员选择完全放弃本机 app，而只构建网络 app。这个方法的好处是网络 app 可以在具有现代网络浏览器的任意设备上运行，而代码只需要编写一次。不过，网络 app 也有一些缺点。网络 app 不能访问全部的设备功能，往往比本机 app 要慢，要求用户在线，而且通常不会出现在应用商店中。

为了解决网络 app 的一些不足，渐进式网络 app（Progressive Web App，PWA）提供了一组技术和指南来帮助弥补本机 app 和网络 app 之间的差距。PWA 只是一个具有一些额外功能的网站，这些功能有助于使它更像 app。渐进式网络 app 必须：通过 HTTPS 提供服务，在移动设备上恰当地呈现，下载后能离线加载，向浏览器提供描述 app 的清单，在页面之间快速转换。对最终用户而言，运行 PWA 与运行本机 app 应该是一样的响应迅速且自然。如果网站符合 PWA 的标准，那么现代网络浏览器会给用户提供为其主屏幕或桌面添加 PWA 图标的选项。这表示用户可以像启动本机 app 一样启动网络 app。app 在自己的窗口而不是浏览器窗口中打开，而且一般表现得就像本机 app 一样。

PWA 可以为那些希望把网络技术用于其 app，但又不想针对不同平台构建多个 app 的开发人员提供非常大的好处。不过，PWA 仍然存在一些缺点。一个重要问题就是，PWA 不会出现在应用商店中。多年以来，移动操作系统一直使用户认为：app 应该通过应用商店获得。用户不习惯通过浏览网页获得 app。在撰写本书的时候，只有 Microsoft 商店允许 PWA 直接发布到商店。其他平台希望从浏览器安装 PWA，或者将其重新打包成呈现网络内容的本机 app，然后把这个重新打包的 app 提交到商店。另一个潜在的缺点是 PWA 可能看起来不像本机 app，它们在所有平台上的外观通常都基本一样，尽管有些人可能认为这是件好事。PWA 仍然不具有本机 app 的性能，也不能访问底层平台的所有功能，但根据 app 的需求，这不一定是个问题。

13.2　虚拟化和仿真

什么时候计算机不是物理设备？当然是在它是虚拟计算机的时候！虚拟化是使用软件创建计算机虚拟表示的过程。相关的仿真技术允许为某种类型的设备设计的应用程序运行在完全不同的设备上。本节将探讨虚拟化和仿真。

13.2.1　虚拟化

虚拟计算机被称为虚拟机（Virtual Machine，VM），它像物理计算机一样运行操作系统。应用程序可以在这个操作系统上运行。从应用程序的角度来看，虚拟化硬件就像物理计算机一样。虚拟化支持几个有用的场景。运行一个操作系统的计算机可以在虚拟机中运行另一个操作系统。例如，运行 Windows 的计算机可以在虚拟机中运行 Linux 的实例。虚拟机还允许数据中心在一个物理服务器上托管多个虚拟服务器。这为互联网托管公司提供了一种方法：只要客户愿意使用虚拟服务器，就能轻松迅速地为客户提供专用服务器。VM 易于备份、还原和部署。

管理程序（hypervisor）是运行虚拟机的软件平台。管理程序有两种类型，如图 13-2 所示。

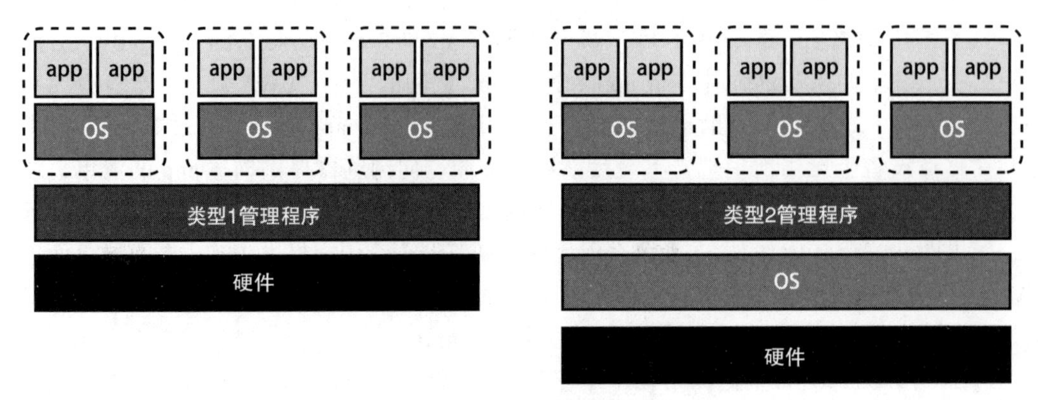

图 13-2　类型 1 管理程序和类型 2 管理程序

如图 13-2 左侧所示，管理程序可以直接与底层硬件交互，实际上管理程序放置在技术栈中内核的下面。管理程序与物理硬件通信，并把虚拟化硬件呈现给 OS 内核，它被称为类型 1 管理程序。与之相比，图 13-2 右侧所示的类型 2 管理程序则作为应用程序运行在操作系统上。微软的 Hyper-V 和 VMware ESX 是类型 1 管理程序，而 VMware Player 和 VirtualBox 是类型 2 管理程序。

另一种常见的虚拟化方法是使用容器。容器提供隔离的用户模式环境，应用程序在这个环境中运行。与虚拟机不同，容器与主机操作系统以及在同一台计算机上运行的其他容器共享内核。在容器中运行的进程只能看到物理计算机上部分可用资源。例如，每个容器都能被授予自己的独立的文件系统。容器可隔离 VM，无须为每个 VM 运行单独的内核。通常，由于内核是共享的，容器被限制运行于主机相同的操作系统。像 OpenVZ 一样的容器技术被用于虚拟化操作系统的整个用户模式部分，而其他的容器技术（比如 Docker）则被用于在独立的容器中运行单个应用程序。

 注意　你可能还记得第 10 章将操作系统进程描述为“容器”，这与虚拟化容器不是一回事。

13.2.2　仿真

仿真是用软件让一种类型的设备的行为类似于另一种类型的设备的行为的过程。仿真和虚拟化的相似点在于，它们都为软件运行提供虚拟环境，但虚拟化提供的是底层硬件的一部分，而仿真提供的虚拟硬件则与使用的物理硬件不同。例如，在 x86 处理器上运行的虚拟机或容器直接使用物理 CPU 运行为 x86 编译的软件。相比之下，在 x86 处理器上运行的仿真器（执行仿真的程序）可以运行为完全不同的处理器编译的软件。除了处理器之外，仿真器通常还提供其他虚拟硬件。

例如，世嘉 Genesis（20 世纪 90 年代的电子游戏系统）的完整仿真器可以模拟摩托罗拉 68000 处理器、雅马哈 YM2612 声音芯片、输入控制器，以及世嘉 Genesis 中的所有其他硬件。运行时，这样的仿真器会把最初设计在世嘉 Genesis 上运行的 CPU 指令转换为在 x86 代码中实现的功能。这带来了巨大的开销，因为每条 CPU 指令都必须进行转换，但足够快的现代计算机仍然可以全速仿真速度慢得多的世嘉 Genesis。其结果就是能在完全不同的平台上运行针对某个平台设计的软件，如图 13-3 所示。

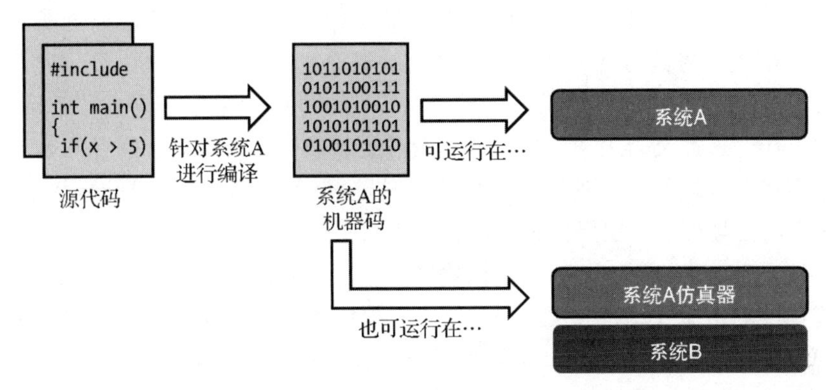

图 13-3　为系统 A 编译的代码可以在系统 A 的仿真器上运行

仿真在保留为过时平台所设计的软件方面起着重要作用。随着计算机平台的老化，找到能工作的硬件变得越来越难。那些希望把旧软件引入现代平台的软件开发人员往往就使用仿真技术。最初的源代码可能会丢失，或者对其进行现代化的任务可能会很繁重。在这种情况下，使用仿真器能让原始已编译的代码无须修改就可在新平台上运行。

进程虚拟机

还有另外一类虚拟机，它与仿真器有一些共同特性。进程虚拟机运行应用程序的执行环境是对底层操作系统细节的抽象。它与仿真器类似，因为它提供了一个与运行它的硬件和操作系统分离的执行平台。但是，与仿真器不同的是，进程 VM 不会尝试模拟真实硬件。相反，它提供的环境旨在运行平台无关的软件。如同我们在第 9 章讨论的一样，Java 和 .NET 利用了运行字节码的进程虚拟机。

13.3　云计算

云计算是指通过互联网提供计算服务。本节将介绍各种类型的云计算，但首先让我们快速回顾一下远程计算的历史。

13.3.1　远程计算的历史

从有计算以来，我们就可以观察到一个钟摆模式：从远程集中式计算（从终端访问的服务器）到本地计算（桌面计算机），现在再回到从智能本地设备（如智能手机）访问的远程计算（网络）。当前许多应用程序同时依赖于远程计算和本地计算。对于网络，有些代码在浏览器上运行，有些代码在网络服务器上运行。与早期那些像房间那么大的计算机相比，今天我们在口袋里揣着的设备要强大得多，但是很多我们想在这些设备上做的工作都涉及与其他计算机的通信，因此在本地设备与远程服务器之间分担处理责任是有意义的。

随着远程计算的重新出现，组织需要维护服务器。在过去，这意味着购买物理服务器，按需对其进行配置，将其与网络连接，并让它在某个地方的机柜中运行。组织可以物理访问计算机并完全控制其配置。但是，维护一台服务器（或一组服务器）可能是一项复杂且成本高昂的工作，这涉及购买和维护硬件、及时更新软件、处理安全问题和容量规划问题、管理网络配置等。一般来说，这项工作所需的技能和专业知识与组织目标并不一致。即便是以技术为主的公司也不一定想要做维护服务器的业务。这就是云计算的用武之地。

云计算通过互联网（云）提供远程计算功能。底层硬件由云服务公司（云提供商）维护，使需要这些功能的组织或用户（云用户）免于维护服务器。云计算允许按需购买计算服务。对于云用户而言，这就意味着释放对某些事物的控制权并相信第三方可提供可靠服务。云计算有多种形式，让我们看看其中的一些。

13.3.2 云计算的分类

云计算的各种类别通常由在云提供商和云用户之间划分责任的界限来定义。图 13-4 展示了四类云计算（IaaS、PaaS、FaaS 和 SaaS）及各自的责任划分。稍后，我们将逐一介绍它们。

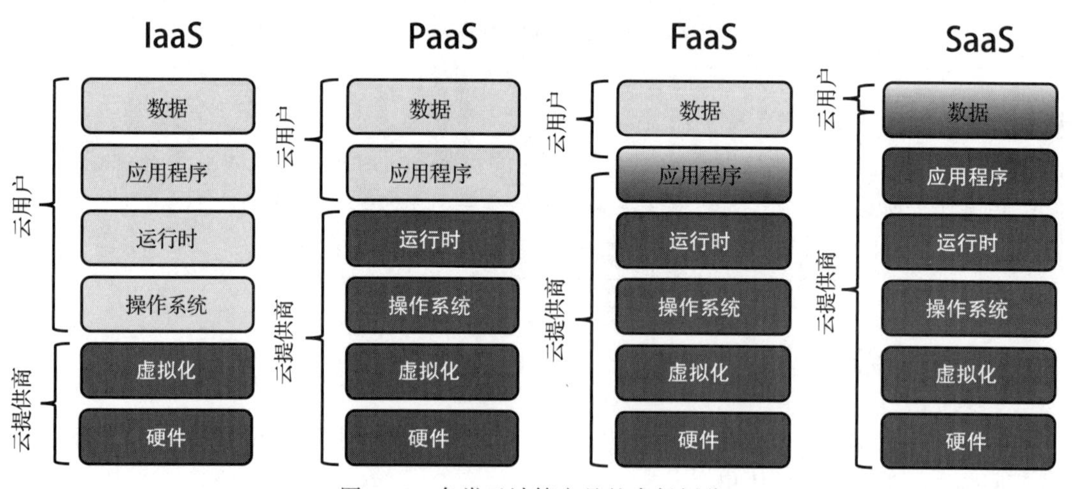

图 13-4　各类云计算产品的责任划分

图 13-4 中的垂直栈表示应用程序运行所需的组件。不论使用哪种云计算产品，都需要全部的组件——不同类型之间的差异在于：每个组件是由云用户负责管理，还是由云提供商负责管理。每个栈中的各种组件应该看着很熟悉，因为我们之前已经介绍过这些内容了。

但是，“运行时”还需要解释一下。运行时环境是应用程序执行的环境，它包括了所有需要的库、解释器、进程虚拟机等。现在，让我们从左到右介绍一下图 13-4 中的四类云计算。

基础设施即服务（Infrastructure as a Service，IaaS）是一种云计算场景，在这个场景中，云提供商只管理硬件和虚拟化，允许用户管理操作系统、运行时环境、应用程序代码和数据。IaaS 的用户通常会得到连接到互联网的虚拟计算机，以按照他们认为合适的方式使用，一般是作为某种类型的服务器使用。这个虚拟计算机常常实现为基于管理程序的虚拟机或者 Linux 发行版的用户模式部分的容器。IaaS 虚拟服务器的用户可以访问虚拟机的操作系统，还可以按照自己的想法对它进行设置。这给了用户最大的灵活性，但这也意味着维护系统软件（包括操作系统、第三方软件等）的责任完全落在了用户的肩上。IaaS 提供了一台虚拟计算机，用户负责在该计算机上运行的所有内容。Amazon Elastic Compute Cloud（EC2）、Microsoft Azure Virtual Machines 和 Google Compute Engine 都是 IaaS 的例子。

平台即服务（Platform as a Service，PaaS）赋予云提供商更多的责任。在 PaaS 场景中，云提供商不仅管理硬件和虚拟化，还要管理用户希望使用的操作系统和运行时环境。PaaS 用户开发一个应用程序，这个应用程序的目的是在他们选择的云平台上运行，它会利用这个平台的各种功能。PaaS 产品的云用户不需要关心如何维护底层 OS 或运行时环境，可以只关注应用程序代码。尽管云提供商确实抽象了底层系统的详细信息，但是用户还是需要管理提供商预配了哪些资源，以处理应用程序。预配置资源包括所需的存储容量和被分配的虚拟机类型。PaaS 为运行中的代码提供了一个托管平台，用户负责在该平台上运行的应用程序。Amazon Web Services Elastic Beanstalk、Microsoft Azure App Service 和 Google App Engine 都是 PaaS 的例子。

函数即服务（Function as a Service，FaaS）采用了 PaaS 模型，但是比它更进一步。FaaS 不需要用户部署完整的应用程序或提前给出平台实例，相反，用户只需要部署响应某些事件的运行代码（函数）。例如，开发人员可以编写一个函数，返回到最近杂货店的距离。这个函数可以响应网络浏览器，把它当前的 GPS 坐标发送到 URL。这种事件驱动模型意味着云提供商负责按需调用用户代码。用户不再需要一直运行应用程序代码，等待请求。这可以简化用户的工作并降低成本，尽管在函数尚未运行时，这可能意味着在请求到来时响应时间会更长。

FaaS 是一种无服务器计算，即一种用户无须处理管理服务器或虚拟机问题的云计算模型。当然，这个术语用法不当，服务器实际上是要运行代码的，只是用户不需要考虑这些问题罢了！ FaaS 为运行代码提供了一个事件驱动平台，用户负责为了响应事件而运行的代码。Amazon Web Services Lambda、Microsoft Azure Functions 和 Google Cloud Functions 是 FaaS 的例子。

软件即服务（Software as a Service，SaaS）是一种完全不同的云服务。SaaS 向用户交付完全在云中管理的应用程序。IaaS、PaaS 和 FaaS 适合于希望在云中运行自己代码的软件工程团队，而 SaaS 则向最终用户或组织交付已编写好的、完整的云应用程序。现在有那么多软件都在云上运行，这看起来似乎并不显眼，但是它却与用户或组织在本地设备和网络上安装并维护软件形成了鲜明对比。SaaS 提供了在云中管理的完整应用程序，用户只需负责存储在该应用程序中的数据。甚至连数据管理也有部分是提供商处理的，包括数据如何存储、备份等细节。Microsoft 365、Google G Suite 和 Dropbox 是 SaaS 的例子。

云提供商领域的一些主要参与者包括：Amazon Web Services、Microsoft Azure、Google Cloud Platform、IBM Cloud、Oracle Cloud 和 Alibaba Cloud。

13.4 深网和暗网

你可能已经看过关于发生在暗网（dark Web）或深网（deep Web）中的邪恶事件的新闻。不幸的是，这两个术语经常被搞混，但它们的含义是不同的。如图 13-5 所示，网络可以分成三大类：表层网、深网和暗网。

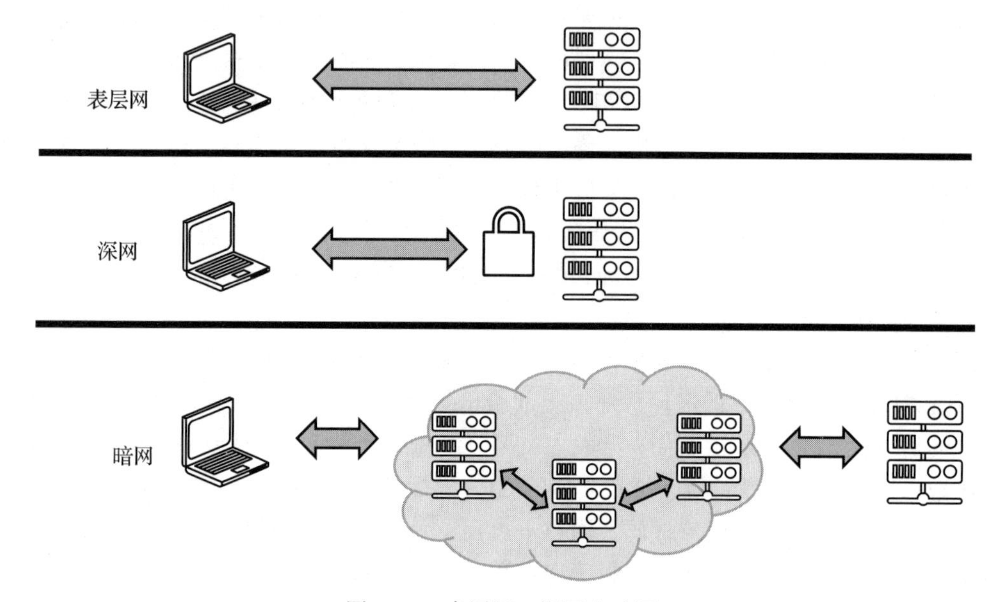

图 13-5 表层网、深网和暗网

任何人都可以免费访问的内容是表层网的一部分。公共博客、新闻网站、公共推特帖子都是表层网内容的例子。表层网由搜索引擎索引，有时表层网也被定义为可以用搜索引擎找到的内容。

深网是指不登录网站或网络服务就无法访问的网络内容。大多数互联网用户会定期访问深网内容。查看银行账户余额、通过像 Gmail 这样的网站阅读电子邮件、登录 Facebook、查看 Amazon 上的个人购买记录——这些都是深网活动的例子。深网只是一些不公开的内容，通常需要某种密码才能访问。大多数用户不想公开自己的电子邮件或银行账户，所以有充分的理由说明为什么这种内容不公开且不能被搜索引擎索引。

暗网是需要用专用软件来访问的网络内容。只使用标准的网络浏览器是无法访问暗网的。最流行的暗网技术是 Tor（洋葱路由器）。通过加密和中继系统，Tor 允许匿名访问网络，防止用户的 ISP 监控访问了哪些网站，也防止网站知道访问者的 IP 地址。此外，Tor 还允许用户访问那些被称为洋葱服务的网站，如果没有 Tor 就根本无法访问它们——这些网站就是暗网的一部分。Tor 隐藏了洋葱服务的 IP 地址，使它们变成匿名的。如你所料，暗网的匿名性有时会被用于犯罪目的。但是，暗网提供的隐私也有其合法用途，比如举报和政治讨论。建议在访问暗网内容时要谨慎。

13.5　比特币

加密货币是一种用于金融交易的数字资产，是传统货币的替代品。加密货币的用户持有该货币的余额，就像在传统的银行一样，也可以把这些货币用于购物和服务。有些用户主要把加密货币看作一种投资，而不是一种商业手段，对这些用户来说，它更类似于黄金。与传统货币不同的是，加密货币通常是分散的（decentralized），没有单一组织控制它们。

13.5.1　比特币基础

比特币于 2009 年推出，是第一种分布式加密货币，也是现在最著名的加密货币。从那时起，大量的替代加密货币（称为山寨币）如雨后春笋般涌现，但没有一个能挑战比特币的主导地位。比特币的主要货币单位也简称为比特币，缩写为 BTC。

比特币和类似的加密货币都以区块链技术为基础。在区块链中，信息被分组成称为区块的数据结构，区块按照时间顺序链接在一起。也就是说，当创建一个新区块时，它被添加到区块链的末端。以比特币为例，区块保存着交易记录，跟踪比特币的移动轨迹。图 13-6 展示了比特币的区块链。

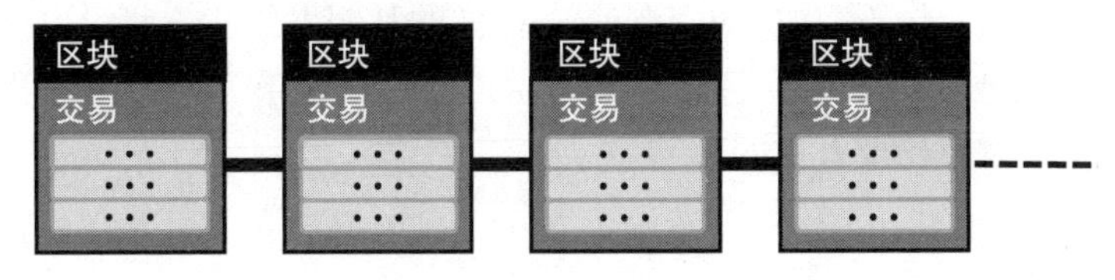

图 13-6　比特币的区块链按时间顺序链接交易记录区块

区块链通过互联网等网络运行，由多台计算机一起来处理交易和更新区块链。一起工作以处理比特币交易的计算机被称为比特币网络。连接到比特币网络的计算机被称为节点，某些节点保存了区块链的副本，没有单一的底本。通过加密和解密来保证交易的完整性，并防止篡改区块链中的数据。一旦写入，区块链中的数据就是不可变的，即无法更改。比特币的区块链是一个公开的、分布式的、不可变的交易账本。这个账本用于记录比特币网络上发生的所有事件，比如比特币的转账。

13.5.2 比特币钱包

最终用户的比特币存储在所谓的比特币钱包中。不过，更准确地说是，比特币钱包持有加密密钥对的集合，如图 13-7 所示。

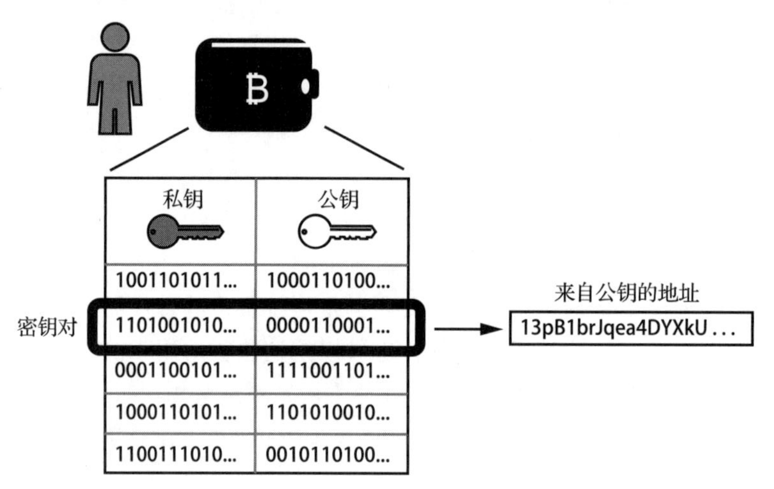

图 13-7 比特币钱包包含密钥对，比特币地址派生于公钥

如图 13-7 所示，钱包中的每一对密钥都含有两个数字：一个私钥和一个公钥。私钥是一个随机生成的 256 位数字。这个数字必须保密，任何知道私钥的人都可以使用与该密钥对关联的比特币。公钥用于接收比特币，它从私钥派生而来。在接收比特币时，公钥表示为比特币地址，一个由公钥生成的文本字符串，例如 `13pB1brJqea4DYXkUKv5n44HCgBkJHa2v1`。

假设我有一个比特币要发给你。这个比特币和我控制的一个地址关联。也就是说，我有这个地址的私钥。如果你把由你控制的比特币地址的文本字符串给我，我就可以把我的比特币发送到这个地址。你不需要（也不应该）把你的私钥发给我。我可以把我的比特币发给你是因为我有自己地址的私钥，这允许我使用自己的比特币。反过来，我不能从你的地址转出任何比特币，因为我没有你的私钥。

13.5.3 比特币交易

让我们仔细看看这是如何工作的。比特币的转账被称为交易。为了发送比特币，钱包软件会构造一个交易，指定转账的细节，用私钥对其进行数字签名并向比特币网络广播该交易。比特币网络中的计算机会验证交易并把它添加到区块链的一个新区块中。图 13-8 展示了一个比特币交易例子。

如图 13-8 所示，交易包含输入和输出，表示比特币从哪里来到哪里去。图的左侧是前一个交易，只显示了输出，因为与前一个交易的输入无关。在前一个交易中，有 0.5 比特币被送到了地址 A。

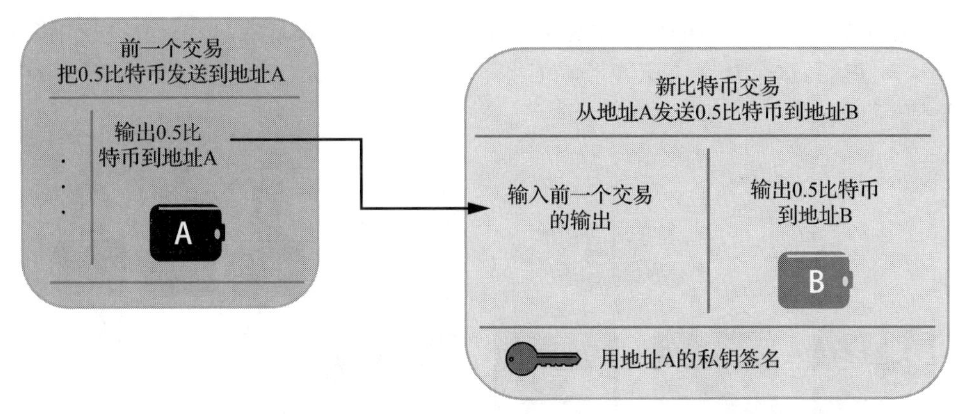

图 13-8 比特币交易：把 0.5 比特币移动到地址 B（忽略交易费用）

图 13-8 的右侧是新的交易，它把 0.5 比特币从地址 A 移动到地址 B。为了简单起见，这个交易只有一个输入和一个输出。输入表示要转账的比特币的来源。你可能认为这是个比特币地址，但它不是的。相反，这个输入是前一个交易的输出。我们假设地址 A 是我的地址，我想把 0.5 比特币转到你的地址，即地址 B。现在，我知道之前的 0.5 比特币已经转到了我的地址，所以我可以把前一个交易的输出当作新交易的输入，从而把 0.5 比特币转给你。交易的输出部分包含了发送比特币的地址。

尽管你可以认为地址具有比特币余额，但与地址关联的比特币数量并不存储在比特币钱包中，并且余额也不会直接存储在区块链中。相反，与这个地址相关的交易历史被存储在区块链中，而且根据这个历史可以计算出某个地址的余额。提醒一下，比特币钱包只包含支持比特币交易的密钥。

13.5.4 比特币挖掘

维护比特币区块链的过程称为比特币挖掘（Bitcoin mining）。来自全球的计算机把交易区块添加到区块链中，这些计算机被称为矿工（miner）。图 13-9 展示了比特币挖掘过程。

为了把交易区块添加到区块链，矿工必须验证区块中包含的交易（确保每个交易在语法上是正确的，输入的货币尚未被消费等），还必须完成一个困难问题的计算。要求矿工解决这个问题可以防止篡改区块链，因为改变一个区块就需求解决被改变区块以及该区块链上其后所有区块的问题。作为阻止不需要行为的手段，这种解决困难问题的系统被称为“工作证明”(proof of work)。

要找到计算问题的解决方案就需要大量的试错计算。解决方案难以产生，但易于验证。第一个解决问题的矿工将获得一笔比特币。这就是新比特币产生并被引入系统的方式。在这种情况下，比特币挖掘就类似于传统的挖矿——矿工进行工作并在可能的情况下“挖到金子”。除了获得新“铸造”的比特币之外，矿工还可以对该区块中包含的每笔交易收取一定费用，这个费用要从交易的比特币总量中扣除。比特币被设计成总共只允许挖掘2100万比特币。一旦达到这个数字，比特币矿工将不再获得比特币，只能依靠交易费用来获得其运营资本。

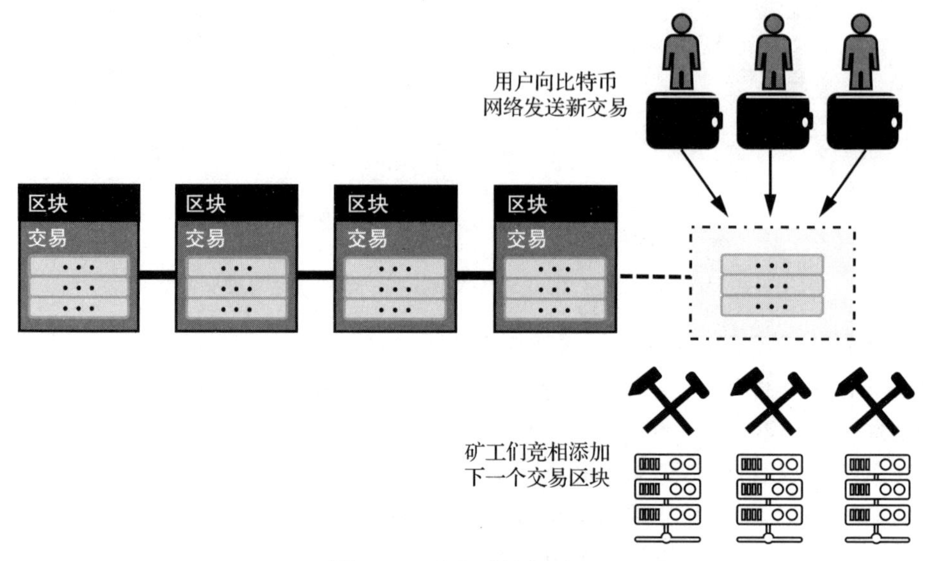

图 13-9 比特币挖掘过程

比特币的开端

比特币区块链开始于2009年“挖掘”的第一个区块，这个区块被称为“创世区块”。这个区块由Satoshi Nakamoto挖掘，他被视为比特币的发明人。“Satoshi Nakamoto”被认为是一个化名，在撰写本书时，此人的身份仍存在争议。

要通过比特币挖掘获利，运行挖掘硬件的成本不能超过获得的比特币的价值。比特币挖掘硬件常常很耗电，所以比特币挖掘者的电费可能很高。最初，比特币是在普通计算机上挖掘的，但现在使用专门的昂贵硬件进行尽可能快的挖掘（请记住，奖励授予第一个解决问题的计算机）。这些成本，加上比特币高度波动的价格，意味着比特币挖掘不是一个有保障的盈利途径！

比特币区块链是公开的——任何人都可以查看全部交易。但是，区块链不包含比特币转账的个人身份记录。所以，虽然余额和交易历史记录是公开的，但并没有便捷的方法能把地址和个人联系起来。出于这个原因，比特币吸引了那些想要保持匿名的人，比如那些在暗网上经营商业网站的人。

区块链技术与加密货币密切相关，它被用作金融账本，还可以用于其他目的。任何需要防篡改历史记录的系统都可以使用区块链。时间会证明比特币或其他加密货币是否能取得长期成功，但无论如何，我们可能都会看到区块链以其他新颖的方式发挥作用。

13.6 虚拟现实和增强现实

虚拟现实（Virtual Reality，VR）和增强现实（Augmented Reality，AR）这两项技术有可能从根本上改变我们与计算机交互的方式。虚拟现实是一种计算形式，它让用户沉浸在三维虚拟空间中，这个空间一般通过头戴式设备来呈现。VR 允许用户通过各种输入方式与虚拟对象交互，输入方式包括用户的注视、语音命令和专用手持控制器。相比之下，增强现实是把虚拟元素叠加到现实世界中，要么通过头戴式设备实现，要么由用户"通过"手持便携设备（比如智能手机或平板电脑）实现。VR 让用户沉浸在另一个世界，AR 改变现实世界。

尽管几十年以来已经对 VR 进行了各种尝试，但直到 21 世纪 10 年代，VR 才变成主流。Google 在 2014 年通过 Google Cardboard 帮助推广了 VR，Google Cardboard 的命名出自 VR 头戴式设备可以由纸版、镜片和智能手机构成的想法。通过把左眼内容呈现在智能手机一半屏幕上，右眼内容呈现在屏幕的另一半上，专门设计的 Cardboard 应用程序把 VR 内容呈现给用户，如图 13-10 所示。

图 13-10 专门为 Google Cardboard 设计的应用程序的 VR 模式

为 Cardboard 设计的应用程序依赖于智能手机检测陀螺仪运动的能力，允许显示内容随着用户头部的移动而更新。这样的头戴式设备据说有 3 个自由度（3DoF），头戴式设备可以追踪有限的头部运动，但无法追踪空间中的其他运动。这使得用户可以使用头戴式设备环顾，但不能移动。Cardboard 还支持基本的一键输入。Cardboard 简单，但有效。它向许多用户介绍了 VR，否则，他们可能不会尝试 VR。

更具有沉浸感的体验需要 6 个自由度（6DoF）：用户可以通过在现实空间中物理移动身体以实现在 VR 中的四处移动。有些 VR 头戴式设备支持 6DoF，VR 控制器可以支持 3DoF 或 6DoF。握在用户手中的 6DoF 控制器可以追踪控制器在 VR 空间中的位置，从而允许与

VR 环境进行更自然的互动。

自 Google Cardboard 推出以来，消费市场已经发布了许多 VR 解决方案。有些依赖于智能手机（Samsung Gear VR 和 Google Daydream）。另外一些通过连接 VR 头戴式设备和控制器（Oculus Rift、HTC Vive 和 Windows Mixed Reality），使用个人计算机进行处理。还有一些是独立设备，不需要智能手机或 PC（Oculus Go、Oculus Quest 和 Lenovo Mirage Solo）。一般来说，连接 PC 的解决方案提供了最高的图形保真度，但也是最贵的，特别是考虑到所需计算机的成本时。

如前所述，增强现实（AR）是一种相似但独特的技术。VR 试图让用户完全沉浸在虚拟世界中，而 AR 则把虚拟元素叠加到现实世界中。这可以通过移动设备来完成：使用后置摄像头观察现实世界，将模拟元素叠加到摄像头所看到的内容上。先进的 AR 技术允许软件理解房间内的物理元素，这样叠加的虚拟元素就可以与环境进行无缝交互。移动应用程序中的 AR 是以基本形式实现的，但在专用设备中它的实现更为充分，比如在 Google Glass、Magic Leap 的头戴式设备和 Microsoft HoloLens。将这种 AR 设备戴在头上可以把计算机生成的图形叠加到用户视野中。用户能以各种方式（比如语音命令或手部跟踪）与虚拟元素进行交互。

各种 VR 和 AR 技术（统称为 XR）为软件开发人员提供了多种目标平台。许多 VR 开发人员依赖于现有的游戏引擎，这些游戏引擎一般用于制作 3D 游戏，比如 Unity 游戏引擎或 Unreal 游戏引擎。游戏开发人员对这些游戏引擎已经非常熟悉了，使用它们能让开发人员相对轻松地面向多个 VR 平台制作自己的软件。网络开发人员可以使用被称为 WebVR 和 WebXR 的 JavaScript API 开发 VR 和 AR 内容。WebVR 先出现，它专注于 VR。WebXR 紧随其后出现，它同时支持 AR 和 VR。

13.7 物联网

传统上，我们认为服务器在互联网上提供服务，用户通过联网的个人计算机设备（比如 PC、笔记本计算机和智能手机）与这些服务器进行交互。近些年，我们已经看到与互联网连接的新型设备越来越多——如扬声器、电视机、恒温器、门铃、汽车、灯泡，应有尽有！这种把各种设备连接到互联网的概念称为物联网（Internet of Things，IoT）。

电子元件的成本和物理尺寸正在下降，Wi-Fi 和蜂窝互联网接入正在普及，消费者希望他们的设备更加“智能”。所有这些都促成了把一切都连接到互联网的趋势。如果没有某种网络服务的支持，IoT 设备一般不会运行，所以云计算的兴起也促进了物联网的传播。对消费者而言，IoT 设备在“智能家居”中很突出，而“智能家居”中所有类型的家用电器都能被监视和控制。在商业领域，在制造业、医疗保健、交通运输等领域中都能找到 IoT 设备。

虽然这些类型的连接设备带来了明显的好处，但这些设备也带来了风险。它们的安全性是一个特别值得关注的领域。不是所有的 IoT 设备都能很好地抵御恶意攻击。即使攻击者对设备上的数据没兴趣，攻击者也可能将这个设备充当攻击其他防御良好的网络的一个据点，或者当成对不同目标进行远程攻击的发射点。特别是对消费者来说，IoT 设备似乎已经足够无害了，并且在把这样的设备连接到家庭网络时，安全问题通常不是首要考虑的问题。

隐私是 IoT 设备带来的另一个风险。许多这样的设备本质上就是收集数据的。这些数据常常被发送给云服务进行处理。最终用户应该在多大程度上信任使用他们的个人数据运行这些服务的组织？即使是善意的组织也有可能成为数据泄露的受害者，用户数据可能以意想不到的方式被暴露。像智能音箱这样的设备必须一直处于听的状态，以等待口头命令。这就产生了意外记录私人对话的风险。看到今天的消费者心甘情愿用隐私换取便利，George Orwell 的小说《1984》的现代读者可能会发现某种讽刺意味。

IoT 设备的所有功能常常依赖于云服务，这也是它们带来的一个风险。如果一个设备与互联网的连接中断，这个设备可能会暂时变得不那么有用。更令人担忧的是，设备制造商可能会在某天永久关闭支持该设备的服务。那时，智能设备就会还原成非智能设备！

注意 请参阅设计 41 使用学到的硬件、软件和网络知识来构建一个联网的“自动贩卖机”IoT 设备。

13.8 总结

本章讨论了与现代计算机相关的各种主题。你学习了 app，包括本机 app 和网络 app。你了解了虚拟化和仿真是如何让计算机在虚拟硬件上运行软件的。你还了解了云计算是如何为运行软件提供新平台的。你学习了表层网、深网和暗网的区别，以及比特币等加密货币如何实现分布式支付系统。我们谈到了虚拟现实和增强现实，以及它们如何为计算机提供独特的用户界面。你还了解了 IoT，并有机会搭建一个联网的“自动贩卖机”。

在这里，让我们总结性地回顾一些主要的计算机概念，看看它们是如何结合在一起的。计算机是二进制数字设备，其中的所有信息都表示为 0 和 1。二进制逻辑也被称为布尔逻辑，为计算机运算打下了基础。计算机用数字电路实现，其电平表示为二进制状态——低电平为 0，高电平为 1。数字逻辑门是基于晶体管的电路，它能执行布尔运算，比如 AND 和 OR。我们可以把这样的逻辑门排布成更加复杂的电路，比如计数器、存储设备和加法电路。这些类型的电路为计算机硬件提供了概念基础，这些硬件包括：执行指令的中央处理器（CPU），上电时存储指令和数据的随机存取存储器（RAM）以及与外界交互的输入 / 输出（I/O）设备。

计算机是可编程的，它们可以在不改变硬件的情况下执行新任务。告诉计算机要做什么的指令被称为软件或代码。CPU 执行机器码，而软件开发人员则通常用高级编程语言编写源代码。计算机程序一般在操作系统上运行，操作系统即与计算机硬件通信并为程序执行提供环境的软件。计算机用互联网通信，互联网是一组全球连接的计算机网络，这些网络都使用 TCP/IP 协议套件。互联网的一个流行的应用是万维网，它是一组分布式的、可寻址的、链接的资源，通过 HTTP 在互联网上传递。所有这些技术都为现代计算机的创新提供了一个蓬勃发展的环境。

我希望这本书能让你全面了解计算机是如何工作的。本书涵盖了大量的基础知识，但我们仍然只涉及大多数主题的表面。如果某个特定的领域引起了你的注意，那么我鼓励你继续探索这个主题！还有大量关于计算机的知识有待发现。

设计 41：用 Python 控制自动贩卖机电路

前提条件：设计 7 和设计 8，在这两个设计中，你搭建了一个自动贩卖机电路。一台运行 Raspberry Pi 操作系统的 Raspberry Pi。

在本设计中，你将使用所学的硬件、软件和网络知识构建一个联网的“自动贩卖机”IoT 设备。在第 6 章，你用按钮、LED 和数字逻辑门搭建了一个自动贩卖机电路。在这个设计中，你将更新这个设备。保留按钮和 LED，用在 Raspberry Pi 上运行的 Python 代码代替逻辑门。这将让你轻松地在软件中添加功能，比如通过网络连接到这个设备的功能。

本设计需要如下组件：

- 面包板；
- LED；
- 与 LED 一起使用的限流电阻，大约 220 Ω；
- 两个适合面包板的开关或按钮；
- 跨接线，包括 4 根公对母导线；
- Raspberry Pi。

GPIO

除了体积小、成本低之外，Raspberry Pi 还有另一个区别于典型计算机的特点——GPIO 引脚。每个通用输入 / 输出（General-Purpose Input/Output，GPIO）引脚都可以指定为电气输入或输出。当一个引脚充当输入时，在 Raspberry Pi 上运行的代码可以读取该引脚：高电平 3.3 V 或低电平 0 V。Raspberry Pi 甚至还有内部的上拉和下拉电阻，它们通过软件启动，所以你不再需要对输入按钮添加这种电阻。当一个引脚充当输出时，它可以被设置为高电平（3.3 V）或者低电平（0 V），两者都通过软件控制。有些引脚总是设置为接地、5 V 或 3.3 V。这些引脚在软件中用数字编号进行引用。图 13-11 给出了 GPIO 引脚名称。

如图 13-11 所示，GPIO 编号与引脚编号不是对应的。引脚用灰色矩形框表示，它简单地从 1 开始编号到 40，从左上角开始到右下角结束。例如，左边第 2 个引脚是 GPIO 2，其引脚编号是 3。当在代码中引用这些 GPIO 引脚时，需要使用 GPIO 编号，而不是引脚编号。

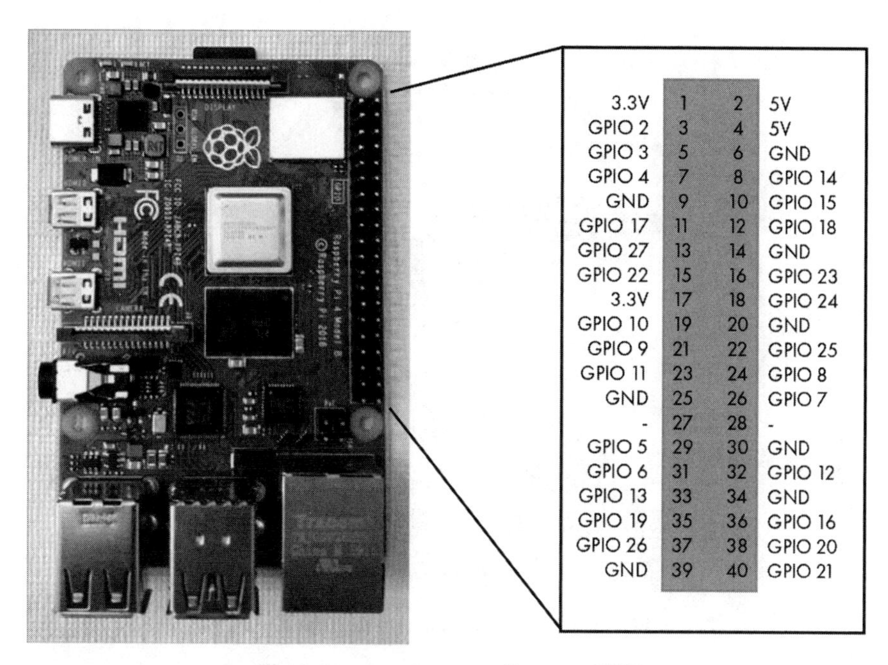

图 13-11　Raspberry Pi 的 GPIO 引脚

搭建电路

在编写代码之前，请按图 13-12 所展示的把电路元件连接到面包板和 Raspberry Pi 的 GPIO 引脚。

建议在连接 GPIO 引脚之前关掉 Raspberry Pi 的电源。GPIO 引脚和面包板之间的连接请使用公对母跨接线。你可以把跨接线的母口连接到 GPIO 引脚，把公口连接到面包板。

如果使用图 13-12 所示的引脚编号，VEND LED、VEND 按钮、COIN 按钮要连接到 Raspberry Pi 上连续的 3 个 GPIO 引脚上。你还需要把一个 GND 引脚（建议用引脚 9）连接到面包板的负电源列，以便把按钮和 LED 接地。

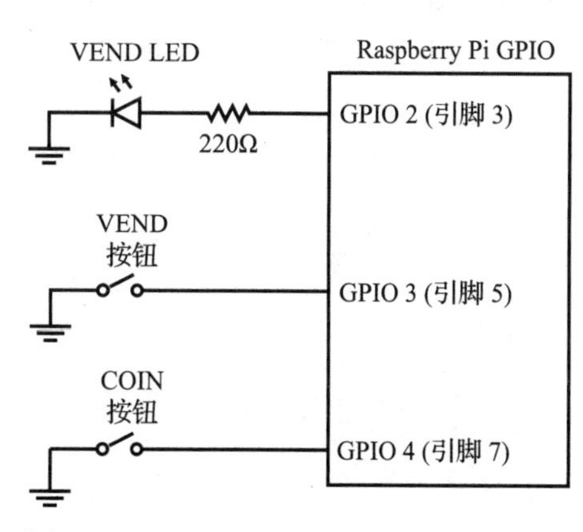

图 13-12　Raspberry Pi 自动贩卖机电路图

你可能已经注意到，这个电路的输入开关连线与设计 7 和设计 8 中使用的开关连线不同。在那两个设计中，我们把开关的一边连接到 5 V 电源，另一边连接到下拉电阻 / 输入引脚。这种电路设计使得开关断开时为低电压，开关闭合时为高电压。这里则正好相反——闭合开关为低电压，断开开关为高电压。在内部，当开关断开（或未连接）时，Raspberry Pi 会拉高 GPIO 引脚。

图 13-13 展示了在面包板上搭建的这个电路。

图 13-13　面包板上的 Raspberry Pi 自动贩卖机电路

电路连接好并且已经验证过连接后，接通 Raspberry Pi 的电源。你可能会看到 LED 点亮，这没问题，因为你还没有运行任何代码来将 LED 设置为特定状态。

测试电路

在输入自动贩卖机代码之前，我们编写一个简单的程序来测试一下电路是否连接正确，并感受一下用 Python 驱动 GPIO 工作的感觉。为了与 GPIO 引脚交互，我们将使用 GPIO Zero，这是一个可以轻松地与诸如按钮和 LED 等物理设备一起工作的 Python 库。使用文本编辑器，在主文件夹根目录中创建一个名为 gpiotest.py 的新文件。在文本编辑器中输入如下 Python 代码。缩进在 Python 中很重要，所以请确保正确地缩进。

```
from time import sleep❶
from gpiozero import LED, Button❷

button = Button(3)❸
led = LED(2)❹

while True:❺
    led.off()
    button.wait_for_press()
    led.on()
    sleep(1)
```

这个简单的程序导入 `sleep` 函数 ❶ 以及来自 GPIO Zero 库的 `LED` 和 `Button` 类 ❷。

然后，创建一个名为 button 的变量来表示 GPIO 3 上的物理按钮❸。同样，创建 led 变量来表示连接到 GPIO 2 的 LED❹。之后，程序进入无限循环❺：关闭 LED，等待按钮按下，然后点亮 LED 一秒钟，再次进入循环。

保存该文件后，你可以用 Python 解释器运行它，如下所示：

```
$ python3 gpiotest.py
```

当启动程序时，一开始应该什么都不发生，除了 LED 可能熄灭（如果之前它是亮的）。如果按下连接到 GPIO 3 的按钮，LED 应该点亮一秒钟，然后熄灭。只要程序运行，你就可以重复该操作。

这个简单的程序不包含任何优雅的退出方式，所以要结束程序，请在键盘上按下 <Ctrl+C>。当用这种方式退出程序时，Python 解释器会显示最近函数调用的"Traceback"——这是正常的。

如果程序没有按预期工作，请仔细检查输入的代码并参考附录 B 排除电路故障。

自动贩卖机程序

在设计 7 和设计 8 中，自动贩卖机的逻辑由一个 SR 锁存器、一个 AND 门和一个电容器控制。现在，你可以用 Raspberry Pi 上的一个程序来代替它们。这个新的设计也摆脱了 COIN LED。在前面的设计中，如果投入硬币，则 COIN LED 就会点亮。在新的设计中，程序将输出投币数。每投入一枚硬币，投币数应增加 1，每发生一次售出操作，投币数应减少 1。

设备需求如下：

- ❑ 按下 COIN 按钮投币数加 1。
- ❑ 按下 VEND 按钮模拟出售商品。如果投币数大于 0，VEND LED 将短暂亮起，投币数减 1。如果投币数等于 0，则按下 VEND 按钮时没有反应。
- ❑ 每按下一个可操作的按钮，不论是 COIN 还是 VEND，都会使得程序输出当前投币数。

使用文本编辑器，在主文件夹根目录中创建一个名为 vending.py 的新文件。在文本编辑器中输入如下 Python 代码：

```
from time import sleep❶
from gpiozero import LED, Button

vend_led = LED(2)❷
vend_button = Button(3)
coin_button = Button(4)
coin_count = 0❸
vend_count = 0

def print_credits():❹
    print('Credits: {0}'.format(coin_count - vend_count))
```

```
def coin_button_pressed():❺
    global coin_count
    coin_count += 1
    print_credits()

def vend_button_pressed():❻
    global vend_count
    if coin_count > vend_count:
        vend_count += 1
        print_credits()
        vend_led.on()
        sleep(0.3)
        vend_led.off()

coin_button.when_pressed = coin_button_pressed❼
vend_button.when_pressed = vend_button_pressed

input('Press Enter to exit the program.\n')❽
```

首先，代码导入 `sleep` 函数、`LED` 类和 `Button` 类❶，它们都会在后面的程序中用到。然后，声明 3 个变量来表示连接到 GPIO 引脚的物理组件——GPIO 2 上的 `vend_led`、GPIO 3 上的 `vend_button`，以及 GPIO 4 上的 `coin_button`❷。变量 `coin_count` 被声明用于跟踪 COIN 按钮被按下的次数，变量 `vend_count` 被声明用于跟踪自动售出操作发生的次数❸。这两个变量用于计算投币数。

函数 `print_credits`❹输出可用投币数，即 `coin_count` 和 `vend_count` 的差值。

函数 `coin_button_pressed`❺是按下 COIN 按钮时运行的代码。它将 `coin_count` 加 1，并输出投币数。`global coin_count` 语句允许在函数 `coin_button_pressed` 内修改全局变量 `coin_count`。

函数 `vend_button_pressed`❻是按下 VEND 按钮时运行的代码。如果投币数满足要求（`coin_count>vend_count`），则该函数将 `vend_count` 加 1，输出投币数，并点亮 LED 0.3 秒。

设置 `coin_button.when_pressed=coin_button_pressed`❼把 `coin_button_pressed` 函数与 GPIO 4 上的 `coin_button` 关联起来，以便在按钮按下时运行该函数。同样，把 `vend_button_pressed` 与 `vend_button` 关联起来。

最后，我们调用 `input` 函数❽。这个函数在屏幕上输出一条消息，并等待用户按下回车键。这是一种简单的保持程序运行的方法。没有这行代码，程序会到达其终点，并在用户有机会与按钮交互之前停止运行。

保存该文件后，你可以用 Python 解释器运行它，如下所示：

```
$ python3 vending.py
```

启动程序时，你应该立即看到 `Press Enter to exit the program.` 显示在

终端窗口。此时，请尝试按下 COIN 按钮，这个按钮连接到 GPIO 4。你应该看到程序输出 `Credits:1`。接下来，请尝试按下 VEND 按钮。LED 应该短暂地亮起，程序应输出 `Credits:0`。尝试再次按下 VEND 按钮——无事发生。尝试多次按下 COIN 和 VEND，确保程序按预期工作。完成程序测试后，按回车键结束程序。

如你所见，Raspberry Pi 或类似的设备可以用软件复制与我们之前用硬件实现的相同的逻辑。但是，基于软件的解决方案更容易修改。改变几行代码就可以添加新的功能，无须增加新的芯片，也无须重新布线。Raspberry Pi 实际上对于我们在这里想要做的事情来说有点大材小用了；同样的事情也可以用性能较差的设备以更低的成本来完成，但其中的原理是一样的。

IoT 自动贩卖机

假设自动贩卖机的操作员想通过互联网远程查看机器状态。由于你使用 Raspberry Pi 实现自动贩卖机的逻辑，因此可以更进一步，把它变成一个 IoT 自动贩卖机！你可以在程序中添加一个简单的网络服务器，允许从网络浏览器连接到该设备的 IP 地址，查看投币了多少次，售出操作发生了多少次。

Python 让这变得相对容易，因为它含有简单的网络服务器库 `http.server`。你只需要构造一些包含想要发送数据的 HTML，并为传入的 `GET` 请求编写一个处理程序。你还需要在程序开始时启动网络服务器。

使用文本编辑器在主文件夹根目录中编辑现有的 vending.py 文件。首先插入如下 `import` 语句作为文件的第一行（保持所有已有代码不变，只是向下移动一行）：

```
from http.server import BaseHTTPRequestHandler, HTTPServer
```

然后，删除文件末尾的整个 `input` 行，并在文件结尾的地方添加如下代码：

```
HTML_CONTENT = """
<!DOCTYPE html>
<html>
  <head><title>Vending Info</title></head>
  <body>
    <h1>Vending Info</h1>
    <p>Total Coins Inserted: {0}</p>
    <p>Total Vending Operations: {1}</p>
  </body>
</html>
"""

class WebHandler(BaseHTTPRequestHandler):❶
    def do_GET(self):❷
        self.send_response(200)❸
        self.send_header('Content-type', 'text/html')❹
        self.end_headers()
        response_body = HTML_CONTENT.format(coin_count, vend_count).encode()❺
        self.wfile.write(response_body)
```

```
print('Press CTRL-C to exit program.')
server = HTTPServer(('', 8080), WebHandler)❻
try:❼
    server.serve_forever()❽
except KeyboardInterrupt:
    pass
finally:
    server.server_close()❾
```

HTML_CONTENT 是一个多行字符串，它定义了程序通过网络发送的 HTML 代码。这个 HTML 代码块表示一个简单的网页，其中包括了一个 <title>、一个 <h1> 标题和两个 <p> 段落以描述自动贩卖机的状态。这些段落中的特定值表示为占位符 {0} 和 {1}。这些值由程序在运行时填充。由于这是 HTML，因此字符串中的空格和换行并不重要。

WebHandler 类❶描述了网络服务器如何处理传入的 HTTP 请求。它继承自 BaseHTTPRequestHandler 类，这意味着它具有与 BaseHTTPRequestHandler 相同的方法和字段。但是，这只是为你提供了一个通用的 HTTP 请求处理程序，你仍然需要指定你的程序应如何响应特定的 HTTP 请求。在本设计中，程序只需要响应 HTTP GET 请求，所以代码定义了 do_GET 方法❷。当 GET 请求到达服务器时，调用这个方法，它会回复如下内容：

- 表示成功的状态码 200❸；
- Content-type:text/html，告诉浏览器期待的响应是 HTML❹；
- 前面定义的 HTML 字符串，但两个占位符已经被替换为 coin_count 和 vend_count 的值❺。

网络服务器的实例是用 HTTPServer 类创建的❻。这里指定的服务器名称可以是任何名称，HTTP 服务器在端口 8080（'',8080）上监听。这里也是你指定对进入的 HTTP 请求使用 WebHandler 类的地方。

网络服务器用 server.serve_forever() 启动❽。它被放置在 try/except/finally 代码块中❼，这样服务器可以持续运行，直到发生 KeyboardInterrupt 异常（由 <Ctrl+C> 生成）。当发生这种情况时，调用 server.server_close() 进行清理并结束程序❾。

保存该文件后，你可以用 Python 解释器运行它，如下所示：

```
$ python3 vending.py
```

当按下 COIN 或 VEND 按钮时，这个程序应该像之前一样运行。不过，现在你还可以从网络浏览器连接到该设备并查看关于自动贩卖机的数据。为此，你需要一个与 Raspberry Pi 在同一本地网络的设备，除非你的 Raspberry Pi 用公网 IP 地址直接连接到互联网，在这种情况下，互联网上的任何设备应该都可以与之连接。如果你没有其他设备，那么你可以启动 Raspberry Pi 自身的网络浏览器，让 Raspberry Pi 同时充当客户端和服务器。

你需要找到 Raspberry Pi 的 IP 地址。如果你想了解查找 IP 地址的详细信息，请参阅设计 30，不过，你应该使用以下命令：

```
$ ifconfig
```

有了 Raspberry Pi 的 IP 地址后，在作为客户端的设备上打开网络浏览器。在地址栏输入 http://IP:8080，用 Raspberry Pi 的 IP 地址替换其中的“IP”。最终结果应该是类似 http://192.168.1.41:8080 这样的。把它输入浏览器的地址栏后，你应该看到网页加载了投币数和售出操作数。每次请求该页面时，都应该看到 Python 程序把关于请求的信息输出到终端。网页加载后，它不会自动重载，所以如果你又按下了 COIN 或 VEND 按钮，并想查看最新值的话，需要刷新网络浏览器的网页。要停止这个程序，请在键盘上按下 <Ctrl+C>。

回忆一下第 12 章，网站不是静态的，就是动态的。在第 12 章的设计中，你能运行的网站是静态的，它提供提前准备好的内容。本章的自动贩卖机网站是动态的。当请求到来时，它生成 HTML 响应。具体来说，它在响应前更新 HTML 内容中的投币数和售出操作数。

作为附加挑战，请尝试修改程序，使其在网页上也显示“投币数”的值。这个值应该与输出到终端的最新投币数匹配。

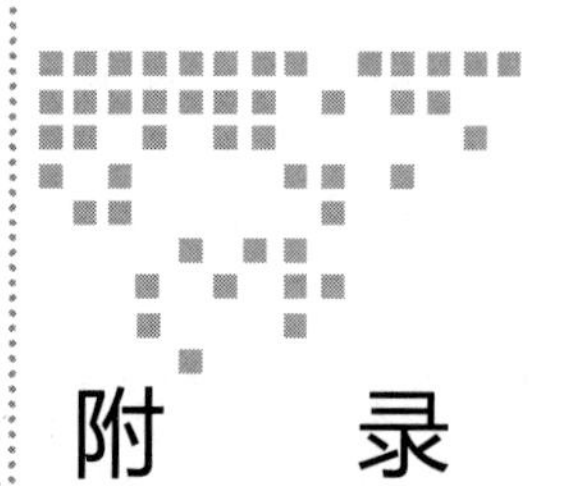

Appendix 附　录

附录 A　参考答案

这里给出了本书中练习题的答案。有些题目没有唯一的正确答案，对于这些问题，本书给出了一个示例答案。如果你在查看本部分的答案之前就自己想出了答案，那么你将从这些练习题中获得最大的收获！

练习 1-1：略

练习 1-2：

答案：

10（二进制）= 2 （十进制）

111（二进制）= 7 （十进制）

1010（二进制）= 10（十进制）

练习 1-3：

答案：

3（十进制）= 11 （二进制）

8（十进制）= 1000（二进制）

14（十进制）= 1110（二进制）

练习 1-4：

答案：

10（二进制）= 2（十六进制）

11110000（二进制）= F0（十六进制）

练习 1-5：

答案：

1A（十六进制）= 0001 1010（二进制）

C3A0（十六进制）= 1100 0011 1010 0000（二进制）

练习 2-1：

答案：

用 8 位数表示 A～D 的方案见表 A-1。

表 A-1　用字节表示 A~D 的自定义系统

字符	二进制
A	00000001
B	00000010
C	00000011
D	00000100

DAD 用本系统表示应该为 00000100 00000001 00000100（为清晰起见，添加了空格）。写成十六进制为：0x040104。

练习 2-2：

（1）答案：

文本　Hello

二进制　01001000 01100101 01101100 01101100 01101111

十六进制　0x48656C6C6F

文本　5 cats

二进制　00110101 00100000 01100011 01100001 01110100 01110011

十六进制　0x352063617473

请注意，对“5 cats”编码，得到字符“5”的二进制表示为 0b00110101。这和数字 5 是不一样的，数字 5 的编码为 0b101。这里的字符代表数字 5 的符号（5），而数字代表的是数量。同样是对“5 cats”的编码，注意，即使是空格符（你可能认为是空的）也需要用一个字节表示。

（2）答案：

二进制　01000011 01101111 01100110 01100110 01100101 01100101

文本 Coffee

二进制 01010011 01101000 01101111 01110000

文本 Shop

（3）答案：

十六进制 43 6C 61 72 69 6E 65 74

文本 Clarinet

练习 2-3：

答案：

如果我们用 2 位系统，那么 2 位数的 4 个不同数值为 00、01、10 和 11。这四个二进制数都可以映射到一种颜色：黑色、白色、深灰色和浅灰色——具体的映射关系由你决定，因为是你在设计系统。表 A-2 给出了一个示例答案，这里的正确答案不止一个。

表 A-2 表示灰度的自定义系统

颜色	二进制
黑色	00
深灰色	01
浅灰色	10
白色	11

练习 2-4：

（1）答案：

假设图像总是 4×4 像素的，那么我们需要表示 16 个像素，每个像素一种颜色。使用前面表 A-2 定义的灰度表示系统，我们需要 2 位来表示每个像素的颜色。要表示完整图像的 16 个像素，且每个像素 2 位，总共需要 16×2=32 位。

当用二进制编码数据时，我们应该按什么顺序来表示这 16 个像素呢？虽然有点武断，但是在本例中，我们按照从左到右、从上到下的顺序排列数据，如图 A-1 所示。

使用图 A-1 展示的方法，当我们用二进制编码数据时，开始的 2 位代表像素 1 的颜色，其后 2 位代表像素 2 的颜色，以此类推。然后，我们用前面练习中定义的颜色代码来定义每个像素的颜色。例如，如果像素 1 是白色，像素 2 是黑色，像素 3 是深灰色，那么图像数据的前 6 位就为 110001。

（2）答案：

这里，我将通过（1）给出的示例方法来写出图 2-1 中花朵图像的二进制表示，以说明如何解决这个问题。为了更直观地展示，图 A-2 在花朵图像上覆盖了已编号的图像网格。

现在，我们已经给网格中的每个像素分配了一个数字，我们可以参考表 A-2 对每个方块应用一个 2 位的数值。最终结果是一个二进制序列：11111101111011011111110101100101。它表示灰度花朵图像。

1	2	3	4
5	6	7	8
9	10	11	12
13	14	15	16

图 A-1　示例图像格式中的像素顺序

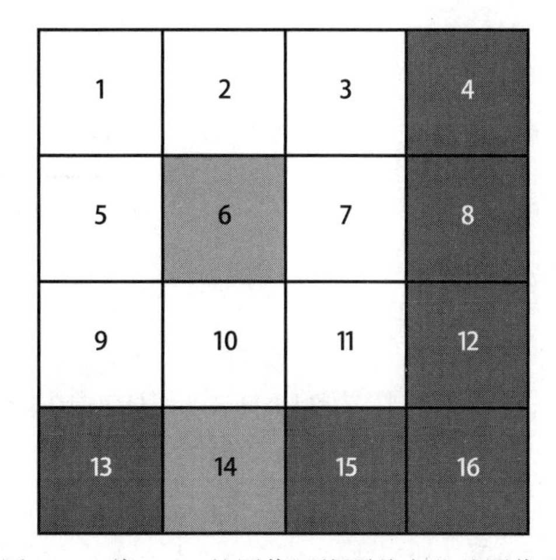

图 A-2　将 4×4 的图像网格覆盖在花朵图像上

注意，我编写了一个简单的网页来模拟该 16 像素和 2 位灰度值的特殊系统，详见 https://www.howcomputersreallywork.com/grayscale/。

（3）答案：略

练习 2-5：

答案：

（*A* OR *B*）AND *C* 的真值表见表 A-3

表 A-3　(*A* OR *B*) AND *C* 真值表解决方案

A	*B*	*C*	输出
0	0	0	0
0	0	1	0
0	1	0	0
0	1	1	1
1	0	0	0
1	0	1	1
1	1	0	0
1	1	1	1

练习 3-1：

答案：

欧姆定律告诉我们：电流等于电压除以电阻。因此计算过程如下，电路图标注见图 A-3。

$$I = \frac{6\ \text{V}}{30\ 000\ \Omega} = 0.0002\ \text{A} = 0.2\ \text{mA}$$

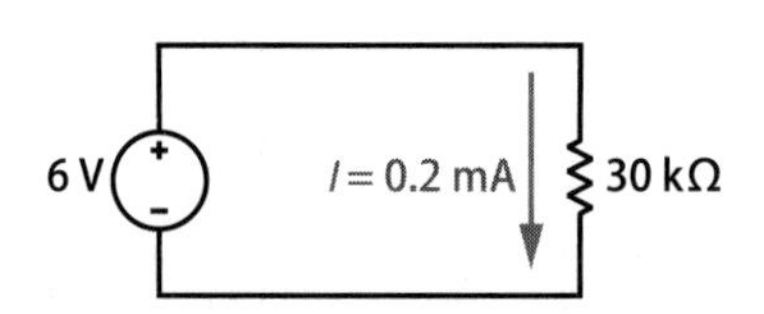

图 A-3　用欧姆定律计算电流

练习 3-2：

答案：

电路总电阻为 24 kΩ + 6 kΩ + 10 kΩ = 40 kΩ。我们可以用欧姆定律计算出电流：10 V / 40 kΩ = 0.25 mA，如图 A-4 所示。

现在用欧姆定律计算 24 kΩ 电阻的压降：V = 0.25 mA × 24 kΩ = 6 V。这表示 V_B 比 V_A 低 6 V，所以 V_B = 10 V − 6 V = 4 V。6 kΩ 电阻的压降为 0.25 mA × 6 kΩ = 1.5 V，所以 V_C = V_B − 1.5 V = 2.5 V。这样，留给 10 kΩ 电阻的压降就是 2.5 V，我们可以从基尔霍夫电压定律推导出来，也可以用欧姆定律计算出来。

练习 4-1：

答案：

图 A-5 给出了用 NPN 晶体管实现逻辑 OR 的解决方案。

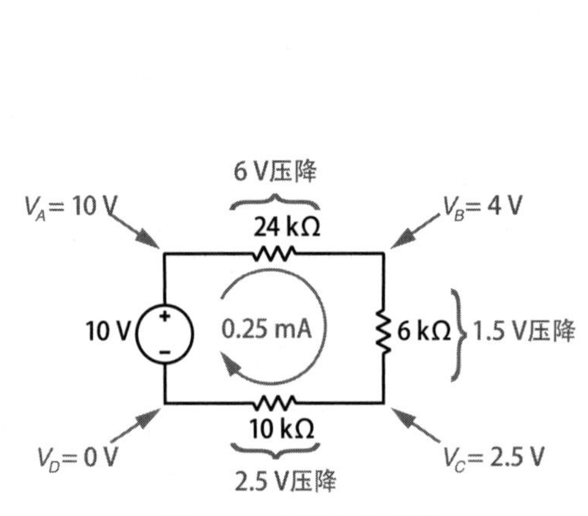

图 A-4　电路上的压降

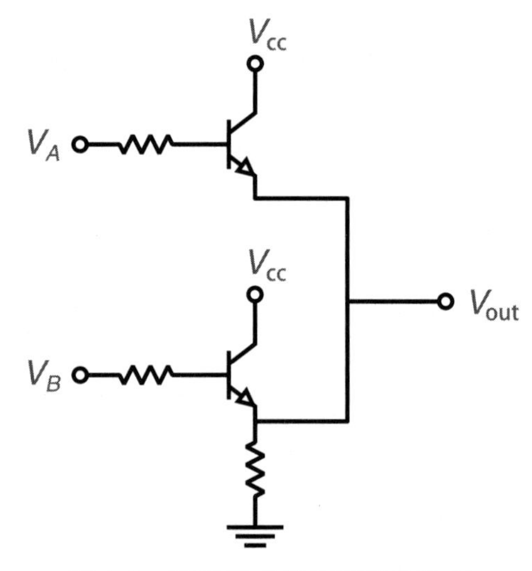

图 A-5　用 NPN 晶体管实现逻辑 OR

练习 4-2：

答案：

图 A-6 给出了实现（A OR B）AND C 的解决方案。

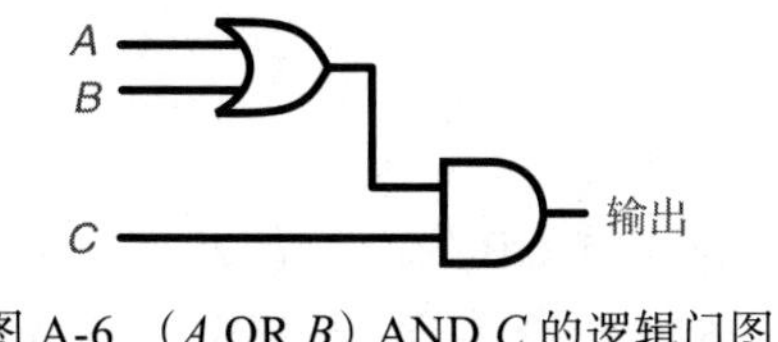

图 A-6 （*A* OR *B*）AND *C* 的逻辑门图

练习 5-1：

答案：

答案中的前导 0 是可选的。

0001 + 0010 = 0011

0011 + 0001 = 0100

0101 + 0011 = 1000

0111 + 0011 = 1010

练习 5-2：

答案：

参见图 A-7。

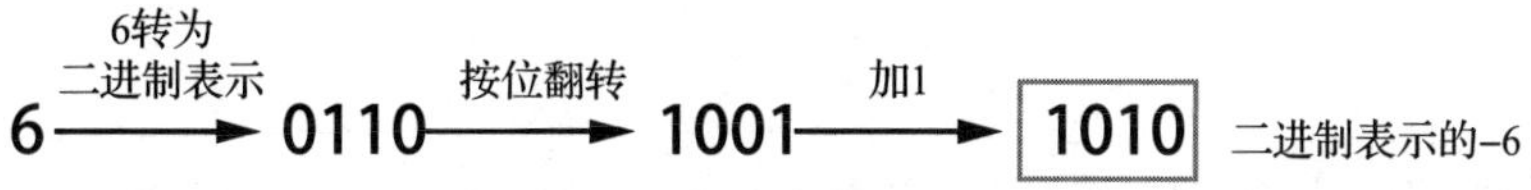

6 —(6转为二进制表示)→ 0110 —(按位翻转)→ 1001 —(加1)→ 1010 二进制表示的−6

图 A-7　确定 6 的补码

练习 5-3：

答案：

参见图 A-8。

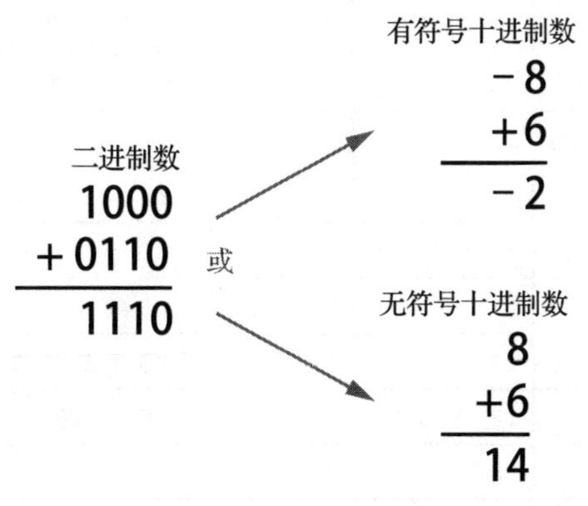

图 A-8　1000 加上 0110

练习 7-1：

答案：

回顾第 1 章中的 SI 前缀，可知 1 GB 的内存有 2^{30} 或 1 073 741 824 个字节，所以 4GB 就是这个数的 4 倍，即 4 294 967 296 个字节。如果取 $\log_2$ (4 294 967 296) 就得到 32，所以用 32 位就可以表示 4 GB 内存中每一个字节的唯一地址。

如果你的计算器或应用程序不提供 $\log_2 x$ 函数，那么请注意：

$$\log_2(n) = \frac{\log(n)}{\log(2)}$$

有了这些信息，你可以用 log(4 294 967 296) 除以 log(2) 得到 $\log_2$(4 294 967 296)。结果应该是 32。

我们还可以用另一种方法得到这个答案。由于内存地址是从 0 开始，而不是从 1 开始分配的，4 GB 内存的地址范围就是从 0 到 4 294 967 295（比字节数少 1）。在十六进制中，4 294 967 295 是 0xFFFFFFFF。这是个 8 位的十六进制数，由于每个十六进制符号代表二进制的 4 位，因此很容易得到：需要 4 × 8=32 位。

练习 7-2：略

练习 8-1：

答案：

完成这个练习后，请查看表 A-4，看看运行该汇编代码的每一个步骤。表中的每一行表示一条指令的执行。对每条指令来说，我们会跟踪 `r0` 和 `r3` 的值。箭头（→）表示寄存器值从左边的变成右边的。在“说明”列中，我用等号表示“被设置为”，它在这里不作为等式的数学检验。例如，`r0 = r3 × r0` 表示“`r0` 被设置为 `r3` 与 `r0` 的乘积”。

表 A-4 阶乘运算的汇编代码（逐步执行）

地址	指令	r0	r3	说明
		4	?	你想计算 4 的阶乘，所以在代码运行前设置 r0 = 4。r3 初始未知
0001007c	subs r3, r0, #1	4	? → 3	r3 = r0 - 1 = 4 - 1 = 3
00010080	ble 0x10090	4	3	r3 > 0，所以不分支；相反，继续执行 10084
00010084	mul r0, r3, r0	4 → 12	3	r0 = r3 × r0 = 3 × 4 = 12
00010088	subs r3, r3, #1	12	3 → 2	r3 减 1
0001008c	bne 0x10084	12	2	r3 不为 0，所以跳转到分支 10084
00010084	mul r0, r3, r0	12 → 24	2	r0 = r3 × r0 = 2 × 12 = 24
00010088	subs r3, r3, #1	24	2 → 1	r3 减 1

（续）

地址	指令	r0	r3	说明
0001008c	bne 0x10084	24	1	r3 不为 0，所以跳转到分支 10084
00010084	mul r0, r3, r0	24 → 24	1	r0 = r3 × r0 = 1 × 24 = 24
00010088	subs r3, r3, #1	24	1 → 0	r3 减 1
0001008c	bne 0x10084	24	0	r3 为 0，所以不分支；相反，继续执行 10090
00010090		24	0	我们完成了该算法，结果可以在 r0 中找到，现在它等于 24，与预期一致

希望你自己尝试时所看到的结果与这个表是一样的。现在，我们已经演练了一遍 $n = 4$ 时的代码，请思考如下问题：

（1）如果我们通过初始设置 r0 =1 来计算 1 的阶乘，会发生什么？

（2）根据阶乘的数学定义，0 的阶乘为 1。我们的算法适用于这种情况吗？如果我们初始设置 r0 =0，会得到什么结果？

（3）你可能已经注意到了，在代码的下一次迭代中，预期结果 24 被保存到 r0 中。也就是说，这个程序多循环了一次，但这和 r0 没有关系。你觉得为什么要这样编写代码？

（4）假设我们使用的是 32 位寄存器，那么 n 是否有实际的上限？也就是说，是否能提供一个 n 值使得结果太大以致 32 位寄存器无法容纳？

下面是对上述问题的回答：

（1）第一条 sub 指令设置 r3 =0，其后的 ble 指令跳转到 0x10090，因为 r3 =0。此时，r0 中的结果仍然为 1，这就是预期的输出。

（2）不适用，我们的算法行不通。第一条 sub 指令设置 r3 =−1，其后的 ble 指令跳转到 0x10090，因为 r3 为负。此时，r0 中的结果仍然为 0，这不是预期的输出。

（3）n 的阶乘是小于或等于 n 的正整数的乘积。保持这个定义的正确性意味着用 1 乘以 r0，即使这样做不会改变最终结果。这意味着当 r3 等于 1 时，代码会有一次额外的循环。我们可以通过跳过这个与 1 的乘法运算来提高代码的效率，但我保留了它，以保持阶乘数学定义的正确性。

（4）32 位整数的最大值为 $2^{32} - 1 = 4\ 294\ 967\ 295$。如果也需要表示负数，那么最大值为 2 147 483 647。因此，如果我们尝试计算的阶乘结果大于 40 亿（或 20 亿），我们就会得到不准确的结果。由此可得，$n = 12$ 是我们能使用的最大 n 值。13 的阶乘超过 60 亿，这对 32 位整数来说太大了。

练习 9-1：

答案：

图 A-9 展示了 x 和 y 取值为 11 和 5 时，AND、OR 和 XOR 是如何进行按位运算的。

```
x = 11 = 1011        x = 11 = 1011        x = 11 = 1011
y = 5  = 0101        y = 5  = 0101        y = 5  = 0101
-------------- AND   -------------- OR    -------------- XOR
     0001                 1111                 1110
```

图 A-9　两个值的按位运算

因此，a 的值为 1，b 的值为 15（二进制的 1111），c 的值为 14（二进制的 1110）。

练习 9-2：

答案：

在你继续阅读之前，我强烈建议你尝试完成这个练习！如果亲自做一下，你将学到更多。完成这个练习后，请参阅表 A-5，查看运行示例 C 代码的每一个步骤。箭头（→）意味着变量值从左边的值变成右边的值。

```
// Calculate the factorial of n.
int factorial(int n)
{
  int result = n;

  while(--n > 0)
  {
    result = result * n;
  }

  return result;
}
```

表 A-5　阶乘运算的 C 代码（逐步执行）

语句	结果	n	说明
int factorial(int n)	?	4	我们想计算 4 的阶乘，所以设置 n ＝4 作为函数的输入
int result = n;	? → 4	4	设置 result 的初始值为 n 的值
while(--n > 0)	4	4 → 3	n 减 1　n＞0，所以运行 while 循环的循环体
result = result * n;	4 → 12	3	result＝4 × 3
while(--n > 0)	12	3 → 2	n 减 1　n＞0，所以再次运行 while 循环的循环体
result = result * n;	12 → 24	2	result＝12 × 2
while(--n > 0)	24	2 → 1	n 减 1　n＞0，所以再次运行 while 循环的循环体
result = result * n;	24 → 24	1	result＝24 × 1
while(--n > 0)	24	1 → 0	n 减 1　n=0，所以退出 while 循环
return result;	24	0	我们完成了该算法，计算结果可以在 result 中找到，现在它等于 24，与预期一致

希望你自己尝试时所看到的结果与这个表是一样的。

练习 10-1：略

练习 11-1：

答案：

如同我们在第 11 章看到的，计算机子网的网络 ID 是 192.168.0.128。假设两个设备在同一个子网上，它们将共享一个子网掩码和网络 ID。把另一台计算机的 IP 地址与子网掩码进行逻辑 AND 会给我们提供一个网络 ID。

```
  IP = 192.168.0.200   = 11000000.10101000.00000000.11001000
MASK = 255.255.255.224 = 11111111.11111111.11111111.11100000
 AND = 192.168.0.192   = 11000000.10101000.00000000.11000000 = The network id
```

另一台计算机的网络 ID（192.168.0.192）与你的计算机网络 ID（192.168.0.128）不匹配，所以它们在不同的子网上。这意味着，这些主机之间的通信需要通过路由器。

练习 11-2：

答案：

- DNS:53
- SSH:22
- SMTP:25

练习 12-1：

答案：

对于 https://example.com/photos?subject=cat&color=black，有：

- 协议：https
- 主机：example.com
- 路径：photos
- 查询：subject=cat&color=black

对于 http://192.168.1.20:8080/docs/set5/two- trees.pdf，有：

- 协议：http
- 主机：192.168.1.20
- 端口：8080
- 路径：docs/set5/two-trees.pdf

对于 mailto:someone@example.com，有：

- 协议：mailto
- 用户名：someone
- 主机：example.com

附录 B 相关资源

本附录包含的信息能帮助你开始本书的设计任务。我们将介绍需要的电子元件、如何为数字电路供电，以及如何设置 Raspberry Pi。

为设计任务购买电子元件

以动手方式使用电子元件和编程有助于你学习本书的概念，但尝试获得各种组件可能会令人望而生畏。本部分将给出设计所需的电子元件。

下面是设计要用到的全部组件（你可以一次性购买好）：

- 面包板（至少是 830 孔的面包板。如果你打算在每个练习之后都拆除电路，那么可以只购买一个面包板。如果想保持电路的完整性，则需要一个以上的面包板）；
- 电阻（各种各样的电阻，要用到的具体值为：47 kΩ、10 kΩ、4.7 kΩ、1 kΩ、470 Ω、330 Ω、220 Ω）；
- 数字万用表；
- 9 V 电池；
- 9 V 电池夹连接器；
- 一组 5 mm 或 3 mm 的红色 LED（发光二极管）；
- 两个 NPN BJT 晶体管，型号 2N2222，TO-92 封装（也被称为 PN2222）；
- 设计用于面包板的跨接线（公对公和公对母）；
- 适合面包板的按钮或滑动开关；
- 7402 集成电路；
- 7408 集成电路；
- 7432 集成电路；
- 两个 7473 集成电路；
- 7486 集成电路；
- 220 μF 电解电容器；
- 10 μF 电解电容器；
- 5 V 电源；
- Raspberry Pi 以及相关内容；
- 推荐用接线夹，它们使你能轻松地把电池连接到面包板或把万用表连接到电路；
- 可选剥线钳。

虽然这个列表给出了某些组件的特定数量，但是为防止损坏或是出于实验的目的，对于有些元件，你可以购买更多数量。建议晶体管多备几个，集成电路可以每种多备一个。

7400 产品编号

寻找一个合适的 7400 系列集成电路（IC）可能是一项挑战，因为用于标识这些芯片的产品编号包含了更多的细节而不仅仅是 74*xx* 标识符。7400 系列有许多子系列，每一个都有自己的产品编号方案。此外，制造商还在产品编号上添加自己的前缀和后缀。一开始这可能会令人困惑，所以我们先来看个例子。我最近想买一个 7408 IC，但我实际订购的型号是 SN74LS08N。如图 B-1 所示，我们把这个型号分解开来。

SN74LS08N

SN	74	LS	08	N
前两位表示制造商	74表示7400系列逻辑门，商用	逻辑子系列	设备功能	后缀字母是特定于制造商的
SN表示德州仪器公司	54表示军事等级	LS表示低功耗肖特基	四路2输入AND门，7408的衍生产品	N表示通孔DIP封装

图 B-1　解读 7400 系列产品编号

SN74LS08N 是由德州仪器公司生产的 7408 AND 门，属于低功耗肖特基子系列，通孔 DIP 封装。不用担心“低功耗肖特基”的详细信息，只需要知道它是元件的常用子系列，该元件是为我们的目的服务的。

对于本书中的设计任务，你要确保使用的元件可以相互兼容。设计任务假设你使用的元件与原始 7400 逻辑电平（5 V）兼容。考虑到现有的元件，建议购买 LS 或 HCT 系列元件。如果想要 7408，则可以买 SN74LS08N 或 SN74HCT08N。一般来说，你应该可以在一个电路里混用 LS 和 HCT 系列元件。前缀字母（本例中为 SN）对兼容性来说不重要，你不需要从特定制造商那里购买元件。后缀很重要，因为它表示封装的类型。一定要让元件适合面包板——N 型元件工作良好。

为数字电路供电

7400 系列逻辑门需要 5 V 电压，所以 9 V 电池不能为这些集成电路供电。让我们看看哪些元件可以为 7400 电路供电。

USB 充电器

自 2010 年以来，许多智能手机充电器都有一个微型 USB 连接器。大约在 2016 年，USB Type-C（简称 USB-C）连接器开始变得更加普遍。幸运的是，每一种 USB 都提供 5 V 直流电，所以 USB 充电器是为 7400 系列集成电路供电的绝佳选择，图 B-2 展示了一个 USB 充电器。如果你和我一样，你家里可能已经有一堆旧的微型 USB 手机充电器了。

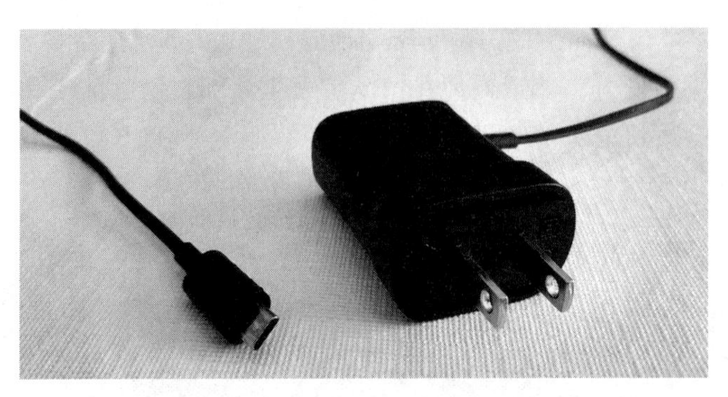

图 B-2　微型 USB 手机充电器

但是，这里有一个挑战：微型 USB 连接器不能插入面包板，至少在没有其他帮助的情况不行！要在面包板上使用 USB 充电器，一个好的选择是买一个微型 USB 接线板，如图 B-3 所示。把 USB 充电器插入接线板，然后把接线板插入面包板。Adafruit、SparkFun 和 Amazon 都有这些产品。这里可能需要进行一些焊接。这些板通常有 5 个引脚，但考虑到我们的目的，你只需要关注 VCC（5 V）引脚和 GND（接地）引脚。当连接到面包板时，要记得调整引脚使得它们不会互相连接，如图 B-3 所示。

图 B-3　微型 USB 接线板（左图），将其插入面包板（右图）

面包板电源

另一个选择是买一个面包板电源，比如 DFRobot DFR0140 或者 YwRobot Power MB V2 545043。这些方便的设备可以插入面包板，并由带 2.1 mm 桶形插孔的壁式直流电源供电。直流电源应提供 6～12 V 的电压（请务必确认你使用的特定板所允许的具体电压）。这些 2.1 mm 直流电源在为消费型电子产品供电方面是非常常见的——你可能已经有好几个了，而且这种类型的电路板可以很容易地把电压转换成 5 V 并把它连接到面包板。图 B-4 展示了其中一个常见的带 2.1 mm 桶形插孔的直流电源和一个面包板电源。

需要注意的是：这些电路板的稳压器可能会出现故障，导致其输出的电压高于 5 V。当连接到其中一个电源时，不要假设输出电压就是 5 V。在连接电路之前要测试输出电压！使用较低输入直流电压应该有助于降低这种风险，所以当给定的允许电压范围是 6～12 V 时，建议使用 9 V 或更低的直流电源。这些电路板还可以输出 3.3 V 而不是 5 V，由电路板上的跨接线设置来控制，所以请确保跨接线在正确的位置。

图 B-4　带 2.1 mm 桶形插孔的直流电源和面包板电源

来自 Raspberry Pi 的供电

如果你已经打算为从第 8 章开始的设计任务购买一个 Raspberry Pi，那么你很幸运，它的一个附带好处是可以充当 5 V 电源！ Pi 上的 GPIO 引脚具备各种功能，但在这里，你只需要知道引脚 6 是接地引脚，引脚 2 提供 5 V 电源即可。你可以把这些引脚连接到面包板为其供电。GPIO 引脚图参见图 13-11。这里甚至不用安装任何 Raspberry Pi 软件，因为当 Pi 上电时，5 V 引脚就会打开。只要把 Pi 与电源连接即可。它还有一个额外的好处，如果需要的话，引脚 1 可以提供 3.3 V 电源。需要说清楚的是，如果这样做，那么你没有使用 Pi 的任何计算能力，它只是充当了一个 5 V 电源。Raspberry Pi 能提供的电流是有限的。Pi 的电源适配器有最大额定电流，Pi 本身会消耗一些电流，空闲时大约为 300 mA。这可能是不需要说的，但是如果你选择这种方式，请注意正确地连接电路，你肯定不想不小心弄坏 Raspberry Pi！ 图 B-5 展示了一个用作电源的 Raspberry Pi。

图 B-5　把 Raspberry Pi 当作电源使用

AA 电池

你还可以使用 AA 电池为数字电路供电。单个 AA 电池提供 1.5 V，所以可以把 3 节 AA 电池串联起来提供 4.5 V 电压。尽管这个电压小于 7400 系列组件的推荐电压，但它应该适合本书中的电路，虽然你的结果可能会有所不同。你可以买一个可装 3 节 AA 电池的电池座，然后把它的输出线连接到面包板，如图 B-6 所示。

图 B-6　用 3 节 AA 电池为面包板上的电路供电

电路故障排除

有时候你搭建了一个电路，希望它按某种方式工作，但结果却完全不同，也许电路看起来啥都没做，又或者它的行为方式可能是你意想不到的。不要担心，每个搭建电路的人都会遇到这种情况！布线容易出错，连接处容易松动，这都会把一切搞砸。电路故障排除和故障诊断是一项有价值的技能，它实际上能帮助你扩展对工作原理的理解。这里我将分享一些故障排除方法，这些方法是在我的电路不按预期工作时我所使用的。

如果电路中有任何元件摸起来很烫，请立即断开电路与其电源的连接。连线错误会让组件过热。如果继续连接几秒钟，通常就会对组件造成损坏。

电路故障排除的主要工具是万用表。使用万用表，你可以轻松查看电路上各点的电压。问问自己“电路上这个点或那个点的期望电压是多少？”对于 5 V 的数字电路，预期电压通常大约为 0 V 或 5 V。如果万用表在电路中的任意点测出非预期电压，请问一下自己“什么会影响这个电压？”然后检查这些内容。

对于数字电路，我一般采用“反向工作”方法，即从出现故障的组件开始排查。确认其输出电压是错的，然后检查其输入。输入也是非预期电压吗？如果是的，则反向移动到提供这个输入的组件并查看其输出。重复上述步骤，直到找到问题的源头。

当检查电压时，我发现最简单的方法是把黑色 / 负极 /COM 引线连接到电路的一个接地点，并保持不动。如果没有明显的位置来把引线接地，只需增加一根跨接线连到面包板的接地点，然后使用接线夹把该跨接线连接到 COM 引线。把 COM 引线固定到接地点后，你可以轻松地使用正极引线（一般是红色的）戳一下电路中的不同点并检查其相对于地的电压。

在故障排除的过程中，我经常用万用表检查的另一类对象是电阻。有时，我知道两点之间的预期电阻，我想要验证这个电阻值。如果连接测量点的路径不止一条，请确保你知道预期电阻，这样你就可以正确解释你的测量结果。

通常，我检查电阻只是为了确保两个点是连接的，在这种情况下，我希望电阻趋近于 0 Ω。有时，我想要保证两个点是断开的，那么我要找的就是一个非常高的电阻，即开路。有些万用表还包含了连续测试功能，在这个功能下，如果两点是连接的，那么万用表会发出声音。如果你只是检查连接性，这种方法有时比检查电阻更可取。

故障排除时需要验证的一些具体事项：

- ❑ **面包板电源**　面包板在长电源列上是否有适当的电压？正电源列应该等于电源（例如，9 V 电池或 5 V 电源）的电压。如果两边都要使用，请务必检查面包板的两边。
- ❑ **面包板连接**　验证面包板上的连线是否正常。引线是否完全插入，是否有松了的连接？仔细检查面包板上连接的对齐情况，引线在正确的行中吗？正在检查的行中是否有任何额外的连接？
- ❑ **电阻**　电阻值正确吗？如果需要，从电路中取出每个电阻并用万用表进行验证。
- ❑ **LED**　LED 方向正确吗？较短的引线应该连接得离地更近。
- ❑ **电容器**　如果电容器是分正负极的，请确保正极引线和负极引线方向正确。同时检查电容值。
- ❑ **集成电路**　集成电路是否正确连接到接地点和正电压？芯片是否完全安置在面包板中，横跨中间的间隙吗？通过寻找缺口来检查集成电路是否正确对齐。你使用了正确的产品型号吗？
- ❑ **数字输入开关 / 按钮**　当使用下拉电阻时，开关的一侧是否连接到正电压，而另一侧通过下拉电阻连接到地？相关芯片的数字输入引脚是否与下拉电阻连接到开关的同一侧？

Raspberry Pi

Raspberry Pi 是一款小巧廉价的计算机。它的开发是为了促进计算机科学的教学，它在技术爱好者中收获了一批追随者。这是本书选择的计算机，所以这里我们将介绍设置与使用 Raspberry Pi 的基础知识。

为什么选择 Raspberry Pi

在详细介绍如何配置 Raspberry Pi 之前，我想解释一下为什么本书选择了 Raspberry Pi。有些设计任务需要某种类型的计算机进行交互。现在，你可能认为自己已经有计算机了，为什么还需要另一台计算机？既然你在阅读一本关于计算机的书，那么你可能已经拥有一台或者多台计算机！但是，并不是每个人都拥有相同类型的计算机，有些类型的计算机设备比其他类型更适合教学。此外，本书的一些设计任务涉及计算机的底层细节，所以所有学习本书内容的人都需要同一类型的设备。

Raspberry Pi 是一个很自然的选择，因为它价格便宜（大约 35 美元），并且在设计时考虑到了计算机教学。我的目的不是让你把 Raspberry Pi 变成你的主计算机，或是让你成为 Raspberry Pi 专家。相反，我们使用 Raspberry Pi 来学习核心概念，然后你就可以把这些核心概念应用于任何计算机设备。Raspberry Pi 使用 ARM 处理器，我们将在其上运行 Raspberry Pi 操作系统（以前称为 Raspbian），它是针对 Raspberry Pi 优化的一个 Linux 版本。

需要的组件

首先，你需要获得 Raspberry Pi 和一些配件。下面是你所需要的：

- **Raspberry Pi** 价格大概是 35 美元，可以在网上购买。撰写本书时，最新模型是 Raspberry Pi 4 模型 B，本书中的练习都在这个版本和 Raspberry Pi 3 模型 B+ 上进行了测试。如果发布了更新的模型，考虑到 Raspberry Pi 以往的向后兼容性，它也可能是可以接受的。Raspberry Pi 4 模型 B 有多种内存配置（1 GB、2 GB、4 GB 和 8 GB）——其中任何一种都适合本书。
- **USB-C 电源（仅适用于 Raspberry Pi 4）** Raspberry Pi 4 使用 USB-C 电源。该电源需要提供 5 V 电压和至少 3 A 电流。某些 USB-C 电源与一些 Raspberry Pi 4 设备不兼容，因此，建议买一个专门为 Raspberry Pi 4 设计的 USB-C 电源。
- **微型 USB 电源（仅适用于 Raspberry Pi 3）** 与 Raspberry Pi 4 不同，Raspberry Pi 3 的电源和许多智能手机所使用的一样，都由微型 USB 电源适配器供电。如果你已经有了智能手机充电器，它可能也适用于 Pi。只要确保连接器是微型 USB。这种充电器的标准输出电压是 5 V，但它们提供的最大电流各不相同。对于 Raspberry Pi 3，推荐的电源要能提供至少 2.5 A 的电流。电流需求随着连接到 Pi 的对象而变化。所以请查看智能手机充电器，看看它能提供多大电流。你可能需要买一个专门为 Pi 设计的微型 USB 电源。
- **MicroSD 卡（8 GB 或更大容量）** Raspberry Pi 没有任何存储空间，所以你需要利用 MicroSD 卡来自行添加。这些卡通常用于智能手机和相机，所以你可能已经有了一张多余的卡。安装 Raspberry Pi 操作系统的过程将擦除现有数据，所以请务必备份保存在 MicroSD 卡的所有内容。
- **USB 键盘和 USB 鼠标**。任何标准 USB 键盘和 USB 鼠标都行。
- **支持 HDMI 的电视或显示器** 所有的现代电视和许多计算机显示器都支持 HDMI 连接。
- **HDMI 电缆线** Raspberry Pi 3 使用标准的全尺寸 HDMI 电缆线，但 Raspberry Pi

4 有一个微型 HDMI 端口。假设显示设备接收全尺寸 HDMI 输入，则表明对于 Raspberry Pi 4，你需要一个微型 HDMI 到 HDMI 的电缆线或适配器。

- **可选：Raspberry Pi 盒子**　这不是必需的，但是有的话还是很好的。请注意，Raspberry Pi 3 和 Raspberry Pi 4 有不同的物理布局，所以它们需要不同形状的盒子。

设置 Raspberry Pi

Raspberry Pi 网站（https://www.raspberrypi.org）有详细的设置指南，指导如何设置 Raspberry Pi。这里没有介绍所有的细节，因为已经有在线文档了，而且文档会随时间推移而变化。这里将简单概述一下所需步骤。

有几种方法可在 Raspberry Pi 上安装 Raspberry Pi 操作系统。如果你有一台带 MicroSD 卡读写器的计算机，那么最简单的方法是使用 Raspberry Pi Imager。以下是利用该工具达到快速使用 Raspberry Pi 的步骤：

1）把 MicroSD 卡插入计算机。

2）从 https://www.raspberrypi.org/downloads 下载 Raspberry Pi Imager。

3）在计算机上安装并运行 Raspberry Pi Imager。

4）选择操作系统：Raspberry Pi OS（32 位）。

5）选择要使用的 SD 卡。

6）单击“Write”，Raspberry Pi 操作系统将被复制到 MicroSD 卡。

7）从计算机上移除 MicroSD 卡。

8）把 MicroSD 卡插入 Raspberry Pi。

9）将 Raspberry Pi 与 USB 键盘、USB 鼠标和使用 HDMI 的显示器或电视连接，最后接通电源。

10）Raspberry Pi 应该会引导到 Raspberry Pi 操作系统。

另一种安装 Raspberry Pi 操作系统的好方法是使用 Raspberry Pi 新开箱软件（New Out Of Box Software，NOOBS）。要使用 NOOBS，需从 https://www.raspberrypi.org/downloads 下载 NOOBS，并把它复制到空白 MicroSD 卡中。如果你没有另一台计算机可以用来做这个事情，那么你可以买一个预装了 NOOBS 副本的 MicroSD 卡。只要 MicroSD 卡上有了 NOOBS，就把这个卡插入 Raspberry Pi 并接通电源。然后，按照屏幕上的说明来安装 Raspberry Pi 操作系统。

注意，在撰写本书时，64 位版本的 Raspberry Pi 操作系统已经作为 beta 版发布了。但是，本书中的设计任务是用 32 位 Raspberry Pi 操作系统测试的，建议仍使用 32 位版本。

使用 Raspberry Pi 操作系统

设置好 Raspberry Pi 后，建议花点时间熟悉一下 Raspberry Pi 操作系统的用户界面。如果你之前已经用过 Mac 或 Windows PC，那么你对 Raspberry Pi 操作系统桌面环境应该感到有点熟悉。你可以在窗口中打开应用程序，移动这些窗口，关闭窗口等。

也就是说，本书中的大多数设计任务不需要你使用 Pi 的任何图形应用程序。几乎所有的事情都可以通过终端完成，大多数设计任务至少需要使用终端，所以我们花点时间来熟悉一下它。从 Raspberry Pi 操作系统的桌面，你可以通过单击 Raspberry（左上角的图标）→ Accessories → Terminal 打开终端，如图 B-7 所示。

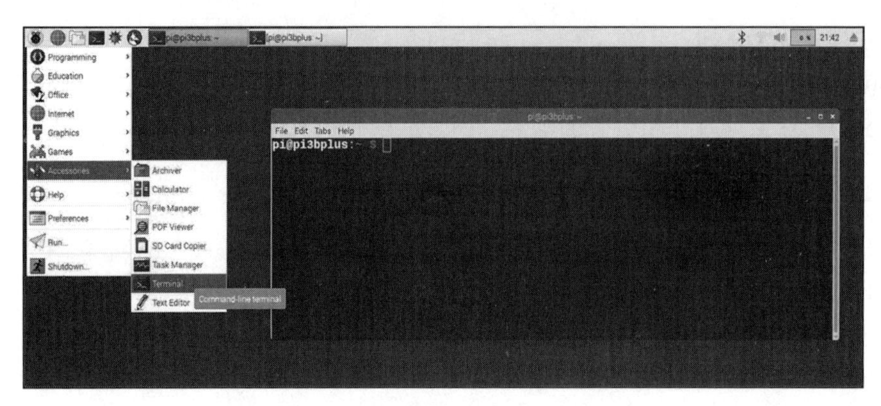

图 B-7　打开 Raspberry Pi 终端

终端是一个命令行界面（CLI），在那里，你所做的一切都是通过输入命令来完成的。如同所有版本的 Linux 一样，Raspberry Pi 操作系统出色地支持着 CLI。如果你知道正确的命令，你可以从终端执行任何操作。默认情况下，Raspberry Pi 操作系统的终端运行一个称为 bash 的壳。壳是操作系统的用户界面，它可以是图形化的（如桌面），也可以是基于命令行的。bash 命令行中的初始文本应该如下所示：

```
pi@raspberrypi:~ $
```

让我们来检查一下这个文本字符串的每个部分：

- **pi**　这是当前登录用户的用户名。默认用户名为 pi。
- **raspberrypi**　用 @ 符号与用户名分开，这是计算机的名称。
- **~**　表示当前目录（文件夹）。~ 字符具有特殊含义：它指当前用户的根目录。
- **$**　这个美元符号是 CLI 提示符，指示你可以在这里输入你的命令。

在本书中，当我列出要在终端输入的命令时，我用 $ 提示符作为该行的前缀。例如，下面的命令列出了当前目录中的文件：

```
$ ls
```

要运行命令，你无须输入美元符号，只需输入其后的文本，然后按回车键即可。如果你想运行之前输入的命令，那么你可以按键盘上的向上箭头来循环切换之前发出的命令。

如果你喜欢使用终端，则可以把 Raspberry Pi 设置为直接引导到命令行，而不是桌面：Raspberry → Preferences → Raspberry Pi Configuration → System tab → Boot → To CLI。一旦改变了设置，下次启动系统就会直接进入 CLI，而不是桌面。在只使用 CLI 的环境下，如果想启动桌面环境，只需运行如下命令：

```
$ startx
```

作为终端用户，另一种方法是通过网络使用SSH从其他计算机甚至是一部手机控制Raspberry Pi。这个方法的最后结果就是，即使没有连接显示器或键盘，Pi也可以在网络上的任何地方运行，而且还可以用另一台设备的键盘和显示器来控制它。为此，必须在Pi上启动SSH（Raspberry → Preferences → Raspberry Pi Configuration → Interfaces tab → SSH → Enable），然后在另一台设备上运行SSH客户端应用程序。在这里我不会介绍详细的设置步骤，不过网上有大量的设置指南。

用完Pi一段时间之后，你需要优雅地关闭Pi以防损坏数据，而不仅仅是关闭电源。从桌面，你可以通过Raspberry → Shutdown…→ Shutdown关闭。从终端，你可以使用如下命令来停止系统：

```
$ sudo shutdown -h now
```

当连接的显示器不再显示任何内容并且Raspberry Pi板上活动指示灯停止闪烁的时候，你就知道系统已经完全关闭了。然后，你就可以拔掉Pi了。

使用文件和文件夹

本书的设计任务会定期让你创建或编辑文本文件，然后对它们运行一些终端命令。让我们来聊一下如何从命令行和图形桌面在Raspberry Pi操作系统中使用文件和文件夹。操作系统使用文件系统在存储设备（比如Raspberry Pi中的MicroSD卡）上组织数据。文件是数据的容器，文件夹（也被称为目录）是文件或其他文件夹的容器。文件系统的结构是一个层次结构，即一个文件夹树。在Linux系统上，这个层次结构的根目录用/表示。根目录是顶层的文件夹——其他所有文件夹和文件都在根目录的“下面”。

直接在根目录下面的文件夹是这样表示的：/<foldername>。在这个文件夹中的文本文件是这样表示的：/<foldername>/<filename>.txt。注意一下 .txt文件扩展名，它是文件名最后一个部分。按照惯例，文件名以点号结束，其后跟几个字符来表明文件中的数据类型。对于文本文件，通常使用“txt”。文件扩展名不是必需的，但保留它是一种常见做法，有助于保持数据的条理性。

Raspberry Pi操作系统的每个用户都有一个主文件夹可用。Raspberry Pi操作系统的默认用户名为pi，pi用户的主文件夹位于/home/pi。当你以pi用户的身份登录时，也可以用~字符引用相同的主文件夹。假设你在自己的主文件夹中创建了一个名为pizza的文件夹。它的完整路径应该是/home/pi/pizza，当以pi身份登录时，你可以用~/pizza来引用它。让我们尝试用`mkdir`命令从终端窗口创建一个pizza文件夹，该命令是“make directory”的缩写。输入命令后别忘了按回车键。

```
$ mkdir pizza
```

从终端，你可以用 `ls` 命令查看新创建的文件夹：

```
$ ls
```

输入 `ls` 并按下回车键后，你应该看到 pizza 文件夹以及主文件夹中已经存在的一组其他文件夹，比如 Desktop、Downloads 和 Pictures。

终端不是查看文件夹中文件的唯一方法。你还可以使用 File Manager 应用程序，用 Raspberry → Accessories → File Manager 来启动。如图 B-8 所示，File Manager 应用程序打开并显示主文件夹的默认视图。

File Manager 的左侧显示了文件夹的完整文件系统层次结构，并且高亮显示了当前选择的文件夹——在本例中是 pi。顶部地址栏中显示的 /home/pi 表示当前文件夹。现在，试着双击 pizza 文件夹，它应该是空的。让我们回到终端窗口并在这个文件夹中创建一些文件。首先，我们用 `cd` 命令（用于修改目录）更改文件夹，这样当前文件夹就是 pizza 文件夹。然后，我们用 `touch` 命令创建两个空文件。最后，我们将用 `ls` 列出目录内容，希望能看到列出两个新文件名。

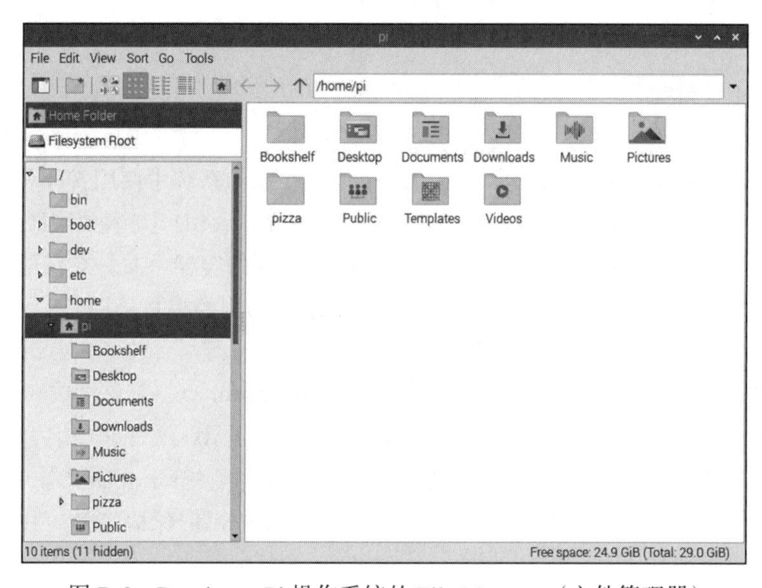

图 B-8　Raspberry Pi 操作系统的 File Manager（文件管理器）

```
$ cd pizza
$ touch cheese.txt
$ touch crust.txt
$ ls
```

请注意，当你更改到 pizza 文件夹时，bash 提示符也应该发生变化。现在，它应该在 `$` 的前面包含 `~/pizza`，表示当前文件夹。现在来查看 File Manager 应用程序窗口，它也应该在 pizza 文件夹下显示两个新文件，如图 B-9 所示。

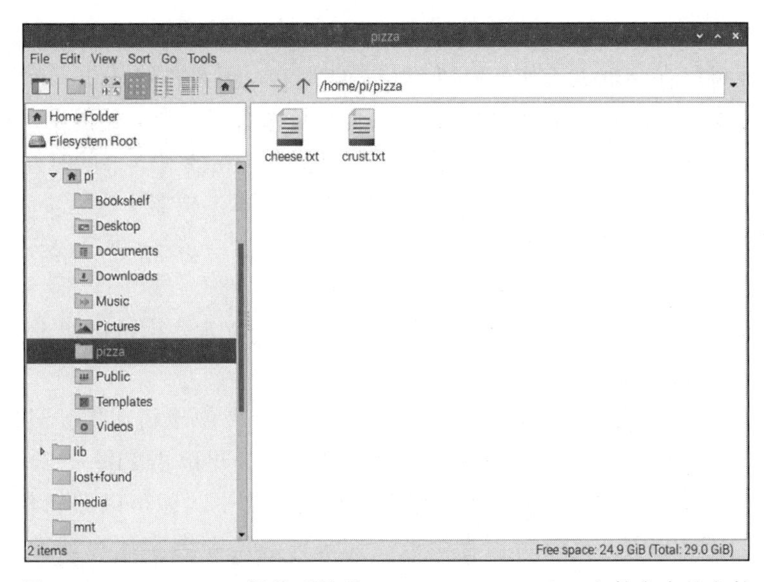

图 B-9　Raspberry Pi 操作系统的 File Manager：pizza 文件夹中的文件

现在，pizza 文件夹中有两个空文件。我们给这些文件添加些文本内容。首先，我们将用名为 nano 的命令行文本编辑器来编辑 cheese.txt：

```
$ nano cheese.txt
```

在终端打开 nano 编辑器窗口后，你可以输入要保存到 cheese.txt 中的文本。请记住，nano 是命令行应用程序——不能使用鼠标。你需要用方向键来移动光标。如图 B-10 所示，尝试输入一些文本。

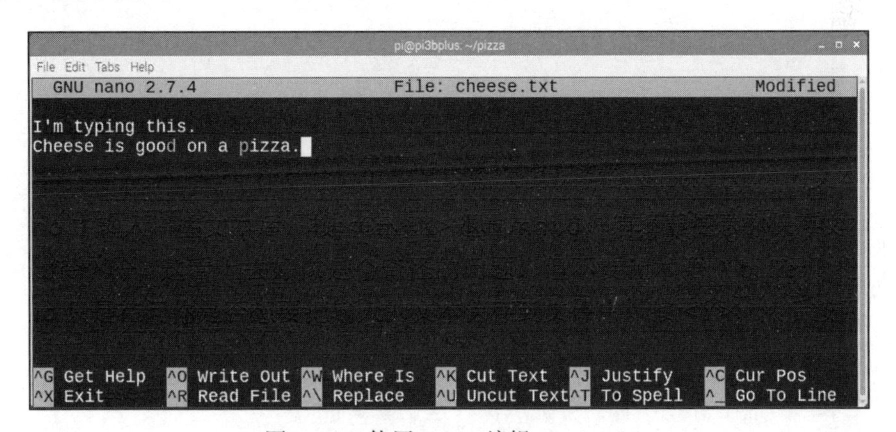

图 B-10　使用 nano 编辑 cheese.txt

在 nano 中输入一些文本后，按 <Ctrl+X> 退出 nano。编辑器提示你保存文本（“Save modified buffer?”）。这看上去好像是个奇怪的问题，但不要让术语“buffer”把你弄糊涂了——nano 只是在问你是否想要把输入的文本保存到文件中。按 <Y>，然后按回车键以接受建议的文件名（cheese.txt）。

因为 nano 可以在终端上工作，所以我经常使用它，但是你可能更喜欢用图形文本编辑器来编辑文本文件。Raspberry Pi 操作系统桌面环境包含了一个方便的文本编辑器，你可以通过 Raspberry → Accessories → Text Editor 来启动它。在撰写本书的时候，这个操作会打开一个名为 Mousepad 的编辑器。让我们尝试在这个文本编辑器中进一步修改 cheese.txt。首先，我们需要在文本编辑器中执行 File → Open → Home → pizza → cheese.txt → Open（按钮）操作来打开文件，如图 B-11 所示。

在文本编辑器中打开文件后，你应该看到之前输入的文本。你可以随意编辑这些文本，然后通过 File → Save 来保存修改的内容。

除了编辑现有文件之外，你还可以使用文本编辑器来创建新文件。只需启动一个新的编辑器窗口（Raspberry → Accessories → Text Editor）并单击 File → Save。这会提示你使用你选择的文件名，把文件保存到所选择的文件夹中。你可以编辑新文件的文本，并根据需要再次使用 File → Save 保存修改。如果你想用新名字保存现有文件，请选择 File → Save As。

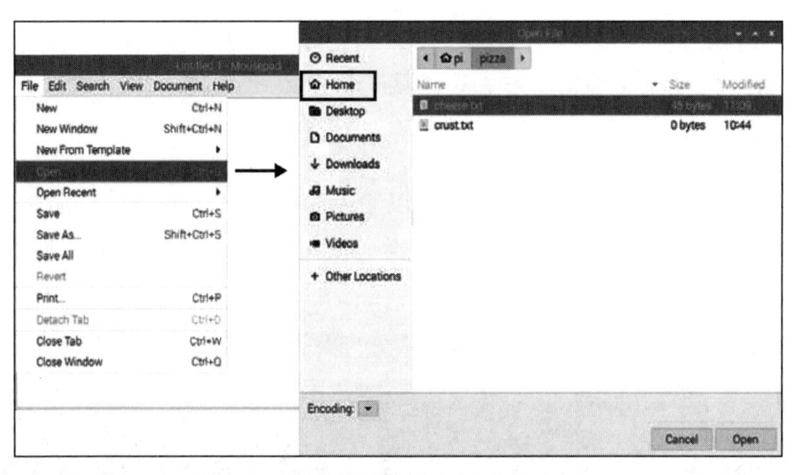

图 B-11　在文本编辑器中打开 cheese.txt

如果你喜欢用 nano 创建新文件，那么首先从终端窗口切换到想要保存文件的文件夹（如果需要的话），然后输入 nano *filename*，如下面这个例子所示：

```
$ nano new-file.txt
```

输入文本，当退出 nano 时，会提示保存这个新文件。

我们已经介绍了在 Raspberry Pi 操作系统中查看、编辑和创建文本文件的方法。如果你想一直使用终端，那么 nano 是一个不错的选择。如果你更喜欢使用桌面环境，那么文本编辑器 Mousepad 应该能满足你的需求。Raspberry Pi 操作系统还包含其他编辑器。Geany 是程序员的文本编辑器，Thonny Python IDE 是为 Python 编程量身定做的。它们都能通过 Raspberry → Programming 找到。在本书的设计任务中，我将让你决定使用哪种文本编辑器。

你可能还希望用其他方法来管理文件和文件夹——移动文件、删除文件等。你可以用 File Manager 完成这些操作，也可以在终端窗口完成。以下是一些能从 bash 提示符使用的命令：

- `cd` *folder* 更改当前目录（文件夹）。
- `mkdir` *folder* 创建目录。
- `rm` *file* 删除文件。
- `rm -rf` *folder* 删除文件夹及其内容，包括子文件夹。
- `mv` *file file2* 重命名文件。
- `mv` *file folder/* 把文件从一个位置移动到另一个位置。
- `cp` *file folder/* 把文件从一个位置复制到另一个位置。

推荐阅读

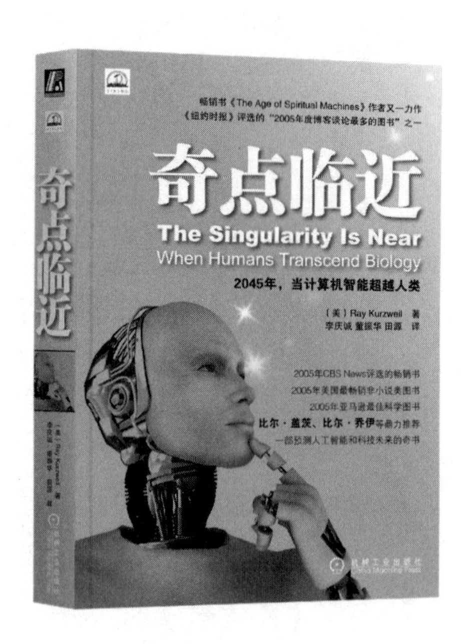

奇点临近

作者:（美）Ray Kurzweil 著 译者:李庆诚 董振华 田源 ISBN:978-7-111-35889-3 定价:69.00元

人工智能作为21世纪科技发展的最新成就，深刻揭示了科技发展为人类社会带来的巨大影响。本书结合求解智能问题的数据结构以及实现的算法，把人工智能的应用程序应用于实际环境中，并从社会和哲学、心理学以及神经生理学角度对人工智能进行了独特的讨论。本书提供了一个崭新的视角，展示了以人工智能为代表的科技现象作为一种“奇点”思潮，揭示了其在世界范围内所产生的广泛影响。本书全书分为以下几大部分：第一部分人工智能，第二部分问题延伸，第三部分拓展人类思维，第四部分推理，第五部分通信、感知与行动，第六部分结论。本书既详细介绍了人工智能的基本概念、思想和算法，还描述了其各个研究方向最前沿的进展，同时收集整理了详实的历史文献与事件。

本书适合于不同层次和领域的研究人员及学生，是高等院校本科生和研究生人工智能课的课外读物，也是相关领域的科研与工程技术人员的参考书。